Jörg Karl Siegfried Schmitz-Gielsdorf

Zeit (t) – Die Sphinx der Physik

Weitere Titel aus der Reihe

Können Hunde rechnen?
Norbert Herrmann, 2021
ISBN 978-3-11-073836-0, e-ISBN 978-3-11-073395-2

Der fliegende Zirkus der Physik
Fragen und Antworten
Jearl Walker, 2021
ISBN 978-3-11-076055-2, e-ISBN 978-3-11-076063-7

Wie alles anfing
Von Molekülen über Einzeller zum Menschen
Manfred Bühner, 2022
ISBN 978-3-11-078304-9, e-ISBN 978-3-11-078315-5

Erscheint in Kürze

Einstein über Einstein
Autobiographische und wissenschaftliche Reflexionen
Jürgen Renn, Hanoch Gutfreund, geplant für 2022/23
ISBN 978-3-11-074468-2, e-ISBN 978-3-11-074481-1

Sterngucker
Wie Galileo Galilei, Johannes Kepler und Simon Marius
die Weltbilder veränderten
Wolfgang Osterhage, geplant für 2023
ISBN 978-3-11-076267-9, e-ISBN 978-3-11-076277-8

Jörg Karl Siegfried Schmitz-Gielsdorf

Zeit (t) – Die Sphinx der Physik

Lag der Ursprung des Kosmos in der Zukunft?

3. Auflage

DE GRUYTER
OLDENBOURG

Autor
Dr. Jörg Karl Siegfried Schmitz-Gielsdorf
ANPRA
Leydelstr. 20
52064 Aachen
Deutschland
jsg@anpra.de

ISBN 978-3-11-078927-0
e-ISBN (PDF) 978-3-11-078935-5
e-ISBN (EPUB) 978-3-11-078938-6
ISSN 2749-9553

Library of Congress Control Number: 2022934850

Bibliografische Information der Deutschen Nationalbibliothek
Die Deutsche Nationalbibliothek verzeichnet diese Publikation in der Deutschen
Nationalbibliografie; detaillierte bibliografische Daten sind im Internet über
http://dnb.dnb.de abrufbar.

© 2022 Walter de Gruyter GmbH, Berlin/Boston
Coverabbildung: ma_rish/iStock/Getty Images Plus
Satz: VTeX UAB, Lithuania
Druck und Bindung: CPI books GmbH, Leck

www.degruyter.com

Geleitwort: Zeitenwende

„Begin with the end in mind" ist eine der Gemeinsamkeiten und zentralen Geisteshaltungen, die der renommierte Führungsexperte Stephen J. Covey aus seiner langen Beobachtung besonders wirkungsvoll handelnder Menschen extrahiert hat. Eigentlich ist es ihr also vertraut, der Welt der Führung, der Organisationen und der Institutionen, von der Zukunft her zu denken und zu agieren. Gänzlich unstrittig in dieser Welt ist auch, dass die fortschreitende Vernetztheit unserer Lebensumstände und die aus ihr erwachsende Komplexität unsere Aufmerksamkeit immer stärker auf die Bedeutung der Sinndimension unseres Handelns lenken müssen.

Immer deutlicher setzt sich die Erkenntnis durch, dass die Orientierungspunkte für unser Handeln nicht wirklich und wirksam aus den Errungenschaften, Fortschritten und Erfolgen der Vergangenheit herausgelesen werden können. Intuitiv nehmen viele Menschen wahr, dass es irgendeiner Art der Umkehrung, einer Wende bedarf, um die global auf uns zukommenden sozialen, ökologischen und wirtschaftlichen Fragestellungen zu meistern.

Eigentlich müsste es uns also auch wundern, dass – obwohl die einzelnen Befunde offen daliegen – unser Blick bisher weitestgehend verstellt war dafür, die Lösung für diese drängenden Fragen in der Umkehr unserer Wahrnehmung des Zeitflusses zu suchen. Eine veritable Zeitenwende im besten und originären Wortsinn, die der Autor Jörg Schmitz-Gielsdorf mit seinem Buch „Zeit (t) – Die Sphinx der Physik" vorschlägt.

Die Erkenntnisse und Schlussfolgerungen des Autors haben die höchst bemerkenswerte Potenz, Brücken zu schlagen zwischen den bislang als fundamental unvereinbar erscheinenden Geistes- und Naturwissenschaften, Perspektiven aufzuzeigen für die Vereinigung aller wesentlichen gesellschaftlichen Kräfte auf gemeinsame Orientierungspunkte für eine sinnvolle soziale Entwicklung.

Ganz sicher gilt dies auch für die Welt der Führung, der Organisationen und der Institutionen. Das – wie der Autor beschreibt – Herauslesen und Anwenden objektivierbarer Sinneinheiten wird damit möglich und zur zentralen Aufgabe der (Selbst)Führung von Menschen in den Institutionen einer Gesellschaft. Institutionen erfüllen darin ihren fundamentalen Zweck, ihre Kräfte für die reale Umsetzung dieser Sinneinheiten zu bündeln und diese zu ermöglichen.

Ich kann dem geneigten Leser dieses Werk von Jörg Schmitz-Gielsdorf nur wärmstens ans Herz legen. Mich hat die Lektüre immer wieder in freudiges Erstaunen versetzt über die Breite und Tiefe der Einsichten zum Thema sowie die zutiefst verantwortungsbewusste Auseinandersetzung mit den zentralen Fragen einer sinnerfüllten menschlichen und sozialen Evolution.

https://doi.org/10.1515/9783110789355-201

Dem Autor wünsche ich eine breite und aufgeschlossene Leserschaft. Den Lesern wünsche ich viel Freude auf der Entdeckungsreise in die Fragen nach dem Wesen der Zeit und die wirkliche Wahrnehmung des Zeitflusses.

Hochschule für angewandtes Management (HAM) – Campus Berlin
Lehrgebiet Personal & Organisation
Fakultät für Betriebswirtschaftslehre

Prof. Dr.-Ing. Bernd Lorscheider, MSc. Org. Psych.

Geleitwort: Paradigmenwechsel

Die vorliegende Arbeit von Jörg Schmitz-Gielsdorf „Zeit (t) – Die Sphinx der Physik. Lag der Ursprung des Kosmos in der Zukunft?" mit dem ihr zugrunde liegendem Paradigmenwechsel in der Wahrnehmung der Fließrichtung der Zeit ermöglicht durch ihre Beiträge, Gedanken und Argumentationslinien einen erweiterten Blick für menschliches, sinnorientiertes Handeln und Gestalten in der Praxis. Durch die Eröffnung des Bewusstseins und der fühlbaren Wahrnehmung, dass die Zeit in ihrer Fließrichtung von der Zukunft über die Gegenwart in die Vergangenheit führt, bekommt die Sinnfrage für den Menschen eine tiefere Bedeutung, da hier der Sinn allem Seienden vorangeht und nach dem Resonanzprinzip eine stete Verantwortung in der Gestaltung von Zeit im Handeln nach sich zieht.

> „Menschliches Leben ist die individuelle, jedem Einzelnen zur Verfügung gestellte Zeit zur Transformation des menschlichen Potenzials in realisierten Respekt vor der Sinnhaftigkeit der Schöpfung" (S. 125).

Diese wahrnehmbare Forderung nach Sinn und die damit verbundene verantwortliche Handlungsorientierung mit ihrer tiefergehenden Resonanz als innere Antwort auf die ethische Wahrnehmungsfähigkeit des Menschen zielt auf eine sinnhafte und humane Orientierung auch bei der Führung und Steuerung von sozialen Organisationen. Insofern bietet die vorliegende Arbeit einen deutlichen Perspektivenwechsel in der Weiterführung des Diskurses zur Theorieentwicklung von Managementmodellen im Bereich der Sozial- und Gesundheitswirtschaft.

In einer aktuellen Bestandsaufnahme zum Stand der Diskussion und Forschung nach geeigneten Konzepten für und in der Sozialwirtschaft finden weiterführende Überlegungen zur Theoriebildung des Sozialmanagements statt. Allerdings fehlt es an theoretischer Reflexion, an kritischer Auseinandersetzung und „Verortung" im Bezugssystem der benachbarten Wissenschaftsdisziplinen, da von einem schlüssigen Sozialmanagementkonzept erst dann gesprochen werden kann, wenn von einer Metatheorie ausgehend, die verschiedenen Bestandteile lokalisiert und schlüssig miteinander verbunden werden können.

Wenn man davon ausgeht, dass eine Theorie im engeren Sinn auf die Frage nach dem Zusammenhang des Ganzen, seiner Beschreibung, Begründung und Aufklärung eingeht, dann greift das vorliegende Werk mit seinen Grundzügen des entomischen Bewusstseins die Grundansichten und Paradigmen auf, die mit dieser Logik sinnorientierten Handelns den Ausgangspunkt jeglicher wissenschaftlichen Theorien fundieren. Denn sinnorientiertes Handeln stellt hier das Evolutionsziel des Humanen zentral, das den Menschen in seiner sozialen Bezogenheit auf den Anderen in den Fokus nimmt und hierin die Gemeinschaft des Menschen in der Möglichkeit eines Wir versteht.

https://doi.org/10.1515/9783110789355-202

Die Perspektive eines entomischen Zeitverständnisses ermöglicht unter dem Blickwinkel einer globalen Ethik weit darüber hinaus innovative Denkanstöße, die unter den aktuellen nationalen und globalen Rahmenbedingungen zu zeitgemäßen Problemlösungen in der kritischen Auseinandersetzung mit den tiefgreifenden Veränderungen für Politik, Wirtschaft und Gesellschaft beitragen. Auf der Suche nach geeigneten Managementkonzepten für die Praxis des Sozial- und Gesundheitsmanagements können hier die spezifischen Dimensionen und Kategorien gefunden werden, die Forschungs- und Lehrperspektiven unterstützen. Diese sollen idealerweise den Aspekt der Wertschöpfung sowohl in seiner materiellen als auch in seiner ethischen Bedeutung in allen strategischen und operativen Fragestellungen des Sozialmanagements zugrunde legen.

Ich gratuliere dem Autor zu diesem Werk, denn das Buch zeigt mit seinen tiefgreifenden und weitreichenden Analysen zur Fließrichtung der Zeit fundamentale Erkenntnisse und überzeugt durch seine logischen Zusammenhänge und Argumentationskompetenz. Ich bin sicher, dass es auch andere Leser neugierig macht, sich auf diese Ebene des Denkens und der Wahrnehmung über die Zeit einzulassen.

Fakultät Technik und Wirtschaft (TW)   Prof. Dr. Elisabeth Schloeder
Betriebswirtschaft und Sozialmanagement (BS)
Sozial- und Gesundheitsmanagement –
Hochschule Heilbronn

Dankwort

Seit dem Beginn der ersten Niederlegung meiner Gedanken zum entomischen Zeit-pfeil sind nun beinahe vier Jahre vergangen. In dieser Zeit habe ich sehr viel dazuge-lernt, reflektiert und niedergeschrieben. Es war eine wunderschöne Erfahrung, mich in diesem Prozess begleitet zu wissen durch Freunde, Mitarbeiter und meine geistig sehr rege, mittlerweile 92jährig immer noch psychoanalytisch praktizierende Mutter. Nun, da ich mit der Fertigstellung dieses Buches Gelegenheit finde zurückzuschauen, stelle ich fest, dass ich nicht mehr derselbe bin. Meine Gedanken zum Zeitfluss sind klarer, strukturierter, sicherer und freudenvoller geworden im Verlauf der gedankli-chen Entwicklung einer umfassenden Theorie der Zeit, die ich Entomik nenne. Am Ende dieses Tunnels an Arbeit möchte ich dieses Buch in Dankbarkeit all denjenigen schenken, die mir während dieser Zeit in je unterschiedlicher Art freundschaftliche Weg- und Arbeitsgefährten waren.

Meinem Kreis der Freunde, die mich seit vielen Jahren kennen und mit mir ei-ne Reise durch das Leben gestalten, gilt mein allererster Dank. Durch Euch habe ich sehr viel Kraft erfahren, die meine intellektuelle Arbeit erfrischte durch Lebensfreu-de, geteilte Freizeit, erbauliches Singen und freundschaftlich-kommunikative Unter-nehmungen. Hierbei gilt denen, die durch die tagtägliche Hilfe bei der Bewältigung der haushaltlich-organisatorischen Aufgaben der durch mich zu leitenden Ambassa-de ständig einsatzbereit waren, mein ausdrücklicher und tiefster Dank: Hier nenne ich vor allen: The First Usher of the Embassy Mariëtte!

Besonderer Dank gilt Bernd und Lissy, die sich in vielen Stunden gedanklich im Detail in meine Überlegungen zur Entomik vertieft haben. Durch Eure Aufforderungen zur Verdeutlichung sind viele Unklarheiten nochmals durchdacht, erweitert formu-liert, umformuliert oder verworfen worden. Ihr habt dem kreativ-logischen Prozess, der bewältigt werden sollte, durch Eure inhaltliche Anforderung an Präzision zur ver-tieften Konturierung verholfen.

Bewunderung in Dankbarkeit möchte ich äußern an Kathrin, die sich der Mühe des Lektorats unterzogen hat. Du bist unschlagbar und hast mir die Sicherheit in der Veröffentlichung gegeben. Deine Schnelligkeit und ausformulierten Korrekturen wa-ren in der Endphase unentbehrlich.

Meine Hochachtung und meinen Respekt für die reale Entwicklung einer auf das Humane an sich ausgerichteten Wissenschaft in Theorie und Anwendung fühle ich Werner gegenüber. Du bist ein Motor des Humanen, ein Aktivist der sozialen Evolu-tion und ein idealistischer Visionär in der Konzeptualisierung der Humanik. Deine Ausführungen über den Respekt vor dem Anderen, sei es der andere Mensch oder das Andere in der Natur, haben mich immer weiter sensibilisiert für das unausweichlich Notwendige.

Außerordentlich wichtig war die einfühlsame Unterstützung von Natascia als Pra-xismanagerin. Die parallele Erfüllung der psychotherapeutischen Verantwortungen und Fertigstellung des Buches erforderte Deine maximale Kompetenz. Ich danke Dir

https://doi.org/10.1515/9783110789355-203

dafür, denn durch Dich konnte ich immer sicher wissen, dass alles bestens geregelt wird. Euch allen, die ihr mich als Praxisteam in dieser Zeit durch Kooperation und Fleiß ins Erstaunen versetzt habt, bin ich in sehr besonderer Weise dankbar.

Die Nerven und EDV-Fachkenntnis, die einer meiner treuesten Helfer in jeder Tages- und Nachtzeit zu Verfügung stellt, sind absolut überdurchschnittlich. Dir, lieber Jan, danke ich für Deine unermüdliche Betreuung auf jeder Stelle dieser Erde, in Hotels, auf der Insel, über WLAN und VPN. Deine Freundlichkeit und Deine Hilfsbereitschaft waren durch nichts begrenzt. Ohne Deine technische und nervliche Unterstützung wäre dieses Buch wohl kaum entstanden.

Begeistert bin ich vollkommen von Deinem designerischen Talent, lieber Jupp! Als Fachmann für Schrift und Autor eines Grundlagenwerks mit dem Namen *Letterfontäne* hast Du mich in jeder Phase beraten und auch technisches Know-how an das Buch verliehen, welches es dem Leser leicht macht, sich in den Inhalt zu verlieben. Danke auch für die tollen Fotografien der Skulptur! Was für eine enorme Leistung der Gestaltung!

Nun, liebe Mutter, hier ist der fertige Text! In gemeinsamen Urlauben in Lindau und Teneriffa hast Du die gesamte Zeit der Erstellung intensiv mitverfolgt, alle neuen Texte gelesen, diskutiert und mich zu Reflexionen über Primzahlen und die Zweidimensionalität der universalen Jetztscheibe angeregt. Dieses Buch ist eine der schönsten Erinnerungen an unsere gemeinsame berufliche und wissenschaftliche Begegnung. Dass Du Anna Berliner während Deines Studiums in den USA als junge Frau innig verehrt hast, bei ihr wohntest und eine enge Bindung auch später in Europa zu ihr behieltest, führte dazu, dass ich als Sohn den Beinamen ihres Ehemannes erhielt: Siegfried! Als Vorreiterin der weiblichen Gleichberechtigung in der wissenschaftlichen Arbeit war sie Dir ein Vorbild. Umso ärger traf Dich ihre spätere, nie wirklich aufgeklärte Ermordung. Anna Berliner, Schülerin und Mitarbeiterin von Wilhelm Wundt, brachte die Psychologie in unsere Familie. Eine ganz andere und neue Sichtweise der Psychophysik sei ihr und Dir mit diesem Buch gewidmet.

Nun bleibt mir nur noch ein Dank auszusprechen: Ein Freund, der mir die Entomik in die Seele geschrieben hat, ist schon auf der anderen Seite des materiellen Universums angekommen. Als Niederländer hast Du, Jack, mir als Deutschem die tiefste Freundschaft fühlbar gemacht. Die Entomik ist in ganz anderen Worten Dein Leben gewesen. Deswegen gehört die Entomik vom kulturellen Ursprung den Niederländern und den Niederlanden als einem der freiesten und modernsten demokratischen Kulturen dieser Welt. Die Existenz der eigenen Seele und des mit ihr verbundenen Geistes sowie die Entwicklung der Psyche und Persönlichkeit waren Dein unaufhörlich niederländisch-deutsches Wort. Das bewusste Bewusstsein der Realität des Immateriellen hast Du in mir erweckt. Ohne dies wären kein Strich und kein Komma dieses Buches entstanden! Ich habe mir dieses Buch von der Seele geschrieben, weil Du es mir vorgelebt hast wie kein anderer! Deswegen gilt für mich Dein letzter Spruch als Kernsatz der entomischen Persönlichkeitslehre: „Was ist ein Mensch? Zwei Freunde!"

Enden möchte ich meinen Dank in einer Sprache der Poesie, welcher die wirkliche Fließrichtung der Zeit am vertrautesten ist:

So bleibt am Ende nur der resonante Klang, der Hall vom Jetzt und Anfang.
So bleibt der Rest von dieser Welt stets mehr als Status, Gut und Geld.
So sind wir klein und doch ganz groß als Menschens Kind und Mensch auf Gottes Schoß.
So ist die Zukunft klar erhellt – durch das Vergangene bestellt.

Jedoch ist ihr Rezept verborgen! Den Koch, der diese Zukunft morgen
uns bereitet, den siehst Du nicht! Doch er begleitet
ständig Deine Taten und möchte Dir zu immer Besserem raten!
So ist das Jetzt – die Mahlzeit – wunderbar gerichtet mit Sinn und Kraft!
Genieße sie in Demut und Bescheidenheit!

Gott ist es, der Dein Jetzt erschafft!
Er führt Dich ein in Seine reiche Ewigkeit.

Aachen, Februar 2022   Jörg Schmitz-Gielsdorf

Vorwort

Ich kann nicht genau sagen, wie es dazu kam, aber eines Morgens, nachdem ich wieder einmal vor dem Schlafengehen mit Interesse wissenschaftliche Filme über Kosmologie und Quantenmechanik auf meinem YouTube-Kanal betrachtet hatte, fiel mir auf, dass sich mein Zeitempfinden mit den Zeitdarstellungen in den physikalischen Filmen nicht deckte. Als Psychoanalytiker vertraut mit den verschiedenen Schulen von Freud (Kausalitätsprinzip), Adler (Finalitätsprinzip), als philosophisch interessierter und ausgebildeter Mensch verwoben mit der dialogischen Weltbetrachtung von Platon (Welt der Ideen) und Buber (Überwindung der Zeit im Augenblick) schwirrten mir die Begriffe von Kausalität, Finalität, Welt der Ideen und Augenblicksbewusstsein durch den Kopf.

Immer wieder wurde gesagt, dass sich die Zeit von der Vergangenheit in die Zukunft bewege. Andere behaupteten, die Zeit bewege sich gar nicht, und der ganze Zeitraum von Vergangenheit, Zukunft und Jetzt sei festgelegt. Und dann noch diese eigenartige Sache mit der Raumzeit, in der die Zeit nur noch in Verbindung mit Raum gedacht werden kann und sich letzterer je nachdem auch noch krümmt! Zu guter Letzt erscheinen verschränkte Quanten raumunabhängig miteinander verbunden, und Quantenzustandsänderungen übertragen sich gleichzeitig an entfernten Orten, so dass Raum nun auf einmal in eigenartiger Weise keine Rolle mehr zu spielen scheint und kausale Abhängigkeitsfolgen gleichzeitig erscheinen. Das Rätsel der Zeit hatte mich erreicht und ließ mich nicht mehr los! Die Sphinx, bekannt für ihr ungnädiges Erwürgen derjenigen, die ihre Rätsel nicht zu lösen wussten, war auferstanden aus den Urzeiten ihrer Vergessenheit: Was läuft am Morgen auf vier Beinen, am Mittag auf zwei Beinen und am Abend auf drei Beinen? Schon damals war das Rätsel an das Wesen der Zeit gebunden und es bedurfte eines der unglückseligsten Menschen der Antike, des namhaften Ödipus, der das Rätsel zu lösen wusste: Der Mensch! war seine kluge Antwort. Doch dann versank die Sphinx im Sand der Wüste, um erst viel später ihre rätselhafte Erscheinung erneut zu zeigen.

„Das Wort Sphinx[1] (altgriechisch σφίγξ) leitet sich möglicherweise vom griechischen Verb σφίγγειν *sphíngein* mit der Bedeutung ʻerwürgen, (durch Zauber) festbinden' ab oder vom ägyptischen *spanch* ʻdas, was das Leben empfängt'."

Und so ist dieses hybride Wesen bis heute ein Symbol für eine Gottheit geblieben, die sich nicht nur im Rätsel der Zeit verhüllt, sondern auch für die Empfängnis des Lebens steht, was kein geringeres Rätsel ist als die Frage nach dem Wesen der Zeit. Und nicht genug damit entstammt sie damit einer besonderen Sphäre, nämlich der Sphäre der Überzeitlichkeit:

---

1 Sphinx: Wikipedia, 09.02.2022 [online]. https://de.wikipedia.org/wiki/Sphinx_(ägyptisch)

https://doi.org/10.1515/9783110789355-204

„Der Sphinx"[2] galt im 18. Jahrhundert als Symbol der Ewigkeit, Unsterblichkeit und des Rätselhaften, wie in Johann Gottfried Herders Geschichte *Der Sphinx*, die 1785 veröffentlicht worden war.

Die Zeit behielt bis heute ihre rätselhafte Qualität, die nicht nur in der Physik, sondern weit darüber hinaus ihr eigentliches Wesen zu verstecken versucht.

„Wenn einer eine Ahnung davon haben könnte, dann Prof. Hermann Nicolai, Chef des Max Planck-Instituts für Gravitationsphysik in Potsdam.[3] Aber auch er weicht aus und zitiert Augustinus, einen Philosophen, der vor 1.700 Jahren lebte: ‚Wenn mich niemand danach fragt, weiß ich es. Wenn ich es aber einem erklären soll, weiß ich es nicht mehr. Ja, man denkt, das ist etwas völlig Offensichtliches. Und wenn man dann versucht, das zu definieren, was verstehe ich eigentlich unter Zeit, dann kommt man ins Schwimmen.'"

Als Neuropsychologe und Neuropsychotherapeut verfolge ich eine seit Jahren zunehmende Nähe zwischen Neurowissenschaften und Psychotherapie. Ein Hauptthema der Lindauer Psychotherapiewochen 2014 (Mahler, 2014) widmete sich dem Zusammenhang von Zeit, subjektivem Zeitempfinden, physikalischen und psychologischen Modellen des Zeitpfeils und psychischen Erkrankungen.

Und dann an diesem besagten Morgen vor ca. anderthalb Jahren fiel es mir wie Schuppen von den Augen: Die Zeit fließt nicht von der Vergangenheit in die Zukunft! Nein, genau umgekehrt! Sie fließt von der Zukunft in die Vergangenheit über das Jetzt! Ich überlegte immer wieder! Und immer wieder kam ich zu dem gleichen Schluss! Nein! Die Zeit fließt nicht von der Vergangenheit in die Zukunft! Sie fließt umgekehrt … von der Zukunft über das Jetzt in die Vergangenheit! Ich war verwirrt!

An diesem Tag verließ ich eigenartig aufgeregt mein Büro und machte mich auf nach Verviers in die Stadt. Ich lief herum, trank mehrere Kaffees, saß auf Bänken und lief an Schaufenstern entlang. Immer wieder schoss es durch meinen Kopf! Nein, die Zeit fließt aus der Zukunft über das Jetzt in die Vergangenheit. Die Zukunft kommt auf mich zu, wird zum Jetzt und dann ist der Moment, der Augenblick, auch schon wieder vergangen!

Ich war unsicher, ob ich nicht eigentlich etwas ganz Triviales dachte. Denn es war eigentlich trivial einfach … und doch, es war anders als ich gelernt hatte, anders als in all den Filmen, die ich gesehen hatte, anders als in all den Vorträgen, die ich gehört hatte und anders als … in allen Gesprächen, die ich danach mit anderen Menschen geführt habe. Immer wieder machte ich die Probe aufs Exempel: Ich fragte Menschen,

---

2 Sphinx: Wikipedia, 09.02.2022 [online]. https://www.bing.com/search?q=Der+Sphinx+galt+im+18.+Jahrhundert+als+Symbol+der+Ewigkeit%2C+Unsterblichkeit+und+des+Rätselhaften%2C+wie+in+Johann+Gottfried+Herders+Geschichte+Der+Sphinx%2C+die+1785+veröffentlicht+worden+war.%5B7%5D&cvid=d7c870a7274a40c3837eafa4ef3f8f93&aqs=edge..69i57.3711j0j4&FORM=ANAB01&PC=U531

3 Sphinx: Wikipedia, 09.02.2022 [online]. https://www.mdr.de/wissen/was-ist-zeit-102.html

Freunde, Bekannte, Patienten, Kollegen, wie sie den Zeitfluss empfinden, sehen, definieren würden. Immer wieder nannten sie die Fließrichtung aus der Vergangenheit in die Zukunft! Wenn ich ihnen dann kurz „meine Erkenntnis" erklärte, wunderten sie sich, dass sie es umgekehrt gedacht und gesagt hatten und erklärten unumwunden, dass es wohl so sei, dass die Zeit aus der Zukunft auf uns zu fließe, zum Jetzt werde und von dort in die Vergangenheit entschwinde. Nun begann ich intensiv mit einer Recherche über die Natur des Zeitpfeils! Und?

Ich habe die Begegnung mit der Sphinx gewagt. Sie hat mich nicht mehr losgelassen, aber auch ich habe sie nicht mehr losgelassen, bis ich alles, was sie mir erzählen konnte, aufgeschrieben hatte. Ich habe sie lieben gelernt, diese Sphinx der Zeit, sie ist meine Freundin und stete Begleiterin in allen Lebensfragen geworden.

Das Ergebnis meiner Begegnung mit der Sphinx der Zeit habe ich festgehalten in diesem Buch. In der Hoffnung, hiermit keine Verwirrung zu stiften, sondern eine Verwirrung in der Vergangenheit verschwinden zu lassen, wünsche ich dem Leser – so wie mein lieber Lebensfreund und Wegbegleiter Jack Buck es immer ausdrückte – einen angenehmen Lesegenuss und viel Freude in der Erfahrung dieses interessanten Zeitpfeilbewusstseins!

Aachen, Februar 2022   Jörg Schmitz-Gielsdorf

Inhalt

1 Einleitung: zum Begriff der Zeit und des Zeitpfeils

Wissenschaft ist oftmals eine recht komplizierte Sache, zumal es in der Wissenschaft oft parteilich zugeht, als ob man über die Wahrheit abstimmen könnte. Und die Wahrheit, deren hohe Titelstellung edel aller Wissenserkundung vorangeht, verkommt oft zur statistischen Wahrscheinlichkeit. Die folgenden Ausarbeitungen widmen sich einem Phänomen, welches in der Philosophie, der Theologie, der Physik, der Neuropsychologie, aber auch im Allgemeinverständnis nach wie vor eine rätselhafte Sache zu sein scheint: Es ist das Phänomen der *Zeit*.

1.1 Der dialogische Zeitbegriff bei Martin Buber

Als ich mich vor einiger Zeit bei der Arbeit an Texten von Martin Buber mit diesem Thema zu beschäftigen begann, stieß ich auf eine zunächst etwas schwierig zu verstehende Stelle in seinem Werk „Ich und Du" (Buber, 1974), die in einem Gesamtwerk von Schütz wie folgt dargestellt wird:

> „Der Augenblick stellt das Bindeglied zwischen der Zeit und der Welt der Beziehung dar. Die Wirklichkeit der Beziehung wird als eine außer- und überzeitliche, die Zeit umgreifende Größe verstanden. Die Beziehung ist demnach zeitunabhängig und -überlegen; um in der Zeit Ereignis zu werden, muß zunächst die Zeit im Augenblick überwunden werden"
> (Schütz, 1975, S. 410).

Was Buber hier unter anderem ausdrückt, ist eine Dualität von ewiger Wirklichkeit und augenblicklicher Realität. Der Zeitbegriff, den er hier verwendet, beinhaltet eine körperliche Realität des Seins im Augenblick und eine geistig-seelische Verbindung mit einer ewigen Wirklichkeit. Darüber hinaus kommt eine Zielrichtung zum Ausdruck, die den Augenblick überwindet und in eine Erfahrung von Beziehung mündet mit dieser Wirklichkeit – eine Beziehung, die die Zeit umfasst, also zeitlos ist im Sinne der Ewigkeit.

Diesen Zeitbegriff von Buber werden wir im Folgenden immer wieder antreffen, wenn wir einen kurzen Diskurs aufnehmen mit der Philosophie, der Physik, der Neuropsychologie, der Theologie und aber auch dem Allgemein- bzw. Alltagsverständnis des Phänomens der Zeit.

1.2 Der philosophische Zeitbegriff bei Platon

Eine frühe, aber der heutigen Situation ganz angemessene Auffassung des Phänomens Zeit findet sich bei Platons Höhlengleichnis wieder, wenn auch versteckt:

> „Dieses Gleichnis, mein lieber Glaukon, fuhr ich fort, ist nun in jeder Beziehung auf unsere vorherigen Ausführungen anzuwenden. Die sich uns visuell offenbarende Welt vergleiche mit der

https://doi.org/10.1515/9783110789355-001

Wohnung im unterirdischen Gefängnis, und das Licht des Feuers in ihr mit dem Vermögen der Sonne; den Aufstieg und die Schau der Dinge über der Erde stelle dir als den Aufschwung der Seele in die nur erkennbare Welt vor, und du wirst meine Hoffnung nicht verfehlen, da du sie doch zu hören verlangst; ein Gott mag aber wissen, ob sie richtig ist! Aber meine Ansichten hierüber sind nun einmal die: im Bereiche der Erkenntnis ist die Idee des Guten nur zu allerletzt und mühsam wahrzunehmen; hat man sie aber gesehen, muß man einsehen, daß sie für alles die Ursache jeder Regelmäßigkeit und Schönheit ist, indem sie sowohl in der sichtbaren Welt das Licht und die Sonne erzeugt, als auch in der erkennbaren Welt selbst als Herrscherin Wahrheit und Einsicht gewährt, und daß derjenige sie (die Idee des Guten) erblickt haben muß, der in seinem eigenen oder im staatlichen Leben verständig handeln will" (Platon in Bernhard, S. 77ff).

Wo nun liegt hier der Zeitbegriff Platons? Im Höhlengleichnis formuliert Platon eine Welt der Projektionen und eine ursprüngliche Welt, die in diesem Sinne die Wirklichkeit widerspiegelt. Die Welt der Projektionen ist die materielle Welt, die sinnlich erfahrbar ist in Licht, Ton, Textur, Geschmack und Geruch. Die wirkliche Welt ist die „Idee des Guten", die alles hervorbringt. Sie ist die zuletzt und am schwierigsten wahrnehmbare Welt. Hier geht der materiellen Welt eine Wirklichkeit voraus, die eine zeitliche Folge impliziert: Vor der sinnlich wahrnehmbaren Welt existiert die Wirklichkeit, die alles hervorbringt.

Der hier eingeführte Zeitbegriff ist insofern von besonderer Bedeutung, als die Zeit hier prämateriell schon existiert im Sinne der Abfolge einer Idee und ihrer Konkretisierung.

Auch hier finden wir den Aspekt der Dualität einerseits und der Fließrichtung der Zeit andererseits. Auch Platon unterschied schon die materielle Realität und eine immaterielle Wirklichkeit, wobei die immaterielle Wirklichkeit erzeugende Wirkung auf die materielle Realität hat. Auch bei Platon ist mit dem Zeitbegriff eine ethische Dimension der Zeit eröffnet: Die Idee des Guten. Diese Idee des Guten zu erblicken lässt den Menschen zurückschrecken vor einem Stadium der Dunkelheit, in dem die Schau der materiellen Bewegung den Horizont menschlichen Erlebens begrenzt.

1.3 Der theologische Zeitbegriff bei Aurelius Augustinus

Werfen wir einen Blick in eine theologische Richtung und lassen Augustinus sprechen, so erfahren wir noch mehr über das Phänomen der Zeit, ihren Fluss und die Richtung des Flusses:

Düntgen referiert in seinem Aufsatz „Was ist Zeit?" wesentliche Aspekte der Auffassungen des Kirchenvaters Augustinus:

„Nach dem Weltbild, welches der Kirchenvater AUGUSTINUS in seinen ‚Bekenntnissen' entfaltet, können Raum und Zeit nur einen gemeinsamen Ursprung haben. Sie entspringen Gottes Willen und manifestieren sich auf Geheiß seines ‚schweigend-ewigen Wortes' aus dem ‚Nichts' (creatio ex nihilo). Somit ist die Zeit Bestandteil der Schöpfung. Entscheidend ist die Ursächlichkeit des göttlichen Schöpfungsaktes: ohne Gottes Einfluß gäbe es weder die materielle Welt, wie die Menschen sie kennen, noch die Zeit, welche sie erleben. Gott steht außerhalb jeglichen Zeitbegriffs

– dem entspricht der Begriff der ‚Ewigkeit Gottes'. Gott erschafft jedoch nicht nur die Zeit in der Form, daß er bloß den Zeitfluß initiiert, vielmehr erschafft er die Gesamtheit der Zeitlichkeit (Vergangenheit, Gegenwart und Zukunft) der Welt in einem. Mit dem Begriff des ‚schweigend-ewigen Wortes' gelingt es Augustinus, die Zeitlichkeit des göttlichen Schöpfungsaktes aufzulösen. Das ‚Wort' des Schöpfers ist nicht zeitlich, sondern folgt Gottes ‚ewigem' Charakter. Somit hat es keine zeitliche ‚Ausdehnung' im vom Menschen meßbaren Sinne" (Aurelius, S. 3).

Augustinus unterscheidet zwischen einer ewigen Wirklichkeit als hervorbringendes Agens, das selber keinem Zeitbegriff unterliegt, und der Zeit als Abfolge von Zukunft, Gegenwart und Vergangenheit. Aus der theologischen Sicht des Kirchenvaters Augustinus ist dieses ewige Agens Gott:

„Ja, er müßte sehen, daß auch langhin dauernde Zeit nur durch die bewegte Folge flüchtiger Augenblicke, die allzugleich nicht Platz greifen können, zur langen Zeit wird, daß aber im Ewigen nicht irgendetwas dahingeht, vielmehr das Ganze gegenwärtig ist, während es doch keinerlei Zeit gibt, die als Ganzes gegenwärtig wäre; er müßte endlich sehen, daß alles Vergangene verdrängt wird von Kommendem, daß alles Kommende auf Vergangenes folgt und daß alles Vergangene und alles Kommende von dem, was stete Gegenwart ist, erschaffen wird und hervorbricht" (Zit. nach Aurelius Augustinus, in: Düntgen, 1998, S. 623).

Düntgen verweist darauf, dass bei Augustinus der Zeitpfeil in der folgenden Weise gerichtet verläuft:

„Nach Augustinus fließt die Zeit von der Zukunft durch die Gegenwart in die Vergangenheit hinüber. An den 'versteckten Orten' an denen sich zukünftige und vergangene Zeit 'befinden', schreibt Augustinus der Zeit jeweils 'gegenwärtigen' Charakter zu – so daß es nur eine Zukunft und eine Vergangenheit gibt" (Düntgen, S. 4, 1998).

„So besitzt Zeit auch nur in Vergangenheit und Zukunft eine ‚Ausdehnung', nicht jedoch in der Gegenwart. [...] Unser Geist erlaubt es darüber hinaus, Gegenwart, Vergangenheit und Zukunft in Form von Abbildern, nämlich unserem Augenschein, unserer Erinnerung und unserer Erwartung zu vergegenwärtigen und so zur Messung von Zeit heranzuziehen" (Düntgen, 1998, S. 4).

Augustinus formuliert sein Zeitverständnis hinsichtlich des Zeitpfeils so:

„Aber zuversichtlich behaupte ich zu wissen, daß es vergangene Zeit nicht gäbe, wenn nichts verginge, und nicht künftige Zeit, wenn nichts herankäme, und nicht gegenwärtige Zeit, wenn nichts seiend wäre" (Zit. nach Aurelius Augustinus, in: Düntgen, 1998, S. 628).

Düntgen arbeitet das Zeitverständnis von Augustinus dahingehend weiter aus, dass auch der Zeitfluss nur als Kontinuum verstanden werden kann und eine Quantelung nicht sinnvoll erscheint:

„Augustinus geht von dem anschaulichen Ansatz aus, der versucht, Zeit als eine Abfolge von *Dauern* aufzufassen. Er erkennt, daß eine Quantelung der Zeit unmöglich ist bzw. nicht wirklich hilfreich sein kann, um das Wesen der Zeit zu begreifen. Durch eine immer feiner werdende Unterteilung der Zeit in immer kürzere Einheiten (Dauern) kann man den Charakter der gegenwärtigen Zeit nicht erklären – denn diese Dauern konvergieren gegen einen Punkt, an dem die gegenwärtige Zeit ihre Dauer verliert" (Düntgen, 1998, S. 4).

Wir werden zu einem späteren Zeitpunkt noch einmal kurz hierauf unter dem Aspekt des „Primats der Forderung nach Sinn" zurückkommen. Sofern Zeit nämlich in Einheiten von Dauern (Quanteln) unterbrechbar wäre, wäre ein wesentlicher Aspekt, der mit der Eigenschaft der „Sinnhaftigkeit der Zeit" verbunden ist, unterbrochen. Es gäbe dann sinnvolle und sinnlose Dauern, was somit diese Eigenschaft ad absurdum führte.

Bei Augustinus lesen sich diese Ausführungen folgendermaßen:

> „Könnte man irgendwas von Zeit sich vorstellen, so winzig, daß es gar nicht mehr sich teilen läßt, auch nicht in Splitter von Augenblicken: solche Zeit allein wäre es, die man 'gegenwärtig' nennen dürfte; sie aber fliegt so reißend schnell von Künftig zu Vergangen, daß auch nicht ein Weilchen Dauer sich dehnt. Denn sowie sie sich ausdehnt, zerfällt sie schon wieder in Vergangenheit und Zukunft; aber als Gegenwart ist sie ohne Ausdehnung" (Zit. nach Aurelius Augustinus, in: Düntgen, 1998, S. 633).

Zeit ist natürlicherweise kontinuierlich fließend. Das menschliche Bewusstsein entwickelt den Begriff des Augenblicks im Sinne einer gegenwärtigen Wahrnehmung und deren Verarbeitung. Dieser Akt der menschlichen Informationsverarbeitung setzt aber sozusagen auf dem kontinuierlichen Zeitfluss auf und nimmt getaktete Stichproben, die gewissen neurobiologischen und neuropsychologischen Begrenzungen des zentralen Nervensystems des Menschen unterliegen.

Neben der Unidirektionalität der Richtung des Zeitpfeils aus der Zukunft über die Gegenwart in die Vergangenheit entdecken wir hier frühe Konkretisierungen über die Qualität des Zeitflusses im Sinne einer Natürlichen Kontinuität.

Wurde bis hierher ein kurzer philosophischer und theologischer Diskurs über das Phänomen der Zeit vorgenommen, der die tiefe Bedeutung der Thematik lediglich streift und keinerlei Anspruch auf Vollständigkeit erhebt, so wird im Folgenden versucht, die besondere, enigmatische Bedeutung des Phänomens der Zeit in der Physik darzustellen.

1.4 Der relativistische Zeitbegriff bei Albert Einstein

Hier finden wir seit Einsteins Relativitätstheorie eine veränderte Auffassung von Zeit, die bei Düntgen folgendermaßen zusammengefasst wird:

> „Die EINSTEINsche Relativitätstheorie beschreibt Raum und Zeit als ein untrennbar zusammengehöriges, gekrümmtes Gebilde. Schwere Objekte krümmen den Raum und verlangsamen den Zeitfluß, schnell bewegte Objekte unterliegen einem langsameren Zeitfluß als weniger schnell bewegte. Zeit verstreicht also nicht überall gleich schnell. STEPHEN HAWKING folgert aus der Untrennbarkeit von Raum und Zeit weiter, daß ein Zeitfluß ohne Materie nicht vorstellbar ist. Dies

zeigt nur einmal mehr, daß sich die Zeit unserer Vorstellung entrückt, sobald wir nach ihr zu greifen suchen. Gleichzeitig gibt der relativistische Zeitbegriff Ansatzpunkte für Paradoxien, wie etwa die, welche im Zusammenhang mit Gedankenexperimenten um Zeitreisen aufkeimen" (Düntgen, 1998, S. 15).

Was wir feststellen, ist, dass der Zeitbegriff hier losgelöst wird aus jeglichem metaphysischen Zusammenhang. Die Zeit wird reduziert auf eine an Materie gebundene Dimension mit der Folge von theoretischen Paradoxien, wie sie durch die Vorstellung von individuell verlangsamten Zeiten entstehen: Entsprechend einer solchen Konzeptualisierung von Zeit könnten Kinder durch eine Zeitreise vor ihren Eltern leben.

Nehmen wir an dieser Stelle folgende weiterhin aktuelle Problematik hinzu. Einsteins Relativitätstheorie ist gebunden daran, dass die Lichtgeschwindigkeit als nicht mehr zu überschreitende Höchstgeschwindigkeit und Konstante der Informationsübertragung gesehen wird. In der Entwicklung der Quantenmechanik findet sich jedoch das von Einstein als „spukische Fernwirkung" bezeichnete Phänomen der Verschränkung von Quanten. Hierbei kommt es zu einer unmittelbaren, zeitgleichen Veränderung eines verschränkten Teilchens in Abhängigkeit der Veränderung seines Partnerteilchens, obwohl diese Teilchen räumlich deutlich getrennt sind.

Dieses Phänomen konnte im sogenannten Freedman–Clauser-Experiment erstmal eindeutig nachgewiesen werden, welches von Richard Muller (2016) in seinem aktuellen Werk „Now – The Physics of Time" nochmals beschrieben wurde:

„Two particles are detected, far apart from each other, but they share a common wave function. Put another way, their individual wave functions [...] are entangled. The particles when detected, could be separated by a meter or a hundred meters or by a hundred kilometers, but detecting one immediately effects the detection of the other. It is immediate 'action at distance' – a nonlogical behavior unlike anything seen in prior theories" (Muller, 2016; S. 223).

Es war das erste Mal, dass Grundannahmen von Einsteins Relativitätstheorie widerlegt wurden und eine Informationsübertragung nachgewiesen werden konnte, die sich nicht an die Grenze der Lichtgeschwindigkeit hielt. Die zugrunde liegenden physikalischen Ursachen gelten jedoch bis heute in der physikalischen Forschung als nicht wirklich verstanden.

1.5 Der quantenmechanische Zeitbegriff bei Anton Zeilinger

Neuere Experimente von Zeilinger haben den Effekt der Verschränkung bei räumlichen Distanzen von über 140 km auf der Erdoberfläche nachweisen können. Gegenwärtig werden mit ersten Experimenten im Weltraum wesentlich größere Distanzen auf die Möglichkeit der technischen Anwendung dieser Verschränkungsphänomene in der Quantenkryptografie und der hiermit verbundenen Möglichkeit der entschlüsselungssicheren Datenübertragung via Satelliten überprüft.

Über den Zusammenhang von Raum und Zeit äußerte sich Zeilinger in einem Interview mit der Wiener Zeitung wie folgt:

> „Wenn man ein Teilchen misst, nimmt es bei der Messung eine Eigenschaft an, und das andere, beliebig weit weg, nimmt im selben Moment ebenfalls die entsprechende Eigenschaft an, obwohl zwischen den Teilchen keine Verbindung besteht. Man kann dafür keine Erklärung geben im Rahmen des üblichen Weltbildes. Das ist ein rein quantenphysikalisches Phänomen. Mathematisch kann man es hervorragend beschreiben, es ist kein Problem der Theorie. Das Problem ist das konzeptive Verständnis: Was erzählt uns das über die Welt? Eine Entwicklungsrichtung besagt, wichtiger als Konzepte von Raum und Zeit sei das Konzept der Information, und Information ist offenbar unabhängig von Raum und Zeit. Das heißt, die Information liegt vor, dass die beiden Systeme gleich sein müssen, auch wenn sie vor der Beobachtung noch keine vordefinierten Eigenschaften besitzen und obwohl sie keine Verbindung haben. Für mich deutet das in die Richtung, dass Information fundamentaler ist als alle anderen Konzepte. Schon das Johannes-Evangelium beginnt mit ‚Am Anfang war das Wort‘. Das kann ich auch mit Information übersetzen" (Zeilinger, 2012).

Was hier am Horizont der physikalischen Entwicklung erscheint, ist nichts anderes als eine informationstheoretische Formulierung des Zeitflusses. Nur dass im Rahmen der Quantenmechanik nun die Zeit wieder gelöst ist vom Raum. Einsteins Begriff der „Raumzeit" erscheint hier gelöst aus seiner „Krümmung" insofern, als die Gleichzeitigkeit bei räumlich distanzierten Objekten im Sinne einer Kommunikation einer Information zwischen diesen Objekten möglich ist.

Die technische Anwendbarkeit zeigt die Realität dieses Phänomens, ohne dass das zugrunde liegende Phänomen der Zeit als solches hierdurch weiter verstanden worden wäre. Diese verschränkten Quanten werden als nicht raumabhängige Systeme verstanden, in denen der Zustand des einen Teilobjekts zu einer Zustandsänderung des anderen Teilobjekts führen kann, ohne dass eine räumliche Verbindung zwischen beiden Teilobjekten besteht. Diese Zustandsänderung geschieht instantan, d. h. dass durch Messungen gezeigt werden konnte, dass in etwa eine zehntausendfache Lichtgeschwindigkeit benötigt würde, um die Zustandsänderung von A nach B zu erklären. Einsteins Überlegungen zur Raumzeit gehen jedoch davon aus, dass die Lichtgeschwindigkeit die höchste Übertragungsgeschwindigkeit von Informationen darstellt. Diese Grundannahme wird durch das Phänomen der Quantenverschränkung somit widerlegt.

Deswegen werden Quanten auch als Informationsobjekte verstanden, die durch Verschränkung einen höheren Komplexitätsgrad erreichen. Verschränkung entspricht in diesem Sinne einer Form von Clusterung der primären, elementaren Informationsobjekte.

Es liegt nahe, dass einige Menschen hierbei gerne direkt an die Möglichkeit einer Gedankenübertragung und Ähnliches denken. Andere denken an ein „verquanteltes Universum" seit dem Urknall, verbunden mit einer universalen Informationsübertragung zwischen allen Teilen des Universums und hierauf basierenden kosmischen Bewusstseinszuständen und Möglichkeiten des Menschen.

So interessant und schön dies alles klingen mag, auch reizvoll für den Esoteriker, so möchte meine Untersuchung des Phänomens der Zeit nicht in diese Richtung abschweifen. Vielmehr soll darauf hingewiesen werden, wie interessant es ist zu sehen, dass es eine physikalische Aktionsmöglichkeit gibt, die offensichtlich dazu in der Lage ist, unabhängig vom Raum die Zustände von „Partikeln" – ohne hierdurch eine materialisierte Form dieser Teilchen nahelegen zu wollen – durch die alleinige Veränderung eines Partnerteilchens zu beeinflussen.

Was hier wirkt, ist offensichtlich eine Ebene der Information, die eine Schnittstelle zwischen Zeit und Raum darstellt. Ohne dass etwas Raum einnimmt – also schon materialisiert ist –, wird Information veränderungswirksam. Es ist die Information als solche, die in einer prämateriellen Phase eine Zustandsänderung bewirkt.

Aufgrund dieser Erkenntnis der Quantenmechanik ist für unser Verständnis von Zeit entscheidend, dass es eine Informationsebene gibt. Diese beinhaltet verschiedene sich überlagernde Zustände von Möglichkeiten (Kohärenz), die durch einen physikalischen Messvorgang in einen definierten Messzustand (Dekohärenz) überführt werden. Eine solche Festlegung des Quantenzustands bewirkt nachweislich die Zustandsänderung eines räumlich entfernten Teilchens. Die Veränderungen eines solch verschränkten Partnerteilchens sollten nach herkömmlicher Auffassung von Informationsübertragung der Zustandsänderung des ersten Teilchens zeitlich folgen, somit also in der Zukunft liegen. Dies ist aber offensichtlich nicht der Fall. Hieraus ist zu konkludieren, dass die Abfolge offensichtlich einen logischen Charakter hat und somit informationstheoretischer Natur ist. Sie ist also nicht mehr eine räumliche Abfolge im Sinne einer zeitlichen Bewegung von Information von einem Ort zu einem anderen. Das Verständnis von Zeit im Sinne der Raumgebundenheit (Raumzeit) erscheint hier nicht mehr zutreffend.

Für den Zeitbegriff bedeutet dies, dass wir von einer prä- oder immateriellen Ebene der Information ausgehen dürfen, die selber energetische Eigenschaften aufweist, ohne materiell konkretisiert zu sein. Diese energetischen Eigenschaften haben einerseits Fließcharakter und sind andererseits veränderungswirksam im Sinne einer Zustandsänderung von Informationen. Insofern ist die immaterielle Ebene der Information der materiellen Ebene der Raumzeit vorgeschaltet. Man könnte eventuell auch sagen, dass sie der Raumzeit von Einstein vorausgeht und insofern auf einem anzunehmenden objektiven oder absoluten Zeitpfeil präexistent ist.

Kommen wir zurück zum Zeitpfeil, so bedeutet dies, dass die Zukunft, bezogen auf die materielle Existenz, eine informationstheoretische Präexistenz des Jetzt voraussetzt. Hierbei erlaubt die Dimension der Zeit – in dieser Präexistenz des Jetzt – raumunabhängige Zeitgleichheit im Sinne der maximalen Geschwindigkeit von Informationsübertragung.

Wir messen eine Zustandsänderung ohne Raum, die insofern hier auch wiederum den Zeitbegriff aus der Raumabhängigkeit löst. Eine Veränderung ohne Raum ist eine Veränderung allein in der Zeit, die dann Gleichzeitigkeit erlaubt.

Solange die Physik sich alleine aufhält im Bereich der Festkörper, betrachtet sie ausschließlich die Gegenwart und die Vergangenheit. Hier ist der Zeitfluss gebunden an eine Notwendigkeit zur Überwindung von räumlich-materiellen Distanzen. Folgt man den kosmologischen Ausführungen über die Entstehung des Universums, so fand in der Vergangenheit eine erste Konkretisierung des Universums vor etwas mehr als 13,7 Milliarden Jahren statt. Ein räumlich-materiell abhängiger Zeitfluss verliefe somit ungefähr seit diesem Zeitpunkt. Der Begriff der Vergangenheit erscheint bezogen auf diesen Zeitpunkt zunächst endlich.

Es ist unter der Annahme einer informationstheoretischen Präexistenz der Materie davon auszugehen, dass vor dem Urknall reine, noch nicht materialisierte Information vorhanden war, die selber keine räumlich-materielle Ausdehnung hatte, jedoch trotzdem als Information energetisch relevante Existenz zeigte.

Diese Präexistenz der räumlich-zeitlich konkretisierten Materie beinhaltet quantentheoretisch immer alle Möglichkeiten und ist somit also universal potent, überörtlich und prinzipiell zeitgleich. Aus einer energetischen Perspektive bedeutet dies ein Maximum an Energie, ein Maximum an Information, ein Maximum an Lokalität und ein Maximum an Zeit. Diese Existenz, die dem Big Bang, dem Urknall oder der in der Physik angenommenen Ebene der Inflation in der Entstehung des Kosmos vorangeht und die die Merkmale dieser Maxima an Energie, Information, Lokalität und Zeit trägt, wird im Weiteren von mir als Überall (Hyperall, Hyperversum) bezeichnet. Implikationen der Zeitflussrichtung auf die kosmologische Interpretationsgeschichte der Entstehung des Universums in der Big-Bang-Theorie werden weiter unten in Kapitel 5.4 dargestellt werden.

1.6 Der neurowissenschaftliche Zeitbegriff bei Ernst Pöppel

Schließen wir unsere Vorüberlegungen ab mit einem Blick in den Bereich des Menschlichen. Hier soll die Erforschung des Phänomens der Zeit im Sinne der Neurobiologie bzw. Neurophysiologie, der Neuropsychologie und des Allgemeinverständnisses betrachtet werden.

Hierzu soll im Folgenden Bezug genommen werden auf eine ausschnittsweise Darstellung von Düntgen. Der Autor führt diesbezüglich aus, dass der Mensch offensichtlich kein Sinnesorgan für die Zeitwahrnehmung hat. Trotzdem ist der Mensch in der Lage, auch ohne eine Uhr, Zeitdifferenzen, Zeitdauern und Zeitfolgen sowie Zeitgeschwindigkeiten wahrzunehmen (vgl. Düntgen, 1998, S. 10ff).

Der Neurophysiologe Pöppel beschäftigt sich mit neurophysiologischen Voraussetzungen der Zeitwahrnehmung (vgl. Pöppel, Time Perception, 1978), aber auch mit Konzepten der weiteren psychologischen Verarbeitung von Zeit (vergl. Pöppel & Bao, 2014).

Die Autoren Zhou, Pöppel und Bao (2014) verweisen hierzu auf bekannte und grundlegende Aussagen der Autoren Gibson und Woodrow:

"We should remember what Gibson (1973) once said: 'Events are perceivable but time is not.' And in a similar way Woodrow (1951) states: 'Time is not a thing that, like an apple, may be perceived'" (Zhou et al., 2014, S. 844).

Die wissenschaftliche Beschäftigung mit der Zeitwahrnehmung, dem Zeitverständnis und dem Zeitbewusstsein der Menschen setzt einige begriffliche Klärungen voraus, die zum Beispiel den Begriff der „Gegenwart", im Englischen „Present", betreffen. Hierzu führen die Autoren Zhou, Pöppel und Bao weiter aus:

„What are some of the problems that make it difficult to find a unifying principle of temporal experiences? A good example is the one when we refer to the "present." Do we think of the present as a border with no temporal extension between past and future, or does the present have a temporal extension? If the present is just a border without temporal extension between past and future, it cannot have any experiential quality. In this case the present is a theoretical notion, and temporal experiences are reduced on the phenomenal level to what has happened and what might happen. But what could be the experiential quality of what is going to happen or what has happened? Temporal experiences are then either anticipations, hopes, plans or memories of events past. But if the present has a temporal extension, as is implicitly assumed by Augustinus (397/8, 1993), one of the founding fathers of "temporal philosophy," or James (1890), then the empirical question comes up how long such a present might be, and this question has indeed been addressed with different experimental paradigms (Pöppel, 1978; Pöppel and Bao, 2014; Wittmann, 2014). And then the question comes up: does this temporal interval of finite duration move continuously along the arrow of time, or does it move in discrete steps along an abstract temporal axis?" (Zhou et al., 2014, S. 844).

Die hier von Pöppel aufgeworfene Frage, ob der Gegenwart eine Dauer zugeschrieben werden kann, ist – wie es Pöppel darstellt – von großer, sogar zentraler Relevanz. In der Entomik wird aus verschiedenen Gründen davon ausgegangen, dass der Gegenwart eine Dauer zugeschrieben werden kann, die auch einer eigenen physikalischen aber auch psychologischen Entität zuzuordnen ist. Im Bereich der physikalischen Phänomene ist die Gegenwart sinnvollerweise mit Wahrnehmungsphänomenen wie zum Beispiel der Sichtbarkeit der Materie verbunden somit mit der Reflexion des Lichts an der Materie. Auf psychologischem Gebiet entspricht dies dem Augenblicksbewusstsein, welches ebenfalls gegenüber Antizipation und Erinnerung einen eigenen Phänomenbereich darstellt. Weitere Erläuterungen zum Gegenwartsbegriff folgen weiter unten in Kapitel 6.4 in Zusammenhang mit den Überlegungen zur Mikro- und Makrokosmologie aus der Sicht der Entomik.

1.7 Der neuropsychologische Zeitbegriff bei Marc Wittmann

Wenn wir uns aus dem neuropsychologischen Blickwinkel dem Phänomen der Zeit widmen, so finden wir eine Vielzahl von Untersuchungen, die die Zeitverarbeitung beschreiben. Eine detaillierte, zusammenfassende Beschreibung der Zeitwahrnehmung geben Rhailana Fontes et al.:

> „The perception of time is the sum of stimuli associated with cognitive processes and environ-
> mental changes. Thus, the perception of time requires a complex neural mechanism and may be
> changed by emotional state, level of attention, memory and diseases. Despite this knowledge, the
> neural mechanisms of time perception are not yet fully understood" (Fontes et al., 2016, S. 14).

Die Recherche der Autoren bietet eine umfassende aktuelle Zusammenfassung, die
wesentliche Artikel und Forschungsergebnisse zur Zeitwahrnehmung resümiert:

> „The objective is to relate the mechanisms involved the neurofunctional aspects, theories, execu-
> tive functions and pathologies that contribute the understanding of temporal perception. Articles
> from 1980 to 2015 were searched by using the key themes: neuroanatomy, neurophysiology, theo-
> ries, time cells, memory, schizophrenia, depression, attention deficit, hyperactivity disorder and
> Parkinson's disease combined with the term perception of time. We evaluated 158 articles within
> the inclusion criteria for the purpose of the study" (Fontes et al., 2016, S. 14).

Interessanterweise findet sich zwar eine Vielzahl von Arbeiten, die sich mit Speicher-
modellen und ihrer Relevanz für die Zeitwahrnehmung auseinandersetzen, oder aber
Arbeiten, die den Einfluss subjektiver Befindlichkeiten zur Wahrnehmung des Zeitverlaufs thematisieren. Darüber hinaus beschäftigen sich verschiedene Lokalisationsstu-
dien mit Hirnorten, die an der Zeitwahrnehmung beteiligt sind. In keinem einzigen
Fall jedoch werden die Richtung des Zeitpfeils und dessen Relevanz für die menschliche Bewusstseinsbildung thematisiert. Es scheint so, als ob es unmissverständlich
klar wäre – oder aber wissenschaftlich nicht relevant –, wie die Zeit verläuft und welche Auswirkung die damit verbundene Richtung des Zeitverlaufs auf die Entwicklung
des menschlichen Bewusstseins hat.

Tatsächlich müssen wir davon ausgehen, dass die unausgesprochen zugrunde ge-
legte Richtung des Zeitpfeils – die sozusagen implizit angenommene Richtung – in allen Arbeiten aus der Vergangenheit in die Zukunft weist. Wie weiter unten weiter unten
in Kapitel 6.8 im entomischen Zeitverständnis gezeigt wird, wäre eine solche implizi-
te Annahme aber eine falsche Voraussetzung, deren Folge für die Konzeptualisierung
menschlicher Bewusstseinsbildung und die hiermit sich vollziehende Zeitwahrnehmung von immenser Bedeutung ist.

Die neuropsychologische Untersuchung der Zeitverarbeitung im Gehirn führt
auch zu einem weiteren Problem, das durch Wittmann (2014) beschrieben wird:

> „Eine fundamentale Lücke bei dem hier skizzierten Lösungsansatz zum Leib-Seele-Problem
> bleibt freilich bestehen. […] Diese von der Philosophie als Qualia-Problem bezeichnete Erklä-
> rungslücke besagt: Auch wenn wir restlos verstünden, wie das Gehirn funktioniert, könnten
> wir doch nicht erklären, wie phänomenale Bewusstseinszustände (Qualia) zustande kommen.
> Phänomenales Bewusstsein mag zwar an gewisse Prozesse des Gehirns gebunden sein, aber
> diese neurophysiologischen Ereignisse (bezogen auf neuronale Systeme, Transmitter, Synapsen
> etc.) sind etwas ganz anderes als meine persönlichen Gefühle. Für viele Philosophen ist diese
> Lücke prinzipiell unüberwindbar" (Wittmann, 2014, S. 128).

Auch wenn hier weniger die Richtung des Zeitpfeils angesprochen wird, so bringt Wittmann wie viele andere zum Ausdruck, dass die Qualität des menschlichen Bewusstseins aus der Innensicht des Menschen mehr ist als nur das Wissen um seine neuronalen Funktionsmechanismen. Ich werde weiter unten in Kapitel 6.8 im entomischen Zeitverständnis auf die besondere Struktur des menschlichen Bewusstseins unter dem Begriff „The Double Spaced-Minded Creature (Abkürzung: DSMC)" zurückkommen.

Wittmann formuliert das bekannte Leib-Seele-Problem noch einmal folgendermaßen:

> „In die Wahrnehmung notwendig miteinbezogen ist derjenige, der wahrnimmt. Ich bin es, der wahrnimmt. Eigentlich eine Selbstverständlichkeit, möchte man meinen. Die Wahrnehmung von mir selbst, meinem Ich, entsteht ganz natürlich, wenn ich mich selbst betrachte. Ich fühle mich und denke über mich nach. Aber wer ist dann das Subjekt, wenn ich das Objekt meiner Selbstbetrachtung bin? Wenn ich mich selbst betrachte, werde ich schließlich Objekt der Betrachtung. Wie unschwer zu vermuten, handelt es sich bei dieser Ungreifbarkeit des Subjektes als Subjekt, und nicht als Objekt, um ein philosophisches Problem: Sobald ich mich beobachte, bin ich auch schon Objekt meiner Betrachtung geworden" (Wittmann, 2014, S. 117).

Die Quantenphysik zeigt uns heute, dass Quantenzustände bei verschränkten Quanten zwar räumlich getrennt sein können, aber anscheinend eher als Informationsobjekt auftreten, deren Zustandsaspekte gleichzeitig abhängig vorliegen. Konzeptualisiert man das menschliche Bewusstsein quantentheoretisch, entsteht die Möglichkeit, den „physiologischen und den psychologischen Status des Bewusstseins als ein (hybrides) Objekt" zu begreifen. Es scheint zumindest theoretisch eine Analogie auf der Ebene der Quantenmechanik zu geben, die dem „Qualiaeffekt" entspricht. Diese Sichtweise wird im Folgenden weiter erläutert.

1.8 Das Leib-Seele Problem bei Immanuel Kant – Qualia

Wittmann verweist bezüglich einer philosophischen Lösung des Problems auf Kants Vorschlag in dessen Werk „Kritik der reinen Vernunft":

> „Das Subjekt konstituiert (modern gesprochen konstruiert) die Welt, es ist aber nicht selbst Teil der Welt. Das Subjekt ist demnach transzendental, d. h. für die Wahrnehmung der inneren und äußeren Erfahrungen gibt es Bedingungen, die im Subjekt angelegt sind und mit denen die objektive Welt erfasst werden kann. Diese Bedingungen des transzendentalen Subjekts sind vor aller Erfahrung (a priori). Damit ist das Subjekt nicht Teil der erfahrbaren Welt" (Wittmann, 2014, S. 178).

Was hier zum Ausdruck kommt, ist in mehrfacher Hinsicht äußerst interessant. Zunächst einmal erscheint das Leib-Seele-Problem hinsichtlich der Selbstbeobachtung Quanteneigenschaften zu haben. Das Selbst verändert sich im Moment der Messung als Objekt. Durch die Messung des Selbst in der Selbstbeobachtung verändert sich sein Zustand – und dies nahezu gleichzeitig. Das *Ich* ist informationstheoretisch ein „Selbst-Objekt", hat aber als Informationssystem zwei Teile:

1. Es definiert (misst) sich kurzfristig in der Selbstbeobachtung, und
2. es kann aber auch danach wieder „unbeobachtet" sein Dasein weiter fristen.

Prinzipiell verändert jede Selbstbeobachtung den Zustand des Selbstteils dauerhaft durch den Informationszuwachs bezüglich des Objektteils. Das Ich wächst in der Selbstbeobachtung/Selbsterfahrung über Autoreflexivität hinsichtlich seines Informationsgehalts.

Ein weiterer, faszinierender Aspekt ist Kants Lokalisierung des Subjekts auf der Ebene des Zeitpfeils, in dem er es als transzendent, somit außerhalb der sinnlichen Erfahrung anordnet. Dies entspräche aus entomischer Sicht – wie ich später weiter unten in Kapitel 9.14 zu zeigen versuchen werde – bezogen auf den Zeitpfeil einer Lokalisation des Subjekts in der Zukunft unmittelbar vor der Gegenwart. Es ist also noch nicht materiell verwirklicht. Die Zukunft ist insofern ein „transzendenter Raum", als sie noch nicht definiert ist und alle Möglichkeiten beinhaltet. Auf dieser, nur der geistigen Wahrnehmung zugänglichen Ebene ist der Mensch aufgrund der raumunabhängigen Informationsgleichzeitigkeit dazu in der Lage, ein erhöhtes Bewusstsein – ein bewusstes Bewusstsein – zu generieren bzw. zu repräsentieren.

Die Annahme einer solche Präposition des Selbst in der unmittelbaren Übergangszone der Zukunft in die Gegenwart erlaubt es, das Selbstbewusstsein als ein zeitliches Phänomen zu betrachten, vorausgesetzt, dass der Zeitzufluss aus der Zukunft in die Gegenwart verläuft. Erst aus dieser zeitlichen Abfolge von Zukunft und Gegenwart und der Annahme, dass das menschliche Selbst so konstruiert ist, wie Kant es formuliert, ergibt sich die Möglichkeit dieser besonderen, instantanen, autoreflexiven Phänomenalität des menschlichen Bewusstseins, hierin also auch der Qualia.

2 Darstellung gegenwärtiger Theorien zum Zeitpfeil nach Günter Mahler

Kommen wir noch einmal zurück auf den Begriff des Zeitpfeils. Mahler fasste hierzu einige verschiedene Möglichkeiten, den Zeitpfeil zu definieren, zusammen. Er unterscheidet verschiedene Prozessklassen: den thermodynamischen Zeitpfeil, den quantenmechanischen Zeitpfeil, den Strahlungszeitpfeil, den biologischen Zeitpfeil und den psychologischen Zeitpfeil. Auf diese verschiedenen Zeitpfeilbetrachtungen soll im Weiteren kurz eingegangen werden.

2.1 Der thermodynamische Zeitpfeil – einleitende Bemerkungen aus Sicht der Entomik

Im thermodynamischen Zeitpfeil ist die Richtung der Zeit festgelegt durch die Tendenz, ein thermodynamisches Gleichgewicht herzustellen.

> „Die Gleichverteilung ist aber am wahrscheinlichsten, da sie die meisten Mikrorealisierungen hat. Diese Auswirkung wird umso ausgeprägter, je größer N. Implizit entsteht dadurch ein Zeitpfeil. Übergänge zwischen Makrozuständen sind viel wahrscheinlicher, wenn dabei die Entropie anwächst, als wenn sie abnimmt. [...] Gleichverteilung wird zum Ziel – und zum stabilen Endpunkt der Entwicklung („Wärmetod"). Im Gleichgewicht gibt es keine Veränderung und daher keine Zeit mehr" (Mahler, 2014, S. 10).

Der hier zum Ausdruck gebrachte Prozess der Partikelverteilung endet in einer Gleichverteilung, so dass der Informationsgehalt nicht mehr in strukturierten Clustern von Objekten erkennbar ist. Er entspricht insofern einer Auflösung des Begriffs der Form, der somit das materielle Ende des Entoms – so wie ich es weiter unten in Kapitel 3.3 noch darstellen werde – im Zeitverlauf beschreibt. Es ist das Stadium der maximalen Deformation. Hier hat die materielle Objektansammlung ihren „Sinn" verloren. Ob dies allerdings gleichzeitig als Ende der Zeit oder lediglich als Ende einer materiell sinnvollen Objektstrukturierung anzusehen ist, wird weiter unten in Kapitel 5.3 aus entomischer Sicht erläutert.

Der Zeitpfeil basierend auf der Beobachtung der Entropie ist eine sehr wesentliche Grundlage der bisherigen physikalischen Betrachtungsweise des Zeitverlaufs. Nahezu alle gegenwärtigen kosmologischen Theorien zur Entstehung des Universums gehen auf diese entropiebasierte Zeitbetrachtung zurück. Aus diesem Grund möchte ich auf den thermodynamischen Zeitpfeil tiefer im Rahmen einer Literaturrecherche eingehen.

https://doi.org/10.1515/9783110789355-002

2.2 Der thermodynamische Zeitpfeil: Vergangenheit > Gegenwart > Zukunft

In einer Literaturrecherche zum Begriff „arrow of time" habe ich (online: 11.11.2017; 15:24h) insgesamt 403 Artikel in der wissenschaftlich im Bereich der Physik fokussierten Suchmaschine Inspire gefunden, die die Beschäftigung mit diesem Thema somit seit 1958 dokumentieren. Ich möchte im Folgenden auszugsweise Überlegungen vor allen Dingen aus einigen aktuellen Arbeiten kurz darstellen. Es geht hierbei nicht um die zugrunde liegende Mathematik in diesen Arbeiten, von der ich mir nicht anmaßen möchte, sie auch nur annäherungsweise zu verstehen. Ich habe diese Arbeiten lediglich untersucht hinsichtlich der in ihnen hinterlegten Sichtweise zur Richtung des Zeitpfeils.

Callaway untersucht beispielsweise die wissenschaftliche Leistungsfähigkeit des Kausalitätsbegriffs, indem er ein zentrales Element der Unterscheidung zwischen "fundamentaler" und „nicht fundamentaler" Physik in Frage stellt. In diesem Zusammenhang äußert er sich auch über die Fließrichtung der Zeit:

> "It will be argued that the prevalent emphasis on fundamental physics involves formalistic and idealized partial models of physical regularities abstracting from and idealizing the causal evolution of physical systems. The accepted roles of partial models and of the special sciences in the growth of knowledge help demonstrate proper limitations of the concept of fundamental physics. We expect that a cause precedes its effect. But in some tension with this point, fundamental physical law is often held to be symmetrical and all-encompassing. Physical time, however, has not only measurable extension, as with spatial dimensions, it also has a direction–from the past through the present into the future. This preferred direction is time's arrow. In spite of this standard contrast of time with space, if all the fundamental laws of physics are symmetrical, they are indifferent to time's arrow. In consequence, excessive emphasis on the ideal of symmetrical, fundamental laws of physics generates skepticism regarding the common-sense and scientific uses of the concept of causality. The expectation has been that all physical phenomena are capable of explanation and prediction by reference to fundamental physicals laws – so that the laws and phenomena of statistical thermodynamics – and of the special sciences–must be derivative and/or secondary. The most important and oft repeated explanation of time's arrow, however, is provided by the second law of thermodynamics. This paper explores the prospects for time's arrow based on the second law. The concept of causality employed here is empirically based, though acknowledging practical scientific interests, and is linked to time's arrow and to the thesis that there can be no causal change, in any domain of inquiry, without physical interaction" (Callaway, 2016, S. 601ff).

Das obige Zitat – in annähernder Weise ins Deutsche übersetzt – lässt folgende Sichtweise Callaways deutlich werden: Es wird argumentiert, dass die vorherrschende Betonung der fundamentalen Physik formalistische und idealisierte Teilmodelle physikalischer Gesetzmäßigkeiten beinhaltet, die die kausale Evolution physikalischer Systeme abstrahieren und idealisieren. Die akzeptierten Rollen der Teilmodelle und der Spezialwissenschaften bei der Entwicklung des Wissens helfen, die Grenzen des Konzepts der Grundlagenphysik aufzuzeigen. Wir erwarten, dass eine Ursache ihrer

Wirkung vorausgeht. Aber in einem gewissen Spannungsverhältnis mit diesem Punkt wird das fundamentale physikalische Gesetz oft als symmetrisch und allumfassend angesehen. Die physische Zeit hat aber nicht nur eine messbare Ausdehnung wie bei den räumlichen Dimensionen, sondern auch eine Richtung – von der Vergangenheit über die Gegenwart in die Zukunft. Diese Vorzugsrichtung ist der Zeitpfeil. Trotz dieses Standardkontrastes von Zeit und Raum, wenn alle fundamentalen Gesetze der Physik symmetrisch sind, sind sie dem Zeitpfeil gleichgültig. Die übermäßige Betonung des Ideals der symmetrischen, fundamentalen Gesetze der Physik erzeugt daher Skepsis gegenüber dem gesunden Menschenverstand und der wissenschaftlichen Anwendung des Kausalitätsbegriffs. Die Erwartung war, dass alle physikalischen Phänomene durch Bezugnahme auf fundamentale physikalische Gesetze erklärbar und vorhersagbar sind – so dass die Gesetze und Phänomene der statistischen Thermodynamik – und der speziellen Wissenschaften – abgeleitet und/oder sekundär sein müssen. Die wichtigste und oft wiederholte Erklärung des Zeitpfeils ist jedoch das zweite Gesetz der Thermodynamik. Callaway untersucht die Perspektiven für den Zeitpfeil auf der Grundlage dieses Gesetzes. Der hier verwendete Kausalitätsbegriff ist empirisch fundiert, obwohl er praktische wissenschaftliche Interessen anerkennt, und ist mit dem Zeitpfeil und der These verbunden, dass es keine kausale Veränderung geben kann, in keinem Bereich der Untersuchung, ohne physische Interaktion.

Callaway geht – wie alle weiteren Autoren, die sich auf die Entropiegesetze berufen – davon aus, dass der Zeitpfeil aus der Vergangenheit über die Gegenwart in die Zukunft zeigt. Wie ich weiter oben Kapitel 1.3 schon ausgeführt habe und weiter unten in Kapitel 3 vertiefen werde, ist diese Fließrichtung der Zeit nicht mit der durch Augustinus schon im frühen Mittelalter angegebenen und durch die Entomik wieder aufgegriffenen Fließrichtung der Zeit in Übereinstimmung zu bringen. In der Entomik wird die Fließrichtung der Zeit so gesehen, dass die Zeit aus der Zukunft in die Gegenwart und von da aus in die Vergangenheit fließt – also genau umgekehrt.

Barbour stellt folgende kritische Überlegung zur Auslegung entropischer Gesetze auf das Zeitverständnis an:

> "Entropy and the second law of thermodynamics were discovered through study of the behavior of gases in confined spaces. The related techniques developed in the kinetic theory of gases have failed to resolve the apparent conflict between the time-reversal symmetry of all known laws of nature and the existence of arrows of time that at all times and everywhere in the universe all point in the same direction. I will argue that the failure may due to unconscious application to the universe of the conceptual framework developed for confined systems. If, as seems plausible, the universe is an unconfined system, new concepts are needed" (Barbour, 2016, S. 1–3).

Diese Sichtweise Barbours – hier im englischen Original zitiert – entspricht in etwa den durch den Autor in Annäherung ins Deutsche übersetzten folgenden Ausführungen:

Entropie und das zweite Gesetz der Thermodynamik wurden durch die Untersuchung des Verhaltens von Gasen in definierten Räumen entdeckt. Die in der kinetischen Theorie der Gase entwickelten Techniken haben den offensichtlichen Konflikt zwischen der Zeitumkehrsymmetrie aller bekannten Naturgesetze und der Existenz von Zeitpfeilen, die immer und überall im Universum in die gleiche Richtung weisen, nicht gelöst. Barbour argumentiert, dass das Scheitern möglicherweise auf die unbewusste Anwendung des für begrenzte Systeme entwickelten konzeptionellen Rahmens auf das Universum zurückzuführen ist. Wenn, wie es plausibel erscheint, das Universum ein uneingeschränktes System ist, sind neue Konzepte notwendig (vgl. Barbour, 2016).

Bal und Murli versuchen zu zeigen, dass die Strukturen im Universum so interpretiert werden können, dass sie ein geschlossenes Rad der Zeit zeigen anstatt einen geraden Pfeil. Eine Analyse im Gravitationsmodell wurde von ihnen durchgeführt, um zu zeigen, dass aufgrund lokaler Beobachtungen ein kleiner Bogen an irgendeinem gegebenen Raumzeitpunkt unveränderlich einen Pfeil der Zeit von der Vergangenheit zur Zukunft anzeigt, obwohl es sich auf einer Quantenskala nicht um eine lineare Strömung, sondern um eine geschlossene Schleife handelt, eine Tatsache, die durch zukünftige Beobachtungen untersucht werden könne, so die Autoren:

> "It is shown that the structures in the universe can be interpreted to show a closed wheel of time, rather than a straight arrow. An analysis in f(R) gravity model has been carried out to show that due to local observations a small arc at any given spacetime point would invariably indicate an arrow of time from past to future, though on a quantum scale it is not a linear flow but a closed loop, a fact that can be examined through future observations" (Bal and Murli, 2017, S. 1ff).

Auch hier gehen die Autoren zunächst von einem Zeitpfeil aus, der aus der Vergangenheit in die Zukunft gerichtet ist, wobei von ihnen eine Rückschleife in die Vergangenheit als möglich erachtet wird.

Magain et al. (2015) sehen in der Zeit einen Parameter, der eine zentrale Rolle in unserer fundamentalsten Modellierung der Naturgesetze spielt. Aus ihrer Sicht zeigt die Relativitätstheorie, dass der Vergleich der Zeiten, die durch verschiedene Takte gemessen werden, von ihrer relativen Bewegung und von der Stärke des Gravitationsfeldes abhängt, in dem sie eingebettet sind. In der Standardkosmologie sei demzufolge der Zeitparameter derjenige, der durch fundamentale Takte gemessen wird (d. h. Uhren, die in Bezug auf den expandierenden Raum in Ruhe sind). Es wird davon ausgegangen, dass die richtige Zeit in der ganzen Geschichte des Universums mit einer konstanten Geschwindigkeit fließt. Sie entwerfen die alternative Hypothese, dass die Geschwindigkeit, mit der die kosmologische Zeit fließt, vom dynamischen Zustand des Universums abhängt. In der Thermodynamik ist der Pfeil der Zeit stark mit dem zweiten Gesetz verknüpft, das besagt, dass die Entropie eines isolierten Systems immer mit der Zeit zunehmen oder bestenfalls konstant bleiben wird. Daher nehmen sie an, dass die von den Grundtakten gemessene Zeit proportional zur Entropie der Region des Universums ist, die kausal mit ihnen verbunden ist.

"Time is a parameter playing a central role in our most fundamental modelling of natural laws. Relativity theory shows that the comparison of times measured by different clocks depends on their relative motion and on the strength of the gravitational field in which they are embedded. In standard cosmology, the time parameter is the one measured by fundamental clocks (i. e., clocks at rest with respect to the expanding space). This proper time is assumed to flow at a constant rate throughout the whole history of the universe. We make the alternative hypothesis that the rate at which the cosmological time flows depends on the dynamical state of the universe. In thermodynamics, the arrow of time is strongly related to the second law, which states that the entropy of an isolated system will always increase with time or, at best, stay constant. Hence, we assume that the time measured by fundamental clocks is proportional to the entropy of the region of the universe that is causally connected to them. Under that simple assumption, we find it possible to build toy cosmological models that present an acceleration of their expansion without any need for dark energy while being spatially closed and finite, avoiding the need to deal with infinite values" (Hauret et al., 2017, S. 357f).

Die hier neuerlich vorgeschlagene Sichtweise weicht nun von einer konstant in die Zukunft fließenden Zeit ab, wenngleich sie basierend auf der thermodynamischen Sichtweise weiterhin von der Vergangenheit in die Zukunft fließt.

Nieuwenhuizen stellt bezüglich des Zeitpfeils Folgendes fest: Die Frage, warum wir älter werden, nie jünger, hat seit langem Menschen und Philosophen gestört. Die Tatsache, dass die Natur einen Zeitpfeil hat, wie auch immer sie durch reversible dynamische Gleichungen wie klassische Mechanik, Elektrodynamik, Quantenmechanik und allgemeine Relativitätstheorie beschrieben wird, stellt ein tiefgehendes Problem dar: Gibt es eine endgültige Ursache für den Zeitpfeil? Aus den vielen Antworten auf die Frage wählt Nieuwenhuizen den thermodynamischen Pfeil, der sich auf das zweite Gesetz (Entropiezunahme) und den kosmologischen Pfeil stützt. Dieser nimmt an, dass das Universum sich ausdehnt, während es altert (vgl. Nieuwenhuizen, 2014).

"The arrow of time: why do we get older, never younger? has bothered people and philosophers since long. The fact that Nature has an arrow of time while being described by reversible dynamical equations such as classical mechanics, electrodynamics, quantum mechanics and general relativity, poses a deep problem: is there an ultimate cause for the arrow of time? Of the many answers given, we mention the thermodynamic arrow, relying on the second law (entropy increase), and the cosmological arrow, which acknowledges that the Universe is expanding while aging" (Nieuwenhuizen, 2014, S. 1f).

Nieuwenhuizen untersucht deswegen die quantenmechanischen Aspekte des Zeitpfeils, wie sie im folgenden Kapitel dargestellt werden.

Ohne die Vielzahl der über 400 gesichteten Arbeiten im Einzelnen zu rekapitulieren, halte ich jedoch fest, dass die Fließrichtung der Zeit in allen Arbeiten, die auf dem thermodynamischen Zeitpfeil basieren, von der Vergangenheit in die Zukunft zeigt. Die Vergangenheit stellt hierbei einen Zustand niedrigster Entropie – also höchster Ordnung – dar, aus dem sich nachfolgend Zustände höherer Entropie ergeben. Diverse Modifikationen dieser entropischen Zeitflussrichtung sind in der Literatur referiert, jedoch bleibt ihnen allen gemeinsam, dass die Zukunft aus der Vergangenheit heraus entsteht. In keiner der Arbeiten (siehe Anhang: Inspire-Literaturrecherche zum arrow of time) fand ich eine Zeitrichtung konzeptualisiert, die dem entspricht, was die entomische Sichtweise nahelegt: Die Zeit fließt aus der Zukunft über die Gegenwart in die Vergangenheit. Aus Sicht der Entomik kann die Zeit nur aus der Zukunft über die Gegenwart in die Vergangenheit fließen. Was anderes sollte denn die Zukunft sein, wenn nicht dasjenige, was auf uns zukommt? Und was anderes sollte die Vergangenheit sein, wenn nicht dasjenige was einstmals Gegenwart oder Zukunft war? Die Fließrichtung der Zeit kann also nur aus der Zukunft heraus über die Gegenwart in die Vergangenheit zeigen. Der Zeitpfeil – the arrow of time – ist eindeutig definiert durch die Begrifflichkeiten von Zukunft, Gegenwart und Vergangenheit.

Die Schlussfolgerungen über die Richtung des Zeitpfeils, der die Phänomene der Entropie zugrunde liegen, die in diesem Kapitel dargestellt wurden, können nicht zutreffend sein, weil sie die a priori wahrnehmbare Fließrichtung der Zeit quasi a priori nicht berücksichtigen. Etwas Vergangenes kann nicht Gegenwart werden und dann Zukunft! Sonst wäre es eben nicht vergangen. Das, was gestern war, ist unwiderruflich vorbei, und das Heute ergibt sich aus dem Zeitzufluss, der aus der Zukunft in jedem Moment neu hinzukommt. Die Zeit fließt also aus der Zukunft heraus über die Gegenwart in die Vergangenheit. Die Vergangenheit entfernt sich also immer weiter mit jedem neuen Jetzt!

Was dies für die bisherigen physikalischen Modelle des Zeitverständnisses bedeutet, bleibt abzuwarten. Aus Sicht der Entomik heraus sind sie jedoch in der bisherigen Form absolut unhaltbar. Sie beruhen aus der Sicht der Entomik auf einem tiefgreifenden Irrtum, dessen Ursache hier nicht untersucht werden möchte, der aber doch im Grundsatz festzustellen ist.

2.3 Der quantenmechanische Zeitpfeil

Im quantenmechanischen Zeitpfeil wird die Richtung definiert durch den Messzeitpunkt. Mahler beschreibt die Verhältnisse folgendermaßen:

> „Basis des quantenmechanischen Zeitpfeils ist eine fundamentale Unbestimmtheit: In der Quantenmechanik können nicht alle möglichen Eigenschaften eines Teilchens oder eines Systems 'gleichzeitig' realisiert sein. Das gilt z. B. für das Eigenschaftspaar ‚Ort' x und ‘Geschwindigkeit' v. Aber wie wird darüber entschieden, welche Eigenschaft gegeben ist, welche nicht? Dies geschieht über geeignete Messungen: Wenn ich frage, wo sich ein Teilchen befindet, hat das Teilchen hinterher einen gewissen Ort, nicht vorher. Die Geschwindigkeit ist dann aber nicht definiert; man sagt, das Teilchen befinde sich bezüglich der Geschwindigkeit in einem Überlagerungszustand (Superposition). Offensichtlich ist aber nach dem Messprozess der Ausgangszustand nicht mehr rekonstruierbar: Der Prozess ist irreversibel, d. h. es gibt einen Zeitpfeil vom Zustand vor der Messung zum Zustand nach der Messung" (Mahler, 2014, S. 10).

Während es sich beim quantenmechanischen Zeitpfeil ganz offensichtlich um eine Zukunfts-Gegenwarts-Vergangenheits-Relation handelt, die bezogen auf den Zeitpfeil einen zukünftigen Zustand vergleicht mit einem gegenwärtigen Zustand, wobei aber durch die Gegenwart der Messung die Eigenschaft der Zukünftigkeit und der damit verbundenen Unbestimmtheit verlorengeht, wird in der klassischen Mechanik bzw. Physik der Zeitfaktor insofern irrelevant, als dass jeder physikalische Prozess prinzipiell wieder in seinen Ausgangszustand zurückgeführt werden kann. Ein bestimmtes Objekt kann eine bestimmte Strecke mit einem bestimmten Energieaufwand zurücklegen. Mit demselben Energieaufwand kann dasselbe Objekt auch wieder an seinen Ausgangspunkt zurückgebracht werden. Prinzipiell sollte dies aus Sicht der klassischen Physik ebenfalls mit der Größe „Zeit" möglich sein, was aber faktisch nicht der Fall ist. Was dem aus Sicht der klassischen Physik entgegensteht, wird mit dem zweiten Gesetz der Entropie zu erklären versucht. Mahler (2014) beschreibt dies folgendermaßen:

> „Auch in der klassischen Mechanik sind Messungen notwendig, und diese sind als Messungen irreversibel. Messungen setzen den thermodynamischen Zeitpfeil voraus insofern, als das Messergebnis als Fakt registriert sein muss; die Stabilität der Registratur basiert auf einer Relaxation in ein Gleichgewicht. In der klassischen Mechanik bestätigen die Messungen jedoch nur Eigenschaften, die bereits vorher existierten. Der quantenmechanische Zeitpfeil ist zusätzlich und entsteht auf Grund der unvermeidbaren Mess-Rückwirkung auf das gemessene Objekt" (Mahler, 2014, S. 10).

Besonders interessant ist hier, wie die Messung ausschnitthaft auf den Verlauf der Zeit gerichtet ist. Die drei Zustände der Zeit – Zukunft, Gegenwart und Vergangenheit – können in unterschiedlicher Weise durch eine Messung fokussiert werden. Die Messung selbst ist natürlich immer ein Gegenwartsvorgang. Solange eine Messung einen schon bekannten Zustand mit einem danach bzw. darauffolgenden Zustand vergleicht, handelt es sich um zwei konkretisierte Zustände, die in ihren Eigenschaften also festliegen. Dies kann aber nur bei schon materialisierten Messobjekten der Fall sein, da diese in ihrem Zustand durch die Materialisierung in der Zeit festgelegt sind. Insofern handelt es sich bei solchen Objekten und deren Messungen immer um Vergleiche zwischen der Gegenwart und der Vergangenheit, da allein in diesem Zeitabschnitt – wie ich weiter unten in Kapitel 9.12 zeigen werde – Materialisierung angenommen werden darf.

Sobald die Messung aber zum Ziel hat, ein zukünftiges Objekt zu erfassen, dessen Zustand also noch nicht materialisiert sein kann, weil er ja aufgrund seiner Zukünftigkeit noch nicht vorliegt, wird eine Gegenwart-Zukunfts-Relation bzw. Zukunft-Gegenwarts-Relation fokussiert. Solche Relationen scheinen in quantenmechanischen Experimenten vorwiegend untersucht zu werden: Der Ausgangszustand des zu messenden Objekts liegt in der Zukunft und ist nach der Messung somit nicht mehr vorhanden, weil er sich innerhalb der Messung konkretisierte. Die sich in dieser Übergangszone der Zeit – „Zukunft-Gegenwart" – abspielenden bzw. beobachteten Gesetzmäßigkeiten unterscheiden sich anscheinend grundlegend von denen der klassischen Mechanik und regen zu dementsprechend anderen, neuen Konzeptualisierungen und Denkmodellen an.

Trotzdem wird auch der quantenmechanische Zeitpfeil bisher so interpretiert, dass die Fließrichtung der Zeit aus der Vergangenheit über den Zeitpunkt der Gegenwart (Messung) in die Zukunft gesehen wird. Die hierauf basierenden Kausalitätsüberlegungen führen deswegen zu dann rein probabilistischen Modellen, so dass eine eindeutige Ursache-Wirkungs-Relation – wie sie in der klassischen Mechanik in deterministischer Weise vorliegt – nicht mehr angenommen werden kann.

Muller erklärt hierzu folgende Erkenntnisse der Physik:

> „From the time of Newton to the time of Heisenberg it was implicitly assumed that knowledge of initial conditions would determine the future of a physical system. Yet we know now that two objects, objects that are completely identical, identical in every way, can behave differently. Two identical radioactive atoms decay at different times. Their future is not determined by their past condition, their quantum physics wave function. Identical conditions do not lead to identical futures. Causality affects the average physical behavior but not specific physical behavior" (Muller, 2016, S. 277).

Auf der Quantenebene hat eine bestimmte Handlung keine eindeutige Folge mehr, sondern nur eine wahrscheinliche Folge. Warum dies so ist und warum eine Konsistenz zwischen beiden physikalischen „Welten" nicht ohne weiteres möglich zu sein scheint, ist Gegenstand der aktuellen Forschungsbemühungen. Ob und was die Entomik in diesem Zusammenhang an Erkenntnissen beitragen kann, wird weiter unten in Kapitel 6.8 dargestellt werden. Hierbei ist entscheidend, dass eine eindeutige Kausalkette immer nur aus der Gegenwart in die Richtung der Vergangenheit vorliegt. Die Vergangenheit ist die unmittelbare und eindeutige Folge der Gegenwart, nicht aber die Zukunft. Was wir tun, bewirkt unsere Vergangenheit und dies in unwiderruflicher Weise. Wir können es nicht ungeschehen machen. Was unsere Handlungen für die Zukunft bedeuten, ist eine zweite Frage, die mit dem Begriff der Konsequenz zusammenhängt. Diese Art der Abhängigkeit einer Zukunft von einer Vergangenheit wird in der Entomik unter dem Begriff der Resonanz weiter unten in Kapitel 4.4 behandelt. Schon hier wird aber deutlich, dass Annahmen über die Richtung des Zeitflusses zugleich auch immer Kausalitätsvorstellungen und -interpretationen bewirken, die möglicherweise dann kontaminiert sind durch unzutreffende Zeitflussvorstellungen.

Aber schauen wir weiterhin auf vorliegende Sichtweisen. Nieuwenhuizen (2014) geht noch einen Schritt weiter als die mikrokosmische Ebene der Betrachtung des quantenmechanischen Zeitpfeils. Er sieht sogar einen Zeitpfeil im Bereich der Subquantummechanik. Die Situation könne in einer Subquantummechanik und insbesondere in der stochastischen Elektrodynamik weiter spezifiziert werden. In solchen Theorien wird die atomare Stabilität durch ein klassisches Vakuum induziert, das den gesamten Raum, auch das Innen und Außen der Atome, durchdringt. Es sei wohl schon sehr früh im Universum erschaffen worden, aber vielleicht auch nach der Planck-Zeit. Daher trägt es einen „Subquantum"-Pfeil der Zeit, der die Stabilität der Materie mit der Vorwärtsrichtung der Zeit verbindet. Die Fragen „Warum gibt es

Materie?" und „Warum nimmt die Zeit zu?" scheinen also eng miteinander verbunden zu sein, vermutet Nieuwenhuizen:

> "The situation may be further specified in a subquantum mechanics, and in particular in Sto-
> chastic Electrodynamics. In such theories the atomic stability will be induced by a classical va-
> cuum, which pervades all space, inside and outside atoms. It has probably been created very
> early in the Universe, but possibly well after the Planck time. This vacuum enables the stability
> of matter by a throughput of energy, hence it carries a 'subquantum' arrow of time, combining the
> stability of matter with the forward direction of time. The questions 'why does matter exist?' and
> 'why is time increasing?' may thus appear to be intimately connected" (Nieuwenhuizen, 2014,
> S. 504ff).

Doch hier bleibt aus der entomischen Sicht des Autors – wie beim allgemeinen quantenmechanischen Zeitpfeil – auch auf der Subquantumebene festzustellen, dass die Modellierung des Zeitpfeils geschieht ohne Berücksichtigung der elementaren Feststellung, dass die Zeit a priori nur in die Vergangenheit fließen kann und nicht umgekehrt. Insofern ist die entomische Sicht auf den Zeitpfeil auch für den quanten- wie subquantenmechanischen Zeitpfeil kritisch anzuwenden, der aus dieser Perspektive genauso wie der thermodynamische Zeitpfeil als unzutreffend modelliert angesehen werden muss. Die durch die Quantenmechanik angegebene Zeitpfeilrichtung führt gleichermaßen – wie unter den thermodynamischen Feststellungen – zu der absurden Feststellung eines Zeitflusses von der Vergangenheit in die Zukunft.

2.4 Der Strahlungszeitpfeil

Der Strahlungszeitpfeil wird operationalisiert durch den Umstand, dass „auslaufende Wellen" eher beobachtet werden als „einlaufende Wellen". Ausgehend von der Annahme einer Strahlungsquelle (Emitter) und Senken (Absorber) nimmt man aufgrund der Häufigkeit auslaufender Wellen im kosmologischen Prozess einen Zeitpfeil hinsichtlich dieses Phänomens an.

Mahler stellt diesen Zusammenhang wie folgt dar:

> "Die Bevorzugung dieser Anfangsbedingung (auslaufende statt einlaufende Wellen) findet sich
> sozusagen auch im Alltag wieder. Die Präparation von Oberflächenwellen auf einem See mag dies
> verdeutlichen. Durch einen Stein kann ich sehr einfach kreisförmige Wellen erzeugen, die sich
> bis zum Seerand ausbreiten, wo sie teilweise absorbiert bzw. reflektiert werden. Das umgekehrt
> verlaufende Anregungsmuster ist dagegen außerordentlich schwer zu realisieren: Die delokali-
> sierte Anregung über den gesamten Seerand und das konzentrische Rücklaufen der Welle hin
> zu einem zentralen Punkt. Obwohl natürlich beide Lösungen erlaubt sind, ist der (technische)
> Aufwand für die Bereitstellung entsprechender Randbedingungen extrem unterschiedlich (Sym-
> metriebrechung). Daraus folgt eine Art operationaler Zeitpfeil, es werden im wesentlichen nur
> auslaufende Wellen beobachtet, nicht der umgekehrte Prozess" (Mahler, 2014, S. 12).

Die sich hieraus ergebende Zeitpfeilrichtung ist konkordant mit der Richtung des thermodynamischen Zeitpfeils. Entsprechend zeitinverse Richtungsvorstellungen entspringen somit auch aus der Konzeptualisierung des Strahlungszeitpfeils.

2.5 Der biologische Zeitpfeil

Besonders interessant ist die Betrachtung des biologischen Zeitpfeils. Hierzu führt Mahler aus:

> „Was sind biologische Systeme? Die Debatte ist und bleibt kontrovers. In jüngerer Zeit haben sich zwei Charakteristika in den Vordergrund geschoben: Biologische Systeme sind ‚offen', d. h. gekennzeichnet durch Austauschprozesse mit der Umgebung, und sie sind kontrolliert durch Information (eine Art genetische Programmierung). Im Bereich der unbelebten Natur bleibt Information eher ein Fremdkörper. [...] Im Fall biologischer Systeme wird die Optimierung durch das sogenannte Darwin-Prinzip (‚Survival of the Fittest') beschrieben. [...] Durch Selektion und Anpassung entsteht so ein Prozess in Richtung hin zu höherer Ordnung und damit ein Zeit-Pfeil" (Mahler, 2014, S. 12f).

Ohne dass Mahler sich hier über die Richtung des biologischen Zeitpfeils konkret äußert, muss davon ausgegangen werden, dass durch die Aufnahme von Information höhere Ordnungen und komplexere Strukturen entstehen. Die Entropie nimmt also im biologischen Zeitpfeil eher ab. Insofern erscheint der biologische Zeitpfeil „antientropisch" zu verlaufen. Während im thermodynamischen Zeitpfeil eine immer höher auflösende Gleichverteilung (Wärmetod) aller Teilchen auftritt, formiert sich im biologischen Zeitpfeil die Materie in neuen Ordnungen mit komplexeren Strukturen. Die Thermodynamik reicht offensichtlich nicht aus zur Beschreibung der Systemik lebender Strukturen im Sinne biologischer Systeme.

Lineweaver, Davies und Ruse formulieren aus diesem Grund einen Zeitpfeil der Komplexität:

> „Cosmologists agree that one second after the big bang, the universe consisted of a simple soup of subatomic particles bathed in uniform radiation, raising the question of how the many levels of complexity originated that emerged over time as the universe evolved. In biological evolution too, complexity systems seem to rise and rise, and yet that trend is notoriously hard to pin down. If there is a complexity ‚arrow of time' to place alongside the thermodynamic and cosmological arrows of time, it has yet to be elucidated precisely" (Lineweaver et al., 2013, S. 4).

Als Kosmologen seien sie sich einig, dass das Universum eine Sekunde nach dem Urknall aus einer einfachen Suppe von subatomaren Teilchen bestand, die in gleichmäßige Strahlung getaucht waren, was die Frage aufwerfe, wie die vielen Ebenen der Komplexität zustande gekommen sind, als sich das Universum entwickelte. Auch in der biologischen Evolution scheinen die Komplexitätssysteme zu steigen und zu steigen, und doch ist dieser Trend notorisch schwer zu bestimmen. Wenn es einen komplexen „Pfeil der Zeit" neben den thermodynamischen und kosmologischen Pfeilen der Zeit gebe, müsse dieser, so Lineweaver, Davies und Ruse, noch genau erklärt werden.

Wodurch Komplexität entsteht, ist Gegenstand weiterer Überlegungen. Es herrscht die Hypothese vor, dass die Komplexität biologischer Systeme bewirkt wird durch die physikalische Umgebung, hierin letztlich durch die weitere Entwicklung des Universums.

> „If the proximate origin of increase of biological complexity lies in the adaption that take advantage of new niches, the ultimate origin must be in the mechanism that supplies the new niches. What mechanism controls the number of niches? Obviously changes in the environment play a key role. However, the environment of organism includes not only the physical variables (temperature, rainfall, etc.) but the existence and activities of other organisms in the ecosystem. [...] In addition, since cultural information and complexity depends on biological complexity, cultural complexity, too, ultimately depends on physical complexity. If this causal chain is correct, then we can understand the source and nature of complexity by focusing on the evolution of the complexity of the physical universe – galaxies, stars, and planets" (Lineweaver et al., 2013, S. 9ff).

Wenn der unmittelbare Ursprung der Zunahme der biologischen Komplexität also in der Anpassung liegt, die neue Nischen ausnutzt, müsse der endgültige Ursprung in dem Mechanismus liegen, der die neuen Nischen erzeugt, so Lineweaver, Davies und Ruse. Welcher Mechanismus steuert die Anzahl der Nischen? Natürlich spielen Veränderungen in der Umwelt eine Schlüsselrolle. Die Umwelt des Organismus umfasst jedoch nicht nur die physikalischen Größen (Temperatur, Niederschlag usw.), sondern auch die Existenz und die Aktivitäten anderer Organismen im Ökosystem. [...] Da kulturelle Information und Komplexität von der biologischen Komplexität abhänge, sei auch die kulturelle Komplexität letztlich von der physischen Komplexität abhängig, so Lineweaver, Davies und Ruse.

> „Wenn diese Kausalkette richtig ist, dann können wir die Quelle und Natur der Komplexität verstehen, indem wir uns auf die Entwicklung der Komplexität des physikalischen Universums (Galaxien, Sterne und Planeten) konzentrieren" (vgl. Lineweaver et al., 2013, S. 9ff).

Komplexität ist in diesem Verständnis Folge der weiteren Entwicklung des Universums, wobei dieses sich jedoch aufgrund des zweiten Gesetzes der Thermodynamik in Richtung einer immer höheren Entropie entwickelt. Höhere Entropie bedeutet eine Reduktion von Komplexität letztlich bis hin zur Gleichverteilung der Partikel im Raum und dem hierin sich auftuenden Wärmetod als Zustand der Informationslosigkeit. Zunahme an Komplexität einerseits und Zunahme an Entropie andererseits widersprechen sich also augenscheinlich.

Was aber, wenn das zweite Gesetz der Thermodynamik nicht die eigentlich emergierende Kraft ist und der auf dieser Annahme beruhende Zeitpfeil deswegen nicht aus der Vergangenheit in die Zukunft weist, sondern, wie es in der Entomik angenommen wird, aus der Zukunft in die Vergangenheit? Dann treten die weiter unten in Kapitel 5.4 differenzierter ausgeführten Bedingungen der informationsabhängigen Emergenz des Universums in Kraft, wobei diese dann durch den emergierenden Raum der Zukunft hervorgebracht werden, der als immaterieller Raum reiner Information die Sedimentierung des physikalischen Raums, somit des gesamten sich entwickelnden Universums formend bewirkt.

Biologische Komplexität (Leben) ist dann die Folge der Fähigkeit, diesen Zeitstrom informativ interpretieren zu können, wobei der Mensch am besten zu diesem Zwecke befähigt ist aufgrund seiner hybriden Sensibilität für Informationen physikalischer und geistig-seelischer Natur. Der Widerspruch von Komplexität und Zeitpfeil entsteht somit im entomischen Zeitpfeil nicht – im Gegensatz zum entropischen Zeitpfeil.

Besonders hervorzuheben ist also am biologischen Zeitpfeil aus entomischer Sicht der Aspekt der Relevanz der Information. Information ist zunächst eine materiell unabhängige Größe. Biologische Entwicklung bedarf der Durchlässigkeit des biologischen Systems für neue Informationen. In dieser Hinsicht ist der biologische Zeitpfeil wiederum ein Zeitpfeil, der eher die Relation Zukunft–Gegenwart betrachtet. Zeit bringt neue Information für das lebende System. Die neue Information ist aus Sicht der Entomik immer ein Einfluss der Zukunft auf die Gegenwart. Die sich hier ergebende Richtung des biologischen Zeitpfeils dürfte noch am ehesten als eine aus der Zukunft in die Vergangenheit zeigende Richtung gesehen werden, wenngleich diese Konsequenz in der durch mich gesichteten Literatur nicht tatsächlich in dieser Form ausgesprochen wird.

2.6 Der psychologische Zeitpfeil

Betrachten wir zuletzt noch die Besonderheiten des psychologischen Zeitpfeils. Mahler führt hierzu folgende Charakteristika aus:

> „Wir erinnern uns an die Vergangenheit, nicht an die Zukunft. Diese Symmetriebrechung erscheint nahezu trivial, sie ist verknüpft mit begrenzten Interventionsmöglichkeiten ausgedrückt durch folgendes 'Dilemma': (1) Man erinnert sich an Ereignisse in der Zukunft (Vergangenheit); (2) Ereignisse sind beeinflussbar. Nicht beide Sätze können wahr sein, Beeinflussbarkeit und Erinnern als Fakt (also Unveränderbarkeit) sind logisch nicht vereinbar. Operational verhält sich Zukunft komplementär zur Vergangenheit, es ergibt sich somit ein Zeitpfeil" (Mahler, 2014, S. 13).

Mahler umgeht hier die Benennung der Richtung des Zeitpfeils. Dadurch, dass beide Sätze nicht vereinbar sind, ist noch nicht geklärt, warum die Zeit deswegen aus der Vergangenheit in die Zukunft fließen sollte. Gerade an diesem Beispiel wäre es naheliegend zu konkludieren, dass einer Erinnerung eine Handlung vorangegangen sein müsste. Denn die Handlung bewirkt die Erinnerung, was auf den entomischen Zeitpfeil verweist: die Vergangenheit wird bewirkt durch die Gegenwart, die ihrerseits durch die ständig hinzukommende Zukunft genährt wird. Unsere Handlungen werden Vergangenheit, und dann können wir uns erst an sie erinnern. Wir können uns logischerweise nicht erinnern an etwas, was wir noch nicht getan haben.

Charakterisierend für den psychologischen Zeitpfeil ist darüber hinaus der Aspekt der Intentionalität, der mit der Veränderbarkeit verbunden ist. Zusätzlich zum biologischen Zeitpfeil wird beim psychologischen Zeitpfeil deutlich, dass nicht nur die

Durchlässigkeit des Systems für Information von Bedeutung ist, sondern auch die Absichtlichkeit menschlichen Handelns bedeutsam wird. Keine Handlung ist reversibel. Während dies für alle anderen biologischen Systeme nicht unbedingt von konstituierender Bedeutung ist, kennzeichnet diese Art der Irreversibilität gerade das menschliche Leben. Menschliches Leben spielt sich ab unter dem Scheinwerfer eines ethischen Gebrauchs der Zeit. Der Zeitpfeil bekommt hier noch einmal eine ganz besondere Komponente, die für das Wesen Mensch von Bedeutung ist. Diese zweite inhaltliche Ebene der Zeit, ihre Bedeutung, wird im entomischen Zeitbegriff meinerseits als Hybridität der Zeit bezeichnet. Das biologische System Mensch ist wesentlich dadurch konstituiert, dass es die hybride Qualität des Zeitflusses verarbeiten kann. Das biologische System Mensch ist deswegen – genauso wie der Zeitfluss selbst – hybrid.

2.7 Das Leib-Seele-Problem und die Naturwissenschaft

Mahler beleuchtet das oben in Kapitel 1.7 und 1.8 schon angeschnittene Leib-Seele-Problem noch einmal aus der Sicht der Naturwissenschaft:

> „Konstitutiv für die Naturwissenschaft ist die Trennung von Subjekt und Objekt. Wir beobachten und analysieren unsere Umgebung (von der wir uns damit ausschließen). Dieses Beobachten ist aber nicht notwendig passiv: Wir greifen ein (basierend auf unserem freien Willen) und studieren die Konsequenzen im Sinne des Kausalitätsprinzips. Ein solches Vorgehen ist u. a. auch Grundlage für die diversen Mess-Szenarien der Physik" (Mahler, 2014, S. 16).

Dieses naturwissenschaftliche Selbstverständnis wird an späterer Stelle in Kapitel 7.6 angesichts der besonderen Natur des Zeitpfeils wieder aufgegriffen, wobei schon bis hierhin deutlich geworden sein dürfte, dass die Zeit keinesfalls als eine rein physikalische Dimension verstanden werden kann. Insbesondere der durch die Physik der Quantenmechanik angeschnittene Bereich der Informationsübertragung außerhalb der Räumlichkeit bzw. kausaler Abhängigkeiten von verschränkten Quanten, die jedoch keine zeitliche Abfolge sondern Gleichzeitigkeit erkennen lassen, eröffnet einen neuen und besonderen Diskurs: Der Begriff eines reinen „Informationsobjekts", als welches verschränkte Quanten verstanden werden könnten, schafft eine „außerräumliche Einheit" von zwei an verschiedenen Orten lokalisierten Quanten.

Die Dimension der Zeit lässt die Aspekte der Information und der Formation im Sinne einer Aufeinanderfolge immaterieller Objekte („Informationsobjekte") und materieller Objekte („Formationsobjekte") ersichtlich werden, indem sie die Zukunft als „immateriellen Informationsraum" und die Gegenwart bzw. Vergangenheit als „materiellen Informationsraum" hintereinanderschachtelt.

Mit anderen Worten findet die Physik im Bereich der Quantenmechanik, hier insbesondere im Phänomen verschränkter Quanten, eine Erkenntniszone, die als Ebene der Information vorliegt, ohne dass diese Information schon im physikalischen Sinne als materialisiert gelten kann. Die Informationsebene ist jedoch einem biologischen

System, wie der Mensch es darstellt, nicht grundsätzlich verschlossen. Die Wahrnehmungsfähigkeit des biologischen Systems „Mensch" beinhaltet eine Sensitivität, deren Grundlage nicht allein die Physis des Menschen, sondern auch die Psyche des Menschen – basierend auf geistig-seelischer Wahrnehmung – ist.

Muller verweist in diesem Zusammenhang darauf, dass die weit verbreitete Vorstellung, die Physik könnte, wenn sie nur ein perfektes Verständnis der Vergangenheit hätte, eine perfekte Vorhersage der Zukunft liefern, wahrscheinlich wohl nicht zutreffend ist.

> „Perfect knowledge of the past could not give a perfect prediction of the future. There must be a better theory. Later I'll argue that not only is quantum theory incomplete, but perhaps physics, and all science, is fundamentally incomplete" (Muller, 2016, S. 223ff).

Was Muller hier thematisiert, ist von sehr grundsätzlicher Natur. Denn die Vorstellung einer perfekten Vorhersage der Zukunft würde die Welt als ein geschlossenes System modellieren, in dem, wenn man nur alle Variablen kennen und beherrschen würde, eine dementsprechende Kontrolle der zukünftigen Zustände möglich wäre. Die Unvollständigkeit der Wissenschaft, insbesondere auch der Physik, hinsichtlich ihrer Möglichkeit, die Entstehung des Universums und darin des Lebens zu erklären und möglicherweise sogar selbst zu beherrschen, bewirkt die notwendige Einsicht, die den tatsächlich vorliegenden Erkenntnisraum objektiviert: Was es zu begreifen gilt, ist, dass die Gegenwart und die Vergangenheit in ihrer konkretisierten Materialität nicht in der Lage sind, ihrerseits die Phänomene der Gegenwart und der Vergangenheit – also auch die Entstehung von Materie und Komplexität – zu erklären. Die Zukunft jedoch offenbart in ihrer Potentialität und noch nicht materiellen Konkretisierung einen Raum der Unbestimmtheit, der in einer über den Zeitpfeil funktionierenden Weise Gegenwart und Vergangenheit bewirkt.

Sie – die Zukunft – ist darüber hinaus in engster Weise verbunden mit dem gestalterisch freien Willen des Menschen, einem Phänomen also, welchem man sinnvollerweise Realitätscharakter zuschreiben sollte, will man die Essenz des Menschlichen – nämlich Verantwortungsfähigkeit – konzeptuell und wissenschaftstheoretisch nicht verlieren. Der entomische Zeitpfeil und insbesondere die im entomischen Zeitpfeil konzeptionalisierte immaterielle Ebene der Information als primär-ursächliche Ebene (causa in futura) greifen diesen Gedanken von Muller in besonderer Weise auf.

Kausal ist die Gegenwart für die Vergangenheit und die Zukunft für die Gegenwart. In der umgekehrten Richtung des Zeitpfils handelt es sich nicht um unmittelbare Kausalität, sondern um Resonanz. Deswegen lautet die zentrale These dieser vorliegenden Analyse zum Zeitpfeil auch: Causa in Futura. Die Zukunft bestimmt kausal unsere Gegenwart! Was wir mit dieser sich ständig offenbarenden Gegenwart tun, bestimmt dann kausal unsere Vergangenheit im Sinne einer eindeutigen verantwortlichen Folge unseres Gehandelthabens, und dies wiederum führt zu einer Resonanz, die die nächste Jetztscheibe und auch dahinterliegende weiter zukünftige Jetztscheiben

zwar beeinflusst, aber nicht deterministisch bestimmt. Es liegt nahe davon auszugehen, dass die Zukunft eine vom Menschen unabhängige autonome Wirkkraft enthält,
die die Offenheit des Systems gewährleistet.

Unter der „Jetztscheibe" verstehe ich den jeweiligen aktuellen universalen Moment, in dem sich die Transformation von Information in Formation vollzieht. Die
Jetztscheibe gilt aus meiner Sicht als ein synchrones Phänomen für das gesamte Universum. Sie schließt also Gedanken von räumlich asynchron verlaufender Zeit grundsätzlich aus. Zeit ist aus entomischer Sicht ein absolutes Phänomen, welches nicht an
Raum relatiert ist, solange es die Relation von Zukunft zur Gegenwart beschreibt. Der
Grund für diese Annahme ist, dass die Eigenschaft „Raum" als Dimension des Universums erst im Jetzt entsteht im Sinne möglicher Lokalisierung von materiell konkretisierter Information. Weitere Ausführungen, die diese Annahme plausibel machen,
stelle ich weiter unten in Kapitel 6.3 dar, wenn ich die Begrenzung der Lichtgeschwindigkeit einerseits und die Entstehung von Materie in der Gegenwart andererseits aus
entomischer Sicht zu erklären versuche.

Der Mensch hat die Fähigkeit wahrzunehmen, dass die Zeit und die mit ihr verbundene Zukunft, aber auch das Jetzt und die Vergangenheit den Begriff der Verantwortung im Umgang mit der Zeit bedingen. Zeit ist ein wertvoller Stoff, dessen Anwendung und Ausfüllung mit Folgen für das Leben verbunden sind. Diese Wahrnehmung bezeichne ich als geistig-seelische Wahrnehmung. Sie ist sensibel für eine besondere Qualität der Information der Zeit, die eine zweite Art in Form sozial relevanter
Information neben der ersten Art physikalisch materialisierter Information erfahrbar
macht.

Diese Mehrdimensionalität bzw. Hybridität der menschlichen Wahrnehmungsfähigkeit (sinnliche und geistig-seelische Wahrnehmung) macht es nötig, den Menschen
über die Physis hinaus zu konzeptualisieren. Eine solche erste Konzeptualisierung
wird weiter unten in Kapitel 7.12 im entomischen Verständnis menschlicher Informationsverarbeitung dargestellt.

2.8 Die Physik und das Dilemma mit der Zeit aus der Sicht von Greene

Greene betrachtet die wissenschaftliche Entwicklung rund um das Verständnis des
Zeitpfeils in der Physik erwartungsvoll, wenn er folgende Feststellungen trifft:

> „Die Physik und die Naturwissenschaften im Allgemeinen gründen sich auf Regelmäßigkeiten.
> Wissenschaftler studieren die Natur, finden Muster und leiten aus diesen Mustern Naturgesetze
> ab. Daher liegt der Gedanke nahe, dass das überwältigende Maß an Regelmäßigkeit, das uns ei-
> nen Zeitpfeil erkennen lässt, Beleg für ein fundamentales Naturgesetz sein müsse. Eine törichte
> Version eines solchen Gesetzes wäre das Gesetz der vergossenen Milch, in dem es hieße, dass man
> Milch vergießen, aber nicht ,entgießen' könne, oder das Gesetz der zerbrochenen Eier, demzufol-
> ge Eier zerbrechen, aber nicht ,entbrechen' können. Aber mit einem Gesetz dieser Art ist uns nicht

geholfen. Es ist rein deskriptiv und liefert uns keine Erklärung über die einfache Beobachtung dessen hinaus, was geschieht. Wir erwarten jedoch irgendwo in den Tiefen der Physik verborgen ein weniger törichtes Gesetz, dass die Bewegung und Eigenschaften der Teilchen beschreibt, aus denen Pizzen, Milch, Eier, Kaffee, Menschen und Sterne bestehen – der fundamentalen Bausteine von allem – ein Gesetz, das zeigt, warum sich die Dinge in einer bestimmten Schrittfolge, aber nie umgekehrt entwickeln. Ein solches Gesetz würde eine grundlegende Erklärung für den beobachteten Zeitpfeil liefern" (Greene, 2008, S. 172ff).

Allerdings stellt Green realistisch und kritisch den Stand der Erkenntnis hinsichtlich des Zeitpfeils fest:

„Verblüffend ist allerdings, dass noch niemand ein solches Gesetz entdeckt hat. Mehr noch: Die physikalischen Gesetze, die von Newton über Maxwell und Einstein bis heute aufgestellt worden sind, zeigen eine vollkommene Symmetrie zwischen Vergangenheit und Zukunft. In keinem dieser Gesetze finden wir einen Hinweis, dass sie nur für eine Zeitrichtung gälten und nicht für die andere. Nirgendwo wird zwischen Gesetzen, die für die eine, und solchen, die für die andere Zeitrichtung gültig wären, unterschieden. Was wir Vergangenheit und Zukunft nennen, wird von den Gesetzen vollkommen gleich behandelt. Obwohl die Erfahrung wieder und wieder zeigt, dass die Art und Weise, wie die Dinge sich in der Zeit entwickeln, einem Pfeil gehorcht, scheint dieser Pfeil in den fundamentalen Gesetzen der Physik keine Spuren hinterlassen zu haben!" (Greene, 2008, S. 173).

Insofern sei bis zu diesem Punkt eine Einführung in die Problematik rund um das Verständnis der Zeit und der Fließrichtung der Zeit aus wissenschaftlicher Sicht gegeben.

2.9 Das allgemeinpsychologische Fehlverständnis bezüglich der Fließrichtung der Zeit

Es bleibt der Vollständigkeit halber noch das allgemeinpsychologische Phänomen zu schildern, wie der „naive", nicht vorinformierte Mensch meistens antwortet, wenn er gefragt wird, in welche Richtung die Zeit fließt. Auf die Frage: „Fließt die Zeit aus der Vergangenheit über die Gegenwart in die Zukunft (Möglichkeit 1) oder fließt die Zeit aus der Zukunft über die Gegenwart in die Vergangenheit (Möglichkeit 2)?", entscheiden sich nahezu alle befragten „naiven" Personen für die Möglichkeit 1. Für den unreflektierten Menschen fließt die Zeit in die Zukunft und nicht umgekehrt. Die Aufklärung darüber, dass die Zeit aus der Zukunft über die Gegenwart in die Vergangenheit fließt, erzeugt in der Regel zunächst ein Erstaunen, ein Verblüfftsein und nachfolgend rasch eine Bestätigung: „Ja, stimmt, die Zeit fließt aus der Zukunft über die Gegenwart in die Vergangenheit!" Meistens ist diese Einsicht begleitet durch ein Lächeln und das direkte Verständnis: „Das heißt, dass ich bisher dachte, ich – bzw. mein Leben – komme aus der Vergangenheit und nicht aus der Zukunft!" Die Korrektur der Zeitorientierung bezogen auf die Ausrichtung des Zeitpfeils ist meiner Erfahrung nach für Menschen ein nachhaltiges, positives Erlebnis: Das menschliche Leben – das gegenwärtige und schon vergangene Sein – erfährt seine Fortsetzung aus der Zukunft heraus. Die Lebenszeit fließt uns aus der Zukunft zu.

2.10 Die Zukunft als Keim des Augenblicks

Was Vergangenheit ist, ist vorbei. Was Zukunft ist, ist nur mit Einschränkung klar, also wahrscheinlichkeitsbehaftet. Hier zwischen läuft ein Augenblicksbewusstsein, ein auch vom menschlichen Betrachter unabhängiges Jetzt, welches in jedem Moment neu aus der Zukunft heraus entsteht, momentan ist und dann schon der Vergangenheit angehört. Die Zeit kommt auf uns zu über die Zukunft, wird Gegenwart und von da aus direkt zur Vergangenheit. Niemals wird Vergangenheit zur Gegenwart und dann Zukunft! Was hieße dann Vergangenheit, wenn sie nicht vergangen wäre, sondern stets neu würde in der Gegenwart und dann Zukunft wäre? Alles stände dann still, denn das Vergangene ist fixiert, festgeschrieben, eben vergangen! Es ist also unwiderruflich so, wie Augustinus es schon sagte: Die Zeit fließt aus der Zukunft ins Jetzt und von dort in das, was der Mensch Vergangenheit nennt: Der unwiderruflich fixierte Ablauf dessen, was im Moment der Gegenwart aus der Zukunft geformt wurde!

Der Verlauf der Zeit ist also in einem axiomatisch gültigen Sinn wahrnehmbar. Er ist unmittelbar einleuchtend. Er ist zudem auch unabhängig vom menschlichen Bewusstsein, als Alterungsprozess der materiellen Welt festgeschrieben und einsichtig. Tatsächlich also fließt die Zeit im Sinne der Augustinischen Beschreibung (vgl. Kap. 2.3 und Abb. 3.1) aus der Zukunft in die Gegenwart, von dort in die Vergangenheit. Doch was bedeutet dies?

3 Modellierung des Zeitpfeils aus der informationstheoretischen Perspektive

3.1 Die Fundamentale Position der Information

Versuche ich, die bisherigen Erkenntnisse zu modellieren, so ergeben sich für das Modell des Zeitpfeils zunächst folgende Konkretisierungen bzw. Eigenschaften.

Zunächst wird die Fundamentale Position der Information (vgl. Abb. 6.4) gegenüber der Substanz im Sinne von Zeilinger anerkannt. Das bedeutet, dass eine zweite, nicht materielle, also immaterielle, rein informationsbasierte Realität angenommen wird bzw. anzuerkennen ist, die im Weiteren als Ebene der Information bezeichnet wird. Diese ist der Ebene der Substanz vorgeschaltet, d. h. übergeordnet und somit auch fundamental im Sinne einer kausalen Voraussetzung.

Für diese Annahme spricht eine ganze Reihe von Befunden, die sowohl theoretischen Überlegungen als auch experimentellen physikalischen Erkenntnissen aus der Quantenmechanik entspringen. Schon die antike Philosophie – anschaulich im Höhlengleichnis von Platon dargestellt – erfasst eine höhere Ebene als Wirklichkeit, die als Informationsebene gekennzeichnet ist. Die materielle Welt ist in dieser philosophischen Tradition eine Art „Projektion" der Information. Sie ist in diesem Sinne Folge einer Ursache, die in der Wirklichkeit liegt, deren Eigenschaft eben durch reine Information (Idee) und nicht durch Substanz gekennzeichnet ist.

Auch Bubers Weltsicht, wie ich sie in Kap. 1.1 beim dialogischen Zeitbegriff von Buber einleitend darstellte, unterscheidet zwischen der Ebene der Information, indem er einerseits eine Welt der Beziehung im Sinne einer außerzeitlichen bzw. überzeitlichen, – die Zeit umfassende Größe kennzeichnet –, die dem Augenblick als in der Zeit, aber auch in der sinnlichen Wahrnehmung und damit im Raum ablaufenden Moment gegenübersteht. Letztere entspricht wieder der Ebene der Substanz.

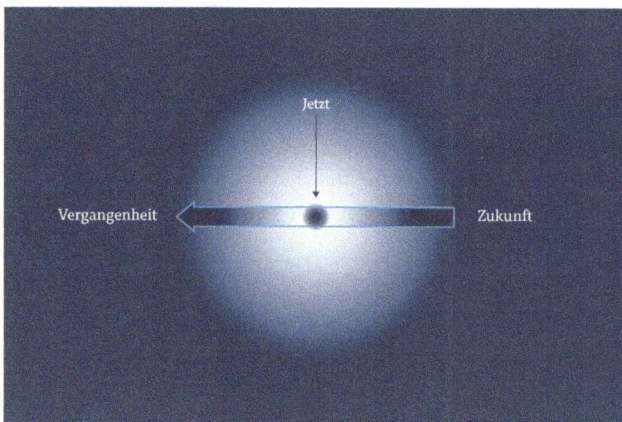

Abb. 3.1: Der entomische Zeitpfeil.

https://doi.org/10.1515/9783110789355-003

Bei Buber kommt der Impetus der Überwindung der Ebene der Substanz hinzu. Er sieht hierin einen wesentlichen Auftrag des Menschen zur Informationsverarbeitung des Augenblicks und stellt hierdurch bereits das psychologisch-philosophische Moment des Zeitpfeils im Sinne einer Entwicklungsanforderung zentral.

Ähnlich unterscheidet Augustinus zwischen der „Ewigen Wirklichkeit" einerseits, die als Ebene der Information angesehen werden darf, und der Ebene der Abfolge von Zeit im Sinne von Zukunft, Gegenwart und Vergangenheit andererseits. Augustinus vertritt hier die theologische Perspektive, die die Ebene der Information ursächlich mit dem Gottesbegriff im Sinne der Schöpfung als creatio ex nihilo in Zusammenhang bringt. Aber auch ihm sind die beiden Ebenen einleuchtend, die sich insbesondere durch den Zeitverlauf unterscheiden. Auf der Ebene der Substanz gibt es eine Abfolge von Zeitpunkten und Orten im Rahmen einer Bewegung, während es auf der Ebene der Information die Gleichzeitigkeit und Überörtlichkeit (Raumunabhängigkeit) gibt, die synonym verwendet werden kann mit dem irrationalen Begriff der Unendlichkeit bzw. Ewigkeit oder – wie Augustinus es ausdrückt – „des schweigenden ewigen Wortes".

> Die Ebene der Information ist in ihrer Eigenschaft der Gleichzeitigkeit keine Zeitlosigkeit, sondern eine Zeitfülle im Sinne eines andauernden Vorhandenseins aller Information.
>
> Die Ebene der Information ist in ihrer Eigenschaft des Überall-Vorhandenseins keine Raumlosigkeit, sondern eine Raumfülle im Sinne eines überörtlichen Vorhandenseins aller Information.

Diese Eigenschaft ist zugleich auch die Beschreibung des Hyperalls, dem somit auch der Begriff der massiven bzw. primären, einzigen Singularität zukommt. Weiter unten in Kapitel 4.1 und in Kapitel 4.3 werde ich den Begriff des Hyperalls ausführlich einführen.

Betrachten wir auf der anderen Seite Einsteins Raumzeit-verständnis, so wird diese Zeitbetrachtung durch den Ausschluss einer vom Raum unabhängigen Zeit gekennzeichnet. Diese Logik der Raumzeit basiert wiederum auf einer Annahme der Informationsübertragung, die an die Lichtgeschwindigkeit gebunden ist. Dass dies nicht notwendigerweise der Fall sein muss, wird durch die Quantenmechanik gezeigt. Der relative Zeitbegriff, der in einer durch diese Theorie beschriebenen Form an den Raum gebunden ist, führt zu erheblichen Paradoxien, die der Erfahrung der Realität des Zeitverlaufs widersprechen.

Eine der entscheidendsten Paradoxien ist die Eröffnung von Zeitverschiebungen und hierdurch sich verändernden Zeitkontinuen existentieller Abläufe von Personen. Die Zeitreise ist wahrscheinlich die absurdeste Vorstellung, die auf die an Raum relatierte Zeit zurückgeht. Sie zeigt aufgrund ihrer paradoxen, jeglicher Erfahrung und Vernunft widersprechenden Konsequenzen, dass das Phänomen Zeit durch diese Theorie nicht adäquat erfasst wird.

Auch wenn Vertreter des Einsteinschen Raumzeitbegriffs und „block universe"
erklären, dass diese Paradoxien nicht wirklich aus Einsteins Raumzeitverständnis ge-
folgert werden könnten, wird doch angenommen, dass interindividuell eine Verschie-
bung der „Jetztscheiben" (vgl. weiter unten in Kapitel 4.4 zur entomischen Erkenntnis
der Synchronizität aller Bewusstseine lebender Wesen) theoretisch erfolgen kann.

Muller äußert sich in bezug auf Zeitreisen hierzu in der folgenden Weise:

> „Physics analyses of time travel assume the standard fixed space-time diagram. Indeed, that is
> the current way that most physics is computed, and the way the physical world is represented,
> but we all know that it is not the world of our experience. If everything in the future and the past
> is already determined, what would be the value of time travel? The standard space-time diagram
> has no way to indicate now, and in the time travel, it is the now we want to change" (Muller, 2016,
> S. 252).

Das Standardmodell der Raumzeit kann also ganz offensichtlich die Gegebenheiten
des Phänomens Zeit nicht wirklich adäquat abbilden.

Ein weiterer, offensichtlicher Grund dafür, dass Zeitreisen nicht möglich sind,
liegt aus Sicht der Entomik dort, wo Verantwortung als zeitflussimmanente Information nicht umkehrbar ist. Wer Zeitreisen für möglich erachtet, glaubt daran, Leben
in den Muttermund zurückschieben zu können, anders ausgedrückt, dass die Zeit
aus der Vergangenheit in die Zukunft fließt. Menschliches Leben beginnt mit der Entwicklung der Wahrnehmungs- und Verarbeitungsfähigkeit geistig-seelischer Impulse.
Diese geistig-seelischen Impulse kommen aus der Zukunft und bedingen wesentlich
die gegenwärtige Entwicklung des menschlichen Individuums.

Diese Entwicklung unterliegt einer spirituellen Bindung, deren Ursprung in der
Zukunft liegt. Diese Form der spirituellen Verbindung des Menschen ist durch den
Verlauf der Zeit, die von der Zukunft in die Gegenwart zur Vergangenheit hinfließt,
eindeutig, unwiderruflich und unumkehrbar festgelegt.

Die Unumkehrbarkeit der Zeit bewirkt Verantwortungskaskaden menschlicher
Beziehungszusammenhänge. Ein Kind kann nicht an einen Zeitpunkt vor der Geburt
der Mutter reisen. Eine Physik, die aufgrund theoretisch-konstruierenden Überlegungen Zeitreisen als möglich erachten möchte, übergeht dieses Faktum der Verantwortungskaskaden. Sie widerspricht insofern dem Primat der Forderung nach Sinn
in fundamentaler Weise. Hierdurch läuft sie nicht nur in Gefahr in physikalischer,
sondern auch in ethischer Hinsicht unzutreffende Aussagen zu machen.

Die Physik beschäftigt sich ursprünglich thematisch nicht mit der Ebene der Information, die im Kugelschalenmodell 1 (vgl. Abb. 5.1) und im Kugelschalenmodell 2
(vgl. Abb. 5.2) ausgewiesen ist als Bereich der Gleichzeitigkeit von Information. Sie –
die Physik – ist in erster Linie thematisch zentriert auf den Bereich der Ungleichzeitigkeit von Information, da sie von der Notwendigkeit der Überwindung räumlicher Distanzen ausgeht. In diesem durch die Physik fokussierten Bereich ist mit großer Wahrscheinlichkeit die Lichtgeschwindigkeit die höchste erreichbare Geschwindigkeit der
Informationsübertragung.

Sobald jedoch auf dem Zeitpfeil der Bereich der Zukunft fokussiert wird, wie dies in der Entomik geschieht, tritt das Phänomen der Gleichzeitigkeit von Informationen auf. Der „Abstand", der im Bereich der Ungleichzeitigkeit materieller Formationen als räumliche Distanz auftritt, verliert im Bereich der Gleichzeitigkeit diese räumliche Qualität. Stattdessen strukturiert sich die Information im Sinne logischer Informationsobjekte und Clusterbildungen von Informationsobjekten.

Die kontroverse Diskussion der Einsteinschen Raumzeit innerhalb der wissenschaftlichen Welt beruht wohl nicht ganz unberechtigt darauf, dass der Begriff einer Entwicklung angenommen werden können muss, der der Zukunft die Möglichkeit lässt, nicht gänzlich bestimmt zu sein, also die Eigenschaft der Unbestimmtheit zu behalten. Das „Blockuniversum" des Einsteinschen Raumzeitbegriffs fixiert die Zukunft in unzulässiger Weise, wenn der Zeitbegriff an den Raumbegriff gekoppelt wird.

Grund hierfür ist, – ohne dass ich mich in die Mathematik der Raumzeit einlassen möchte –, dass Grundannahmen getroffen werden, die aus entomischer Sicht unzutreffend sind. Zum einen werden auch im Einsteinschen Universum Zeitverlauf und Zeitbegriff nicht im Augustinischen Sinn wahrgenommen und realisiert. Die zweite, damit wahrscheinlich zusammenhängende, unzutreffende Annahme dürfte sein, dass Einstein grundsätzlich Raum und Zeit nur in Verbindung mit Materie (Masse) sah. Ein dritter Grund dürfte dort liegen, wo die Annahme der Bewegungsgeschwindigkeit ebenfalls materiegebunden war und deswegen in der Lichtgeschwindigkeit ihr Maximum fand. Die Geschwindigkeit der Logik, die die Abfolge von Bewegungen zwischen Informationen auf der Informationsebene bestimmt, ist jedoch überräumlich und trotzdem existent.

Rückblickend im Zeitpfeil aus dem Jetzt in die Vergangenheit darf ein solcher Determinismus, wie das Blockuniversum ihn nahelegt, phänomenologisch möglicherweise schon eher angenommen werden. Erklärungsmöglichkeiten und Anwendungsmöglichkeiten der Relativitätstheorie ergeben sich wahrscheinlich deswegen in erster Linie dann, wenn Bewegungseffekte von Masse im Raumzeitgefüge betrachtet werden.

Vorwärts schauend in die Zukunft ist diese Determination unzutreffend, da sie keine unmittelbare Beeinflussungsmöglichkeit menschlichen Handelns einräumt (siehe weiter unten in Kapitel 9.10 zum Phänomen der Resonanz im Gegensatz zur Kausalität). Einsteins Raumzeitverständnis berücksichtigt also nicht, dass die Zukunft als durch Wahrscheinlichkeiten (Möglichkeiten) charakterisierte Informationsebene vorliegt, die somit erst den Zeitpfeil im eigentlichen Sinne kreiert.

Insofern ist die Raumzeit eine an Materie gebundene, theoretische Konzeptualisierung des Zeitbegriffs, die somit nur den Vergangenheitsraum des Zeitpfeils erfasst. Die Einsteinsche Raumzeit ist der vergangene, also schon materialisierte Teil des Zeitraums. Der entomisch verstandene Zeitraum aber umfasst zwar eine Raumzeit, ist aber auf der Informationsebene größer, eben umfassender als die Raumzeit. Die relative Zeit gilt wahrscheinlich deswegen nur für substanzielle Messungen, erfasst aber nicht die energetische, informationstheoretische und immaterielle Dimension der Zeit. Die weiter unten in Kapitel 3.1 differenziert entwickelte Sicht der Entomik besagt, dass durch Einsteins Beschränkung der Zeit auf eine Raumzeit bewiesen wurde, dass der tatsächliche gesamte Phänomenbereich zeitlicher Erfahrung hierdurch nicht abgebildet werden kann.

In Ergänzung zu Einsteins Sicht der Raumzeit bildet die Physik der Quantenmechanik – insbesondere bezüglich der Anteile der Gegenwart und der Zukunft – zeitliche Phänomene zutreffender ab, indem sie eine Ebene der Information zu erfassen vermag, die den Aspekt der Geschwindigkeit überwindet. Insofern kann sie die Gleichzeitigkeit von Information und insbesondere eben die Veränderung von Informationszuständen zweier Objekte unabhängig von ihrer räumlichen Distanz nachweisen.

Nicht umsonst stößt sie bei vielen ein überkommenes Denken um, demzufolge allein die Ebene der Substanz als real anerkannt ist, nicht aber die Ebene der Information. Die Ebene der Information erfährt somit sowohl aus theologischer, philosophischer als auch aus physikalischer Sicht der Quantenmechanik ihre Existenzbestätigung.

Auf der Ebene der Psychologie, insbesondere der Neuropsychologie, stellt sich das Problem nochmals als Leib-Seele-Dualität und als Qualia-Problematik dar. Auch hier ist prinzipiell eine Lösung denkbar, sofern der Mensch in seinem *Ich* als „Selbstobjekt" konzeptualisiert wird. Hierbei unterliegt das *Ich* als Informationssystem bestehend aus den Informationspolen des Selbst und des Objekts im Sinne der Quantenmechanik den Möglichkeiten der Gleichzeitigkeit. Hierdurch kann der Moment der Selbstbeobachtung als veränderungswirksame „Messung" des Ichzustands verstanden werden.

Darüber hinaus lässt sich das Verständnis des Menschen als Einheit von Geist, Seele und Körper hierin sehr gut abbilden. Geist und Seele haben an der immateriellen Ebene der Information teil. Der Körper hat teil an der Ebene der Substanz.

Weiterhin ist an dieser Vorstellung bedeutsam, dass der Mensch als biologisches Wesen nicht als geschlossenes System zu betrachten ist, welches gegenüber einem Informationsstrom nicht aufnahmefähig wäre, sondern eben ein informationssensitives System ist, welches die aus der Zukunft hereinströmenden Informationen aufzunehmen vermag. Letzteres vermag der Mensch im Gegensatz zum Tier auch hinsichtlich des Aspekts der Sinnwahrnehmung, so dass der Mensch auch den sinnvollen Umgang mit Zeit bewusst gestalten kann.

Insofern ist auch aus psychologischer Sicht grünes Licht zu geben für die Anerkennung einer nicht materiellen Ebene der Information, deren Wahrnehmung in besonderer Weise das Wesen Mensch in der Evolution auszeichnet. Dies entspricht im Grundsatz der Ganzheitlichkeit bei der Betrachtung des Menschen als Einheit von Geist, Seele und Körper.

Die ganzheitliche Betrachtung des Menschen wird hier jedoch ergänzt durch die Beachtung des Zeitverlaufs, der dem Menschen jene Bewegung in der Zeit gibt, die für den Menschen „Leben" heißt. Das ganzheitliche Verständnis beinhaltet in der Entomik immer die bewusste Wahrnehmung der Bedeutung der Zeitpfeilrichtung und die hieraus resultierende Anerkennung einer materiellen und einer immateriellen Realität.

3.2 Ein informationstheoretisch basiertes Modell des Zeitpfeils

Zusammenfassend bedeutet dies, dass in der Entomik, bezogen auf das Phänomen der Zeit, ein Zeitpfeil angenommen wird, der die Ebene der Information mit der Ebene der Substanz verbindet. Die Zeit verläuft auf der Ebene der Information mit maximaler Geschwindigkeit, die sich in Termini der Fortbewegung als Gleichzeitigkeit manifestiert. Gleichzeitigkeit von Information kann aber auch als Ewigkeit angesehen werden im Sinne der zeitlich unabhängigen Allgegenwärtigkeit jeglicher Information. In diesem Modell gehen wir von einer Dualität der Realität aus. Die duale Realitätssicht der Entomik unterscheidet zwischen einer Substanzrealität und einer Informationsrealität.

Die Zeit hat auf diesen beiden Ebenen der Realität eine unterschiedliche Geschwindigkeit. Auf der substanziellen Ebene ist sie an Raum gebunden und insofern verlangsamt. Möglicherweise kann die substanzielle Ebene durch Deformation wieder verlassen werden, sodass die Gleichzeitigkeit der Information wieder erreicht werden kann. Zeit würde nach der Deformation der Substanz wieder unendlich schnell werden.

3.3 Die inverse Zeitkonzeption der Urknalltheorie

Bezogen auf die Urknalltheorie ist folgendes von besonderer Bedeutung: gemeinhin wird in der Urknalltheorie davon ausgegangen, dass der Zeitfluss im Urknall sozusagen entstanden ist. Seitdem fließt sie aus Sicht dieser Theorie in die Zukunft und macht uns unser „Jetzt" auf Basis des vorhandenen, vorangegangenen Prozesses wahrnehmbar.

Genau dieses wäre aber der gegenzeitliche Fluss, in dem die Vergangenheit in die Zukunft fließen würde. Abbildungen über das Universum und die kosmologische Entstehungsgeschichte legen dies immer wieder nahe (s. Abb. 3.2).

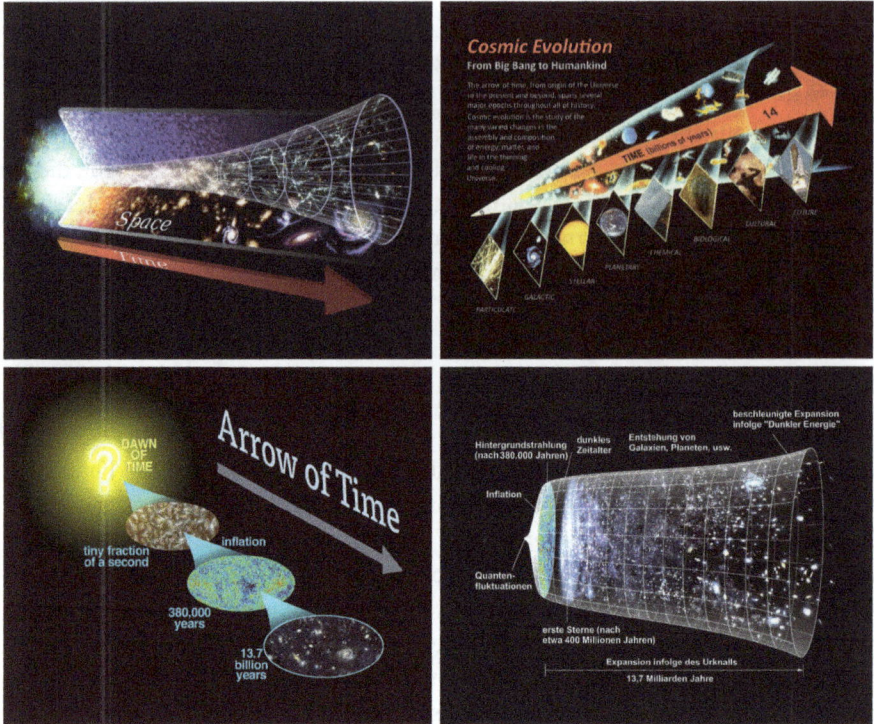

Abb. 3.2: Entropischer Zeitpfeil: Entropisch-Kosmologische Entwicklungsvorstellungen (1–4) des Universums. Quelle: http://www.oekosystem-erde.de/html/bilder/urknall.jpg. Search: Zeitpfeil, 3.5.2018.

Zuletzt wurde dies beispielsweise in einem Vortrag von Alan Guth (2019) in den Einstein-Lectures 2015 in der Universität in Bern so dargestellt (Quelle: http://www.einsteinlectures.unibe.ch/fruehere_vortraege/2015_alan_guth/index_ger.html; Search 3.1.2019). Auch die Recherche der physikalischen Literatur (siehe Inspire-Recherche vom 11.11.2017 im Anhang) ergibt, dass in der Physik die Zeitpfeilrichtung nicht aus der Zukunft in das Jetzt und von dort in die Vergangenheit, sondern in Abwandlungen basierend auf dem zweiten Gesetz der Thermodynamik in der zeitflussinversen Richtung (Vergangenheit>Gegenwart>Zukunft) verläuft.

Davies beschreibt diese gängige kosmologische Entwicklungsgeschichte folgendermaßen:

> „Quite apart from the gravitational story, the history of matter is also one of increasing complexity. At about one second after the big bang, the universe consisted of a uniform soup of protons, neutrons, electrons, and neutrinos. As the universe expanded and cooled, matter not only aggregated into structures, but began a process of progressive differentiation that continues to this day. The first stage was the formation of helium during the first three minutes, so that the chemical composition of the cosmological material became two-component: H and He. With the formation of galaxies about 400 million years later the first stars were born and heavier elements were added to the H and He, and disseminated into interstellar regions by supernova explosions. Some

of these heavier elements formed into ice crystals and dust, thus releasing the potential for an al-most unlimited variety of solid material forms, ranging from tiny grains up to planets. Subsequent generations of stars were accompanied by swirling disks of dust and gas that formed planetary systems of surprising diversity. With the appearance of planets with solid surfaces, the way lay open for the further enrichment of material forms, through crystallization and the formation of amorphous substances" (Davies, 2013, S. 26ff).

Davies beschreibt hierin also, dass abgesehen von der Gravitationsgeschichte auch die Geschichte der Materie eine Geschichte der zunehmenden Komplexität ist. Etwa eine Sekunde nach dem Urknall bestand demnach das Universum aus einer einheit-lichen Suppe aus Protonen, Neutronen, Elektronen und Neutrinos. Als sich das Uni-versum ausdehnte und abkühlte, aggregierte sich die Materie nicht nur zu Strukturen, sondern begann einen Prozess der fortschreitenden Differenzierung, der bis heute an-dauert. Der erste Schritt war die Bildung von Helium während der ersten drei Minuten, sodass die chemische Zusammensetzung des kosmologischen Materials entstand mit den zwei Komponenten Wasserstoff und Helium. Mit der Bildung von Galaxien etwa 400 Millionen Jahre später wurden die ersten Sterne geboren und schwerere Elemen-te zu H und He hinzugefügt und durch Subernova-Explosionen in interstellare Regio-nen verbreitet. Einige dieser schwereren Elemente bildeten sich zu Eiskristallen und Staub, wodurch das Potenzial für eine nahezu unbegrenzte Vielfalt an festen Materi-alformen, von winzigen Körnern bis hin zu Planeten, freigesetzt wurde. Nachfolgende Generationen von Sternen wurden von wirbelnden Staub- und Gasscheiben begleitet, die Planetensysteme von überraschender Vielfalt bildeten. Mit dem Erscheinen von Planeten mit festen Oberflächen war der Weg frei für die weitere Anreicherung mate-rieller Formen durch Kristallisation und Bildung amorpher Substanzen (vgl. Davies, 2013, S. 26ff).

Die Entomik sieht hier den Zeitpfeil jedoch genau umgekehrt, so dass der laufen-de aktuelle Ursprung des Universums in der Ebene der Information liegt, die mit der Zukunft – also dem gleichzeitigen Vorhandensein aller Information – übereinstimmt. In der universalen Jetztscheibe konkretisiert und materialisiert sich diese Information ständig weiter aus dem Hyperversum in das Universum – und dies sehr wahrschein-lich, wie ich weiter unten in Kapitel 6.3 ausführen werde – mit Lichtgeschwindigkeit.

Die Phase der Inflation ist dann die am weitesten in der Vergangenheit noch wahr-nehmbare Materiekonglomeration, bevor sie sich als Materie vielleicht wieder gänz-lich auflöst. In der Entomik wird diese Phase deswegen als Phase der Deformation be-zeichnet. Es wird in der Entomik unterschieden zwischen den Stadien der Information (immateriell), Formation (materiell, massenhaft oder substanziell) und Deformation (immateriell oder a-materiell).

Man könnte auch sagen, dass der frühesten Materie immer noch eine Information zugrunde lag, der zufolge diese enstand. Also auch die früheste Materie kam einmal aus der Zukunft, der Ebene der Information. Somit interpretiert die Entomik den Zeit-pfeil und die kosmologische Entwicklung genau 180 Grad umgekehrt, als dies in der thermodynamisch basierten Zeitpfeilkonzeption der Fall ist.

Die Phase der Inflation – wie sie in Abb. 3.2 dargestellt ist – rückt insofern mit jedem neuen Jetzt immer weiter in die Vergangenheit. Der Input der Zeit geschieht in der Entomik aus der Zukunft heraus, während der Input der Zeit in der thermodynamisch basieren Konzeption des Zeitpfeils in der Vergangenheit lag, und diese seitdem thermodynamisch – d. h. entropiebasiert – fortschreitet.

Aus entomischer Sicht entwickelt sich das Universum aber weiterhin aus der Zukunft, wobei der Übergang des nicht materiellen Hyperalls – so wie diese Ebene in der Entomik von mir genannt wird – in das aktuelle Weltall oder das aktuelle Universum ebenfalls am ehesten in quantenmechanischen Theoremen zu erklären sein wird.

Mit anderen Worten ist jede aktuelle Jetztscheibe ein Big Bang, in dem sich „Etwas" materialisiert und von dort aus eine bestimmte Dauer erhalten bleibt, um dann langsam in einer zunehmenden Veränderung in die Phase der Deformation zu entschwinden. Die Phase der Deformation in der Entomik entspräche der Phase der Inflation in der entropiebasierten kosmologischen Entwicklung.

Die Entstehung des Universums dürfte deswegen in der Jetztscheibe als Übergang von der Ebene der Information (Zukunft) in die Ebene der Substanz (Vergangenheit) am besten zu beobachten sein.

Es ist zu hoffen, dass die Sicht der Entomik auf den Zeitpfeil wesentlich dazu beitragen kann, die augenscheinliche Unvereinbarkeit der Physik basierend auf Einsteins Relativitätstheorie und der Physik basierend auf der Quantenmechanik zu entschlüsseln. Wenn die Zeitpfeilrichtung in den beiden physikalischen Theorien zugrunde liegenden Betrachtungen korrigiert wird, ist begründet zu erwarten, dass sich ein übergeordnetes gemeinsames Verständnis beider Theorien entwickeln kann. In jedem Fall ist mit an Sicherheit grenzender Wahrscheinlichkeit davon auszugehen, dass beide Theorien durch unzutreffende Annahmen über die Richtung des Zeitpfeils theoretisch kontaminiert sind.

Eine Korrektur in den Annahmen über den Zeitpfeil dürfte zwar mit einer Menge an theoretischer und auch experimenteller Arbeit verbunden sein. Allerdings sind die positiven Folgen einer Korrektur sicherlich um ein Vielfaches höher als der Aufwand der Korrektur.

Man bedenke, dass der wissenschaftliche und der damit verbundene wirtschaftliche Aufwand, der der Untersuchung der Entstehungsgeschichte des Universums mikro- und makrokosmologisch zugrunde liegt, fast nicht mehr in Zahlen zu messen ist. Der Umstand, dass in der Urknalltheorie anscheinend übersehen wurde, dass die Zeit gar nicht aus der Vergangenheit heraus in die Zukunft fließen kann, ist zwar einerseits eine maximal umwerfende Erkenntnis. Andererseits stelle man sich vor, dass man basierend auf dieser Fehlannahme mit demselben Aufwand weiterhin in Untersuchungen investieren würde, die auf diesen Fehlannahmen der Urknalltheorie basieren, und man deswegen notwendige wichtige Erkenntnisse, die zur Entwicklung der menschlichen Lebensform von Bedeutung sind, nicht fände. Dieser Schaden wäre natürlich insgesamt gesehen unermesslich.

4 Grundzüge eines entomischen Bewusstseins

4.1 Eine erste Konzeptualisierung der Ebene der Information

Jede Information besteht ihrerseits aus geordneten, einzelnen Objekten von Informationen (Informationsobjekte). Diese unterliegen einer unterschiedlichen Komplexität und Clusterung, so dass modellhaft unterschieden werden kann zwischen „Ideen" als Informationscluster höherer Ordnung und deren Teilinformationen.

Über der Ebene der Ideen ist eine weitere Informationsebene angeordnet, die den Wahrheitswert bzw. Funktionswert einer Idee kennzeichnet. Jede Idee ist also verbunden mit einem Wahrheitswert und einer hierdurch festgelegten Funktion. Der Wahrheitswert einer Idee ist also mit dieser Idee verbunden, welche ihrerseits zusammengesetzt ist aus Teilinformationen.

Die Ebene der Gleichzeitigkeit der Information oder der Immaterialität ist gekennzeichnet durch eine überall gleichzeitige Verfügbarkeit aller Informationen und Informationszustände sowie Informationsbegriffe (Ideen). Zur begrifflichen Kennzeichnung dieser überzeitlichen und überräumlichen Verfügbarkeit von Informationen wird hierfür in der Entomik von mir der Begriff des „Überall" (engl.: Hyperall oder Hyperversum) eingeführt.

Informationen sind im Hyperversum sinnvoll und nicht chaotisch strukturiert. Auf dieser Ebene existieren beispielsweise Gesetzmäßigkeiten, die Zusammenhänge bzw. Abhängigkeiten oder logische Folgen von möglichen Zuständen von Informationen strukturieren, die sich dann entsprechend herauskristallisieren in jeder weiteren universalen Jetztscheibe und die Ebene der Substanz örtlich und zeitlich formen.

Die Zukunft ist insofern ein energetisierter Raum, da er etwas hervorzubringen vermag, was vorher noch nicht sichtbar war. Hierbei zeigt die probabilistische Regelhaftigkeit dieses Hervorbringens, dass die Kristallisation als solche regelhaft und informativ, somit nicht chaotisch erfolgt. Sofern eine Materialisierung im Übergang der Zukunft zur Jetztscheibe erfolgt, ist damit auch die Gravitation als eine im Materiellen von da an wirksame Beziehungskraft ab dem Zeitpunkt des Jetzt thematisch mit im Spiel.

Einen Zusammenhang im Rahmen des entomischen Zeitpfeilverständnisses zwischen Materie, Gravitation und Komplexität wird von Davies (2013, S. 28ff) beschrieben:

> „The details of the far future of the universe have been much studied. [...] The results depend somewhat on assumptions about how the universe expands and the nature of the fundamental forces, but all models agree that if the universe goes expanding forever then a time will come when almost all matter ceases to exist. Even the giant black holes will evaporate via the Hawking process, leaving a universe of dark emptiness, populated only by photons, neutrinos, and gravitons of an ever-diminishing density. Thus the story for matter is similar to that of gravitation: complexity rises sharply as the universe expands and cools – on a timescale – between 1011 and 1065 years (or even longer for black hole evaporation), depending on the process."

https://doi.org/10.1515/9783110789355-004

Die Details der fernen Zukunft des Universums seien viel studiert worden, so Davies. Die Ergebnisse hängen ihm zufolge von Annahmen darüber ab, wie sich das Universum ausdehnt und wie die Natur der fundamentalen Kräfte beschaffen ist. Aber alle von Davies gesichteten Modelle seien sich einig darin, dass, wenn das Universum für immer expandiert, eine Zeit kommen wird, in der fast alle Materie aufhört zu existieren. Sogar die riesigen schwarzen Löcher würden dann durch den Hawking-Prozess verdunsten und ein Universum dunkler Leere hinterlassen, das nur von Photonen, Neutrinos und Gravitonen einer immer geringeren Dichte bevölkert wird. Die Geschichte der Materie ähnele also der der Gravitation: Die Komplexität steigt stark an, wenn sich das Universum – je nach Prozess – zwischen 1011 und 1065 Jahren (oder sogar länger bei Schwarzlochverdampfung) ausdehnt und abkühlt (vgl. Davies, 2013, S. 28ff).

Das von Davies hier ausgemalte Szenario beschreibt also die Dynamik der Materie innerhalb des thermodynamisch-entropischen Zeitpfeils sowie auch die mit der Materie verbundene Gravitationsentwicklung. Vorausgesetzt wird hier, dass die Zeit in die Zukunft fließt, wodurch der tatsächlich sich vollziehende, beobachtbare Zuwachs an Komplexität aus der Zukunft nicht berücksichtigt wird. Komplexität kann in diesem Zusammenhang als Zuwachs der Bildung von Informationen in Form von Entomen/Sinneinheiten gesehen werden.

Eine entsprechende Entwicklung der gravitativen und energetischen Formation von Materie wird meinerseits auch in der Entomik gesehen, nur mit dem Unterschied, dass durch den fortlaufenden Zufluss von Zeit und Zeitenergie in Form physikalischer und informativer Energie die Bildung von Strukturen (Komplexität/Entome) immer weiter vorangetrieben wird. Es erfolgt quasi ein steter Anbau von Materie an den schon vermaterialisierten Rumpf der Vergangenheit.

Materie entsteht aus der Zukunft heraus und vergeht dann langsam. Dies zeigt der entomische Zeitpfeil (vgl. Abb. 4.1). Der Prozess der Strukturierung – der Zunahme an Komplexität durch Konkretisierung von Information – ist also ein durch die Zukunft betriebener und aus der Zukunft heraus emergierender, fortlaufender Prozess, wobei Materie zwar in Zukunft auch wieder vergehen kann, aber immer wieder aus der Zukunft heraus auch neue Materie gebildet wird.

Der entomische Big Bang ist der unablässige Prozess der Konkretisierung der aus der Zukunft sich formierenden Information. Der „erste Big Bang" vor 13,7 Milliarden Jahren ist nur einer von einer Menge sich seitdem ständig fortsetzenden, unaufhörlichen Big Bangs in Form von Bildungsprozessen der Zukunft in die Gegenwart hinein. Wie diese Bildung der Materie sich vollzieht, wird in der physikalischen Forschung am ehesten noch in der Quantenphysik thematisiert. Sie entdeckt und beschreibt die Phänomene an der Grenze des Übergangs von der Zukunft in das Jetzt, bis dato allerdings aus Sicht der Entomik noch mit einer inversen Zeitflussvorstellung.

Die „Unschärfe" der Zukunft konkretisiert sich im entomischen Zeitpfeil in Richtung des Jetzt. Insofern ist die Unschärfe einer Vorhersage eines Ausgangszustandes in einen zukünftigen Zustand hinein eigentlich trivial, da ja der Zeitfluss in die Vergangenheit fließt. Scharf (eindeutig) kann also nur die Relation des Jetzt in die Vergangenheit hinein sein, da nur jede Vergangenheitsscheibe eindeutig aus einem Jetzt entsteht. Die Entomik führt also zu einem anderen, zutreffenderen Kausalitätsbegriff.

4.2 Zeit, Gravitation und Energieverlauf

In Abb. 4.1 (S. 44) wird versucht, die entomische Entwicklung graphisch zu konkretisieren. Zunächst ist festzuhalten, dass der Zeitpfeil aus der Zukunft in die Vergangenheit weist. Der Begriff des Entoms wird meinerseits in allgemeinster Form wie folgt verstanden.

> Das Entom ist der Begriff für ein jedes Ding unter dem Aspekt seiner Einbettung in einen zeitlichen Verlauf.

Der Beginn eines Entoms – beispielsweise eines Glases – folgt auf seine Kreation. Dies bedeutet, dass die Idee als solche selber einen Ursprung hat, die als Ebene der Kreation weiter unten in Kapitel 5.2 detaillierter beschrieben wird. Die Idee des Glases kann sich im weiteren Verlauf der Zeit – also mit weiter aus der Zukunft hinzukommender Zeit – informativ konkretisieren. Diese Phase ist noch als Teil der immateriellen Phase zu sehen. Bis hierhin sind diese Informationszustände zwar geordnet im Sinne einer logischen Folge, jedoch gleichzeitig vorhanden.

Ab dem Zeitpunkt der Formation des Entoms bilden sich Partikel, Korpuskel, Teilchen in eine konkrete, materialisierte Form um, wobei sowohl die Teilchen als solche, als auch ihre Einbindung in eine materielle Umgebung von jetzt an gravitativ aufeinander bezogen sind. Diese gravitative Bezogenheit wird in der Abbildung als Phase der Energieverdichtung dargestellt.

> Materie ist im entomischen Zeitfluss sich in der Jetztscheibe konkretisierende Information.

In der Formation eines Entoms findet also eine Verdichtung von Informationen statt, die einerseits die Form als sinnvolle Gestalt gegenüber einem universalen materiellen Hintergrund abbildet. Gleichzeitig wird sie auch sichtbar in dem Sinne, dass sie Licht oder Strahlung im Allgemeinen zu reflektieren vermag. Sie kann also reflektiv mit der Umgebung interagieren.

Gravitation erhält die sich in der Materie abbildende Sinneinheit – also das Entom auf dem Zeitpfeil in der Jetztscheibe.

Deutlich wird, dass Gravitation im Zeitfluss als Funktion der Information auftritt. Dies bedeutet, dass das Verständnis von Gravitation ein informationstheoretisches Verständnis sein muss. Es gibt einen direkten kausalen Zusammenhang zwischen Information und Gravitation, der sich in der Funktion abbildet als materielle Form. Die

Zerstörung einer Form ist immer auch die Auflösung ihres gravitativen Zusammenhangs, somit also der Funktion der Information in der Form.

Wie lange die gravitativen Eigenschaften nach der Emergenz der Information in der Jetztscheibe noch in die Vergangenheit nachwirken, wird wahrscheinlich im Rahmen der Erforschung der Dunklen Materie deutlich werden. Die Bedeutung des Zeitpfeilabschnitts der Vergangenheit für das Verständnis von Dunkler Materie aus entomischer Sicht wird weiter unten in Kapitel 6.9 noch dargestellt.

In Abb. 4.1 wird das Grundverständnis der Entwicklung eines Entoms dargestellt, dem die entomische Zeitpfeilrichtung zugrunde liegt. Dieser Zeitverlauf ist demzufolge allen Dingen auferlegt. Kein Geschaffenes kann sich diesem Zeitverlauf entziehen.

4.3 Weltall (Universum) und Hyperall (Hyperversum)

Das sichtbare Weltall ist die Menge aller Kristallisationen des Hyperalls im Jetzt. Das Hyperall ist die Ebene der Information und Gleichzeitigkeit. Im Hyperall ist der Ort (Lokus) die einzelne Information. Der Zeit entspricht im Hyperall der Begriff der Gleichzeitigkeit bzw. Ewigkeit, was für die Ebene der Information auch immer die gleichzeitige, örtlich nicht mehr gebundene Verfügbarkeit aller Informationen bedeutet.

Die Bewegung innerhalb der Zeit im Überall drückt sich aus im Zusammenhang der Informationen. Der Zusammenhang der Informationen wird bestimmt durch ihren Wahrheitswert, welcher die Eigenschaft der Logik bestimmt. Dass das eine aus dem Anderen folgt, bestimmt den Zeitbegriff im Hyperall. Was die Logik im Hypeversum vorgibt, wird zur Chronologik im Universum.

Der Zusammenhang der Informationen ist nicht beliebig, sondern sinnvoll. Erst hieraus ergibt sich die tatsächliche Information. Der Zeitfluss im Hyperall ist der durch den Sinn festgelegte Zusammenhang der Informationen.

Die Gegenzeitlichkeit der entropisch begründeten Entwicklungsvorstellung des Universums mündet deswegen in einer zufallsbasierten Kosmologie, weil der Sinn, die Idee und die Information als Ausgangspunkt der materiellen Konkretisierung aufgegeben wird.

Bis hierhin habe ich versucht, einige erste physikalische Grundüberlegungen zu umreißen, die sich aus dem entomischen Zeitpfeil ergeben. In den nächsten Abschnitte beschreibe ich einige psychologische Konsequenzen für die menschliche Bewusstseinsentwicklung auf der Basis dieses Zeitpfeilverständnisses.

Wie gestalten sich auf der Grundlage der Sinn- und Funktionskonkretisierung, die sich im Jetzt entomisch vollzieht, die menschliche Wahrnehmung dieser materiellen Konkretisierung und das zu dieser Wahrnehmung befähigte menschliche Bewusstsein?

4.4 Menschliche Bewusstseinsbildung und Resonanzsensibilität

Das menschliche Bewusstsein ist gebunden an die Jetztwahrnehmung. Die Zukunft als solche ist nicht wahrnehmbar, da sie noch nicht geschehen ist. Die Vergangenheit ist ebenfalls nicht wahrnehmbar, da sie vergangen ist. Der einzige Ausschnitt des für den Menschen wahrnehmbaren Ereignisverlaufs ist das jeweilige Jetzt. In dieser Wahrnehmung der jeweiligen Jetzte sind die Bewusstseine aller Menschen synchronisiert.

> Die Bewusstseine der Menschen geschehen gleichzeitig.

Die Zustände der physischen und psychischen Leben der Menschen sind gebunden an die Synchronizität der menschlichen Bewusstseine, somit auch an die – vom Individuum unabhängige – absolute Fließrichtung der Zeit von der Zukunft in die Vergangenheit.

Menschlicher Wille geschieht auf Basis einer Wahrnehmung des sich ständig konkretisierenden Geschehens im Sinne einer Orientierungsreaktion. Der Wille hält eine Orientierung aufrecht im Zeitfluss des Geschehens. Diese Willensorientierung befähigt den Menschen zur bewussten Bewegung innerhalb des Zeitgeschehens.

Die Fähigkeit zur Wahrnehmung und Gestaltung von bewusster Bewegung im Zeitgeschehen basiert darauf, dass sich im menschlichen Bewusstsein eine Kontingenz vollzieht zwischen dem Einfluss des menschlichen Willens auf das Jetzt und der daraus resultierenden Resonanz seiner gerade vergangenen Handlung auf die Zukunft bzw. auf die aus der Zukunft darauffolgende, nächste Jetzt-Situation. Die zeitliche Kontingenz von gestalteter Handlung und unmittelbar darauffolgend erlebter Konsequenz bildet sich ab in Erinnerungen, die ihrerseits sofort wiederum Entscheidungsgrundlage werden für die nächste gegenwärtige Orientierung. Es entsteht so das selbstreflektorische Denken und bewusste Handeln. Die hieraus resultierende Fähigkeit des Menschen ist das bewusste Bewusstsein. Der Mensch verfügt also in Wirklichkeit nicht nur über ein Bewusstsein, sondern tatsächlich über zwei Bewusstseine. Er kann mit einem zweiten, sekundären Bewusstsein das erste, primäre Bewusstsein wahrnehmen.

Hierin sehe ich den gravierenden Unterschied zwischen der Spezies Mensch und den Tier- und Pflanzenarten. Der Mensch ist die Kreatur, die mit einem doppelten Bewusstsein ausgestattet ist: Ich verwende zur Kennzeichnung dieses biologischen Systems Mensch mit dieser dualen Bewusstseinsbegabung im Folgenden den Begriff: Double Spaced-Minded Creature (DSMC).

> Im menschlichen Bewusstsein vollzieht sich eine kontinuierliche Kontingenz der Vergangenheit mit der Zukunft auf Basis von Resonanz.

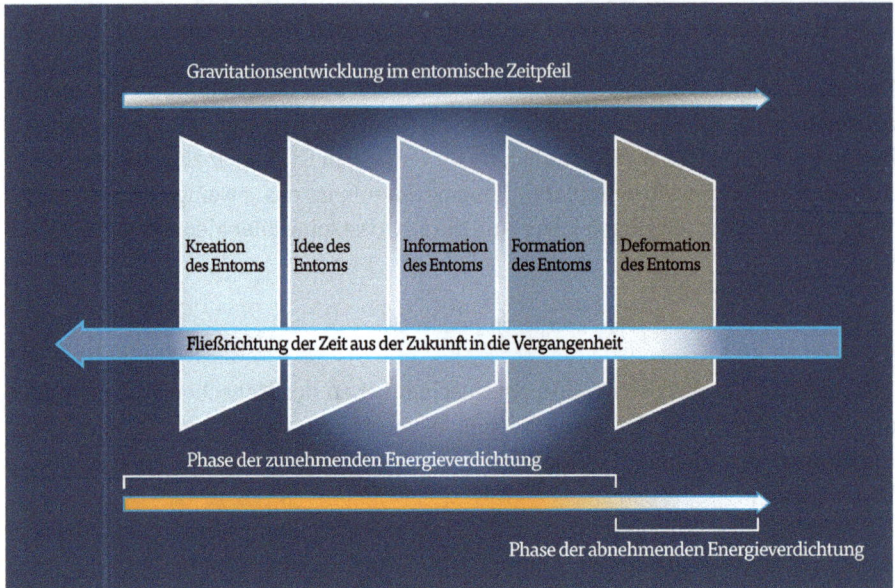

Abb. 4.1: Zeitliche Entwicklung des Entoms. Quelle: Eigene Darstellung.

Diese Resonanzwahrnehmung ist die Grundlage für die „naive Wahrnehmung" der Zeitflussrichtung, die zunächst den Eindruck vermittelt, die Zeit fließe aus der Vergangenheit in die Zukunft. Der Mensch neigt also dazu, die Resonanzwahrnehmung zu interpretieren als Zeitflussrichtung. Bei genauerem Hinsehen jedoch kann er diese naive Wahrnehmung direkt korrigieren und feststellen, dass die Zeit aus der Zukunft über das Jetzt in die Vergangenheit fließt.

Da der Mensch eine Wirkung seiner Handlung auf die Zukunft feststellt, interpretiert er diese Wirkrichtung als Zeitfluss. Die tatsächlich kausale Wirkung der Handlung vollzieht sich jedoch primär in einer konkretisierten Vergangenheit, die erst sekundär über die Resonanz eine Auswirkung auf die Zukunft sowie alle aus der Zukunft sich realisierenden Jetzts hat. Die Kausalitätsrichtung ist also immer vom Jetzt in die Vergangenheit. Die Vergangenheit des Menschen wird durch seine immer neue, jetzige Handlung bestimmt.

Der Mensch bewirkt also nicht direkt seine Zukunft, sondern diese wird via einer Resonanz auf sein Handeln – also auf sein schon konkretisiertes Gewordensein, welches seine Vergangenheit umschreibt – gebildet.

In der Resonanz liegt der eigentliche Wirkfaktor in einem überzeitlichen Prinzip – also der Auswirkung des schon Vergangenen auf das aus der Zukunft neu Hinzukommende. In einer theologischen Sichtweise könnte man es bezeichnen als Göttliches Prinzip, welches die Aufgabe erfüllt, das schon Vergangene mit dem neu Entstehenden als Information zu verbinden.

Die Resonanz gehört der Ebene der Gleichzeitigkeit an, da sie als Informationsfluss ausschließlich in Sinnfolgen verläuft, die in sich festgelegt sind im Sinne von Gegebenheiten, aber selber keiner Zeit mehr bedürfen. Insofern ist eine Zukunft „gegeben" als eine sinnvolle Folge auf eine Vergangenheit.

Es gibt also sinnvolle Verbindungen von Geschehenem mit der Zukunft, die im Sinne einer andauernden Auswirkung interpretiert werden dürfen. Diese Auswirkung ist vom Menschen letztlich nicht zu bestimmen oder präzise vorherzusehen.

In Abgrenzung zu Einsteins Blockuniversum ist dieses schon Vorhandensein einer Zukunft als gegebene Folge einer bestimmten Handlung aber nicht mehr an Lichtgeschwindigkeit gebunden, sondern überörtlich und überzeitlich auf der Ebene der Information im Hyperall strukturiert. Da der Raum sich erst im Jetzt konkretisiert, sind Folgen bzw. Auswirkungen, die schon im sich konkretisierenden Raum geschehen, zu unterscheiden von solchen Auswirkungen, die die Zukunft im Sinne des noch nicht konkretisierten Raums betreffen.In der Resonanz spiegelt sich also eine Wirkinformation einer Vergangenheit auf eine Zukunft wider.

Da der Mensch selbst keinen Einfluss auf das Wirken dieser Resonanz hat, da diese Resonanz durch die zeitlos gültigen Folgegesetzmäßigkeiten bestimmt wird, gestalten also der Zeitfluss und diese im Zeitfluss wirkenden Folgegesetzmäßigkeiten das Jetzt des Menschen.

Durch das Eingesetztwerden in die Synchronizität des Bewusstseins mit der Jetztscheibe ab einem gewissen Moment der Schwangerschaft beginnt der Prozess der selbstreflexiven Bewusstseinsentwicklung, die die Kompetenz des menschlichen Wesens von da an im Sinne der DSMC anwachsen lässt.

Der Mensch wird also spätestens zum Zeitpunkt seiner Geburt – wahrscheinlich jedoch schon deutlich früher intrauterin – eingesetzt in die Synchronizität der Bewusstseine aller anderen zu diesem Zeitpunkt lebenden Menschen und empfängt von diesem Moment an über seine Fähigkeit der Resonanzsensibilität Kontingenzinformationen, die ihm Aufschluss geben über Auswirkungen seines vergangenen Handelns auf die Zukunft. Nun beginnt die Differenzierung des primären und späterhin sekundären Gewissens sowie die darauf basierende Verantwortung des Menschen im Umgang mit seinem freien Willen hinsichtlich der Inhalte dieser Erfahrungen.

Muller bezieht sich in der Problematik zwischen dem Konzept des Freien Willens einerseits und überkommenen physikalisch-deterministischen Erklärungen der Welt andererseits auf die Existenz eines nicht physikalischen Wissens. Gemeint ist also ein Wissen außerhalb einer physikalisch messbaren Dimension. Er widerspricht hierin den neuronal-deterministischen Ansätzen, die aktuell den Menschen häufig als einen vollkommen in der neuronalen Ebene determinierten Informationsverarbeiter modellieren.

„I can't offer a physicalist proof of reality of free will. I argue simply that there is no valid proof of its nonexistence, not even a strong argument, and that nonphysics knowledge, along with the recognition that all paths to increases in entropy are accessible, offers an alternative to the physicalists' psychological explanation" (Muller, 2016, S. 282ff).

Muller argumentiert auf der Ebene eines nonphysics knowledge – also eines nicht in den Termini der Physik unmmittelbar zu konkretisierenden Wissens. Er verweist hier indirekt auf das Vorliegen von freier Information sozial relevanten Inhalts, einer materieunabhängigen Information, wie sie aus Sicht der Entomik auf dem Zeitpfeil im Abschnitt der Zukunft angenommen werden muss. In der Entomik basieren auf dieser Annahme die weiter unten in Kapitel 5.6 sowie in Kapitel 6.13 bei der ethisch-teleologischen Konkretisierung benannten Entomica, insbesondere aber auch die weiterhin in Kapitel 8.3 benannten Humanica.

Auch Smolin (2014) setzt sich in seiner Analyse der fundamentalen Dimension der Zeit mit der Frage nach der nonphysikalischen Information auseinander. Er kommt durch die Thematik der Qualia in der schon lange dauernden philosophischen und aber auch neurowissenschaftlichen Diskussion auf seine Weise zu folgenden Feststellungen über die Wirklichkeit und deren neuronaler Repräsentation:

> „Das Problem der Qualia oder des Bewusstseins scheint von der Wissenschaft nicht beantwortet werden zu können, weil es ein Aspekt der Welt ist, der nicht erfasst wird, wenn wir alle physikalischen Interaktionen zwischen Teilchen beschreiben. Es gehört zu dem Bereich von Fragen, die sich damit beschäftigen, was die Welt wirklich ist, und nicht damit, wie sie modelliert oder repräsentiert werden kann.
> Manche Philosophen behaupten, dass Qualia einfach mit bestimmten neuronalen Prozessen identisch ist. Das scheint mir falsch zu sein. Qualia mögen durchaus mit neuronalen Prozessen korreliert sein, aber sie sind nicht dasselbe wie neuronale Prozesse. Neuronale Prozesse unterliegen der Beschreibung durch die Physik und die Chemie, aber keine noch so detaillierten Beschreibungen in diesen Begriffen werden die Frage beantworten, wie Qualia sich anfühlen oder erklären, warum wir sie wahrnehmen" (Smolin, 2014, S. 359).

Sowohl Muller als auch Smolin greifen in ihrem Zeitverständnis zurück auf eine weitere Dimension von Information, die sie als durch physikalische Messvorgänge nicht erfassbar ansehen. Es handelt sich um die Dimension, die den Dingen den für uns Menschen so wichtigen Sinn, die eigentliche tiefere Erlebnisqualität gibt. Diese Art von Information ist nicht physikalisch, jedoch existentiell wichtig und wird in Begriffen wie Wirklichkeit oder Seele ausgedrückt. Letztere ist in der Lage, jenseits einer oberflächlichen, materiell sinnlich erfahrbaren Realität eine tiefere Bedeutsamkeit – nämlich diese nicht physikalische Information der Wirklichkeit – zu erfassen.

Die Entomik modelliert diese beiden Ebenen im Begriff der Hybridität der Zeit als physikalisch-sinnlich erfahrbare Information und andererseits als geistig-seelisch erfahrbare Information. Auf der Seite des Individuums modelliert sie deswegen die menschliche Informationsverarbeitung ebenfalls als hybride Kompetenz, indem sie das biologische System Mensch modelliert als DSMC, die bewusstes Bewußtsein generiert und hierüber beide Informationsanteile wahrnehmen und verarbeiten kann. Im Zeitstrom erfährt der Mensch Information im Jetzt jeweils aus der unmittelbaren Zukunft. Er bildet über seine Informationsverarbeitung und die daraus resultierenden internen und externen Reaktionen seine Resonanzsensibilität.

Diese Resonanzsensibilität kann in einem gewissen Aspekt als Wahrheitsempfindsamkeit bezeichnet werden, wenn sie die Verbindung des sich im Zeitverlauf lebend vollziehenden menschlichen Bewusstseins mit der ethischen Informationsqualität betrifft. Auf diese Information hin bildet sich die soziale Intelligenz. Betrifft sie nur die physikalische Resonanz, entwickelt sich eine Funktionsempfindsamkeit (Werkzeugintelligenz).

Betrachten wir dies kurz am Beispiel des Fallenlassens eines Spielzeugs aus dem Kinderwagen, so lernt das Kleinkind, dass das Spielzeug zu Boden fällt und nicht davonfliegt. Die Mutter kann es aufheben und zurückgeben in die Hände des Kindes. Dieser Vorgang kann sich nun beliebig oft wiederholen. Ab einem gewissen Zeitpunkt wird das Spielzeug jedoch nicht mehr zurückgegeben werden, und es bleibt irgendwo liegen. Das eigentliche Spielen mit dem Spielzeug im Sinne der primären Spielzeugfunktion kann jetzt erst fortgesetzt werden, wenn ein höherer Bewusstseinsgrad erreicht wird. Die Mutter bringt dem Kind also bei, dass es das Spielzeug festhalten muss, will es weiter damit spielen können. Nun kommt eine ethische Dimension im Sinne der Verantwortung hinzu, die das kindliche Bewusstsein „doppelt": Spielen zu können bedeutet, bewusst festhalten zu müssen: Halte bewusst fest an der Fähigkeit des Festhaltens, sonst vergibst du die Möglichkeit zu spielen!

Selbstverständlich wird sich diese Doppelung des Bewusstseins bei einem gesunden Entwicklungsgang nun immer weiter entwickeln, so dass stets komplexere Fähigkeiten in das zweite Bewusstsein aufgenommen werden können. Das zweite Bewusstsein ist also das Verantwortungsbewusstsein, welches sich letztlich auch mit dem Bewusstsein der Zeit als Zeitfluss befasst. Hierüber entwickeln sich beispielsweise spezifische Eigenschaften der Pünktlichkeit und Zeitökonomie im Rahmen des Erlernes sozialen Funktionierens innerhalb einer Gemeinschaft von Menschen.

Da es diese Verantwortungsübernahme des Kindes auf seinen Greifapparat gibt, tritt eine unausweichliche Folge ein in Form einer Lernnotwendigkeit auf Basis eines vorangehenden Bewusstseinsbildungsprozesses. Weder das Kind noch die Mutter kommen daran vorbei, dass dieser Entwicklungschritt bewältigt werden möchte, soll sich eine Autonomie – also Selbstständigkeit entwickeln. Dass sich diese Selbstständigkeit entwickeln soll, ist Teil dieser unausweichlichen Gegebenheiten, in die das einmal geborene menschliche Leben nach und nach hineinsynchronieren muss, ob es will oder nicht! Wir treffen hier also humanische, d. h. für alle Menschen wirksame, soziale Gesetzmäßigkeiten an, deren interkulturelle Gültigkeit kaum bezweifelt werden dürfte.

Da es also diese Folgegesetzmäßigkeiten sind, die aus der Ebene der Zeitlosigkeit heraus auf die Konkretisierung der Zukunft und das Jetzt des Menschen wirken, liegt die Ursache der menschlich wahrnehmbaren Zeitbewegung außerhalb des Zeitflusses. Zeitbewegung ist deswegen konkretisierte Resonanz. Die Realität eines Zeitflusses wird also über die Zeit wahrnehmbar als in der Zeit wirksamer Gestaltungsfaktor, der durch Resonanzgesetze repräsentiert wird.

Der Mensch erfährt durch die fortwährende Resonanzwirkung seiner Handlung die in der Zeit festgelegte Konsequenz. Diese vollzieht sich als Auswirkung seiner durch ihn kausal geschaffenen Vergangenheit via der Resonanz auf seine Zukunft.

Der Entwicklungsprozess des bewussten Bewusstseins (DSMC) innerhalb der Zeit vollzieht sich insofern aus der Zukunft heraus über den ethischen Informationsanteil der Zukunft auf das Jetzt des Menschen. Der Mensch nimmt im Jetzt durch die Gestaltung seines freien Willens Stellung und orientiert sich so im Jetzt über sein Wahrheitsempfinden, d. h. über seine Resonanzsensibilität. Hierdurch konkretisiert und materialisiert er seine Wahrnehmungen in Handlungen. So bildet er seine Vergangenheit, deren Konsequenz sich als Resonanz in der Zukunft wieder offenbart.

Bezüglich der Freiheit des Willens stellt Muller folgendes fest:

> „Kant had an excellent understanding of Newtonian physics and the possibility it presented that even life itself was deterministic. Yet he concluded that he had free will, despite the success of physics at the time, simply because (he argued) without free will there would be no difference between moral and immoral behavior. Since there is, he said, free will must exist. [...] I think Kant's statement has a deeper interpretation. He felt that he had nonphysic knowledge, true knowledge, of ethics and morality and virtue. Given this certainty of this knowledge, free will must exist, for in the absence of choice those concepts could not have true meaning. But it would take advances in physics, particulary in understanding its quantum aspects, to see the true compatibility between physics and Kant's thought on free will" (Muller, 2016, S. 280).

Dem Menschen obliegt insofern die Ausrichtung seiner Handlungen mittels seines freien Willens. Es ist dem biologischen System Mensch jedoch nicht möglich, Einfluss zu nehmen auf die durch Folgegesetzmäßigkeiten bestimmte Resonanz auf seine Handlung. Die Auswirkungen des Handelns in der Vergangenheit auf das in der Zukunft Geschehende liegen außerhalb der Möglichkeiten menschlicher Einflussnahme. Oder, wie es in einer Sentenz gerne ausgedrückt wird:

> „Die Zeit der Macht endet, wo die Macht der Zeit beginnt" (Stoffel, 2011).

Der Mensch kann insofern nur Gesetzmäßigkeiten wahrnehmen und anerkennen. Er kann sie nicht selbst schaffen, da er in ihnen geschaffen ist – und in ihnen funktionieren muss. Die Freiheit des Menschen und seines freien Willens hat hier ihre natürliche Begrenzung.

Das Eingesetztwerden menschlichen Bewusstseins in die zeitliche Synchronizität der Bewusstseine aller Menschen vollzieht sich außerhalb der menschlichen Willensäußerung. Der Mensch ist insofern selber eine gewollte Kreatur – dies nicht immer zwangsläufig im Sinne einer von den Eltern gewollten Kreatur, jedoch im Sinne des Geschöpfs von seinem Schöpfer.

Das menschliche Wesen kann dieses „überirdische Gewolltsein" jedoch anerkennen im Bewusstsein seiner augenscheinlichen Vergänglichkeit. Die augenscheinliche Vergänglichkeit ist die Empfindung angesichts seiner physischen Konkretisierung und deren materieller Unterwerfung unter die Gesetzmäßigkeiten einer Lebensepoche.

Seine Fähigkeit zur Wahrnehmung der zeitlosen Realität, also der ewig gültigen Wirklichkeit, lässt ihn jedoch in sich selbst einen Teil dieser Zeitlosigkeit erkennen. Das Ergebnis dieser Erkenntnis ist für den Menschen zu fassen in der bewussten Wahrnehmung seiner geistbegabten Seelenhaftigkeit, die die Entwicklung als DSMC bekräftigt, vielleicht sogar krönt, wenn er mit der ihm hierin anvertrauten Verantwortung Frieden zu schließen versteht.

Die Tatsache der physischen Vergänglichkeit bildet die Grundlage für die Differenzwahrnehmung des Unvergänglichen. Da Bewusstsein sich immer nur entzündet an der Wahrnehmung des Unterschieds, ist die materielle Existenz sozusagen die Initialzündung für die bewusste Selbstwahrnehmung der menschlichen Seele.

Analog hierzu vollzieht sich Zeitwahrnehmung als Unterschiedswahrnehmung zum ewig Gültigen. Mit anderen Worten: Gäbe es das Ewige nicht, wäre Zeitfluss nicht wahrnehmbar als Vergänglichkeit. Der Zeitfluss hätte dann keinen Hintergrund, vor dem er sich als Fluss bzw. Bewegung abheben könnte.

Jegliche Gestalt existiert nur vor einem Hintergrund, der sie als gestaltet hervortreten lässt.

Die Wahrnehmung der Gestalt der Seele und die Wahrnehmung der Gestalt des Zeitflusses wachsen im menschlichen Bewusstsein zusammen zum Phänomen des selbstbewussten Ichs. Das selbstbewusste Ich erwächst auf dem Hintergrund der menschlichen Seele in der Wahrnehmung ihrer Zeitlosigkeit und ihrer vordergründig leiblichen Gestalt als sich im Leben vollziehendes Erkennen.

Dieses selbstbewusste Ich erfährt die Sinnerfüllung seiner Lebensbewegung in der Resonanzsensibilität ausschließlich in einer Humanausrichtung.

Diese Humanausrichtung ist das Synonym für die zeitliche Ausfüllung des Lebensraums mit der an die Verantwortung geknüpften Konkretisierung der Liebe. Nur die liebevolle Ausfüllung des Zeitrahmens, des Zeitraums des Lebens, ermöglicht der Seele die letztendliche Sinn-Erfahrung und hierin aus theologischer Sicht die Wahrnehmung des Göttlichen Prinzips.

4.5 Menschliches Bewusstsein: The Double Spaced-Minded Creature

Die Resonanzsensibilität befähigt zum sekundären Bewusstsein, welches zur Wahrnehmung von Sinn befähigt ist. Sinn ist immer eine Richtungsinformation und dient der Orientierung.

Das biologische System Mensch ist befähigt zur Entwicklung eines doppelten Bewusstseins (DSMC). Hiermit ist gemeint, dass das menschliche Wesen zur Sinnwahrnehmung befähigt ist. In dieser Sinnwahrnehmung bildet sich mit zufließender

Zeit unter Berücksichtigung von spezifischen Speicherungsmöglichkeiten des biologischen Systems Mensch dasjenige heraus, was dem Menschen die Verantwortungsfähigkeit ermöglicht. Dieses Gedächtnis funktioniert in der zeitlichen Reifung des Menschen als sekundäres Gewissen. Das sekundäre Gewissen entwickelt sich ebenso wie das primäre Gewissen individuell unterschiedlich. Das primäre Gewissen beinhaltet die erlernten Verhaltensregeln des jeweiligen sozialen Rahmens. Es bezieht sich auf ein soziales Kollektiv. Primäres und sekundäres Gewissen treten in aller Regel ab einem gewissen Alter in einen Konflikt, der überwunden werden will. Der im sekundären Gewissen abgespeicherte Sinn der vorangegangenen Wahrnehmungen ermöglicht dem Menschen eine erweiterte individuelle Orientierung innerhalb eines Kollektivs.

Diese Fähigkeit zur Bildung eines sekundären Gewissens auf Basis der Resonanzsensibilität beruht auf der möglichen Teilhabe des menschlichen Bewusstseins am Hyperversum. Die Möglichkeit der Teilhabe am Hyperversum ist bedingt durch die besondere Ausstattung der menschlichen Seele als geistbegabte Seele, die die doppelte Bewusstseinsbildung ermöglicht. Der Mensch als DSMC ist seiner Natur nach somit in einer Weise geschaffen, dass er aus dem Zeitstrom der Zukunft die sinnhaften, ethischen und sozial-funktionalen Informationen entnehmen kann. Diese Fähigkeit ist dem Tier und der tierischen Beseelung, wenn überhaupt, dann nur in einem extrem geringeren Ausmaß gegeben. Instinktives und erlerntes Sozialverhalten von Tieren ist zu unterscheiden von der Einsicht, die der Mensch durch Reflexion von Sinnhaftigkeit erlangt.

Auch emotionale Reaktionen von Tieren sind insofern zu unterscheiden von den emotionalen Reaktionen von Menschen, als bei den letzteren die Reflektion der Emotion auf Basis einer situativen Mitverantwortung immer mitbeteiligt ist. Schuld und Scham sind insofern Gefühle, die erst im Rahmen der Entwicklung eines doppelten Bewusstseins entstehen können. Tötung ist im Rahmen des einfachen oder des doppelten Bewusstseins ein je unterschiedliches Geschehen, da nur dem doppelten Bewusstsein (DSMC) der Wert des Lebens und der Lebenszeit unter dem Aspekt der ethischen Reifung und damit verbundenen Notwendigkeit zur Persönlichkeitsentwicklung zugänglich ist. Deswegen ist es nur der geistbegabten Seele, der DSMC, möglich, eine ethische Kategorie wie beispielsweise die der zeitlichen Pünktlichkeit oder der hygienischen Sorgfalt zu entwickeln.

Menschliches Glücksempfinden kann sich deswegen in Wirklichkeit nur vollziehen in der bewussten Wahrnehmung und Verinnerlichung der hierüber ersichtlichen Informationen und Orientierungen. Der für den Menschen mit einem entwickelten doppelten Bewusstsein zu erkennende und zu verwirklichende Sinn einer Handlung ist immer ein Dienst an der Liebe. Die Liebe orientiert das Hyperversum und gestaltet hierdurch den sinnvollen Zusammenhang aller Informationen. Oder, wie Novalis es für das Universum ausdrückte:

„Die Liebe ist der Endzweck der Weltgeschichte, das Amen des Universums!" (Novalis in: Gruyter, 2018).

Das Göttliche Prinzip ist demnach die Beseelung der Dinge durch den sinnvollen Zusammenhang der Liebe. Der Begriff der Glückseligkeit ist deswegen verbunden mit einem Einstimmen und Übereinstimmen in und mit dem Göttlichen Prinzip.

Die Entomik ist folglich unter anderem der wissenschaftliche Zugang menschlichen Bewusstswerdens und -seins zu diesem Göttlichen Prinzip und der Entwicklung der hierauf basierenden Resonanzsensibilität. Die Entomik entwickelt darüber hinaus auch die weiter oben in Kapitel 2.2 schon dargestellte und weiter unten in Kapitel 5.4 vertiefend entwickelte Makro- und Mikrokosmologie aus dem entomischen Zeitstrahl heraus. Sie bietet somit einen neuen Weg des Verständnisses physikalischer Prozesse und Weltsichten aus der Unterscheidung zweier Weltstadien, nämlich dem noch nicht konkretisierten immateriellen Stadium der Zukunft und den sich konkretisierenden und konkretisierten Stadien der Gegenwart und der Vergangenheit.

Das Jetzt des Menschen ist seine ständige Chance zur Wahrnehmung seiner aktiven Teilhabe am Göttlichen Prinzip über seine Resonanzsensibilität. In jedem Jetzt liegt die Chance einer Kristallisation eines neuen, weiteren Stücks des sekundären Bewusstseins und damit einer individuellen Weiterentwicklung des selbtbewussten Ichs als DSMC. Eine passive Teilhabe am Hypersum liegt bei jedem Menschen vor, da der Mensch nun einmal als DSMC geschaffen ist. Er kann nicht anders psychisch funktionieren als mit dem geistig-seelischen Organismus, der auch diese Resonanzsensibilität grundsätzlich als Potenz hat. Deshalb ist ein Mensch, der sich nicht mit dem Sinn seines Lebens aktiv beschäftigt, grundsätzlich in Gefahr, eine unbewusste – durch Passivität sich anhäufende – Sinnlosigkeitsempfindung zu entwickeln, die im positiven Fall irgendwann zur Reflektion und Fokussierung auf Resonanzsensibilität führt.

Die aktive Teilhabe im Jetzt am Hyperversum vollzieht sich in der Umsetzung (Transformation) der Information des Sinns über die Körperlichkeit in Bewegung (Handlung). Die sinnvolle Handlung des Menschen erst transformiert sein Jetzt hin zum zukunftsgerechten Verhalten, also einem Übereinstimmen mit dem Entwicklungsziel der sozialen Evolution. Dieses Entwicklungsziel sieht sozial adäquates bzw. humanes Verhalten erst realisiert, wenn der Begriff der Liebe umfassend verwirklicht ist. Das Sinnvoll-gehandelt-Haben im Leben führt das Jetzt-Leben des Menschen hinein in das Über-Leben. Es kann sich hierin die notwendige Vergeistigung entwickeln, die einen Zustand menschlicher Reife kennzeichnet. Nebenbei sei an dieser Stelle darauf hingewiesen, dass die Angst vor dem Sterben und dem Tod in dem Maße innerpsychisch abnimmt, in dem sich dieser Reifungsprozess vollzieht. Denn die Reifung führt hinein in eine Wirklichkeitswahrnehmung, in der die Zukunft als eine Realität begriffen wird, in der die immaterielle Existenz der Seele als eine innere Gewissheit wahrgenommen wird.

Das Überleben im Hyperversum darf aus theologischer Sicht als eine Art Schutzraum der menschlichen Seele im Bereich des Göttlichen verstanden werden. Es entspricht der Vorstellung eines Himmels, der Ewigen Jagdgründe oder des Nirwanas bzw. vielen anderen Bezeichnungen jener immateriellen Zone, die der menschliche Geist zu erahnen in der Lage ist. Die Möglichkeit, in diesen Schutzraum einzutreten, ist in jedem Jetzt eines Menschen prinzipiell enthalten.

4.6 Die Wahrnehmung des Göttlichen Prinzips in der Resonanz

Es ist dem Menschen in der Zukunft hinterlegt, dass das Göttliche Prinzip in der Resonanz keine Sache des Glaubens ist, sondern der Gewissheit. So, wie die Zukunft keine Sache des Glaubens ist, sondern eine Sache der Gewissheit, so ist auch der durch den Menschen wahrnehmbare Unterschied zwischen der guten und schlechten Handlungsmöglichkeit nicht mit dem Begriff des Glaubens zu belegen, sondern auszudrücken als Gewissheit.

Denn die Verleugnung der inneren Sicherheit, dass die Wahl zwischen Gut und Böse existenziell folgenhaft ist, führt den Menschen in die Leere, die Sinnlosigkeit und Hoffnungslosigkeit. So ist die Zukunft in ihrer Immaterialität, in ihrer nur scheinbaren Unbestimmtheit, in ihrer Unvollzogenheit sehr wohl eine Realität, der die Qualität der Gewissheit zukommt.Denn die Folgen menschlicher Handlungen, die das Gebirge der menschlichen Vergangenheit anhäufen, sind nicht ohne Resonanz auf jenes, was der Mensch noch nicht weiß, was jedoch nichtsdestoweniger gewiss ist. In der Resonanz der menschlichen Vergangenheit auf das Zukünftige ist die Gewissheit der Konsequenz zu finden, der sich das Handeln – ob der Mensch es will oder nicht – niemals wird entziehen können.

So, wie der Mensch nicht glauben muss, dass er es tatsächlich ist, der atmet, der handelt, der fühlt und in diesem Fühlen den Inhalt der Liebe zunehmend besser erkennen kann, so ist auch die Wahrnehmung dieser Resonanz entsprechend dem Göttlichen Prinzip mit der Eigenschaft der Gewissheit ausgestattet: diese Sicherheit verleiht uns das Gefühl, dass unser Leben die Realität unseres Existenzempfindens ist.

> So ist das, was noch nicht ist, die sichere Konsequenz dessen, was gewesen sein wird und was der Mensch getan haben wird. In der zeitlosen Sicherheit der Gesetzmäßigkeiten, die die Folgen unseres Handelns bestimmen, finden wir jenes Göttliche Prinzip wieder, das nicht geglaubt werden möchte, sondern den Aufgaben der Wahrnehmung und der Erkenntnis unterliegt.

Nicht das Faktum der Materialität schenkt uns die Gewissheit der Existenz, sondern das Faktum der Realität.

Soweit also die Realität die Gegebenheiten des Materiellen und des Immateriellen umfasst – so es denn eine Vergangenheit und eine Zukunft gibt, in der die Zeit aus der Zukunft über das Jetzt in die Vergangenheit fließt und so sich eine Resonanz entwickelt in Form der Zukunft, also dem noch nicht Geschehenen, aus der Vergangenheit heraus – so ist also die Realität des die Zukunft, das Jetzt und die Vergangenheit umgreifenden Zeitgeschehens die Wahrheit unserer Existenz in diesem Göttlichen Prinzip.

Erkenntnis ist keine Sache des Glaubens, so wie auch Offenbarung in der Erkenntnis keine Sache des Glaubens ist, sondern allein die gewisse Folge der unbeeinträchtigten Wahrnehmung des Welt- und Zeitgeschehens.

4.7 Die Entwicklung des selbstbewussten Ichs über die Resonanzsensibilität

Das selbstbewusste Ich des Menschen errichtet sich in der Zeit mithilfe der Resonanzsensibilität, die für das Ich ein Du wahrnehmbar werden lässt, das Nicht-Ich, das Andere und den Anderen.

Der Mensch kann sich selbst nur erkennen über das Andere, den Anderen, das Nicht-Ich, demgegenüber er Stellung nimmt und in dieser Stellungnahme seine Orientierung gegenüber dem Anderen ausdrückt. Diese Orientierung unterliegt einer möglichen Bewusstseinsentwicklung, in der sich mit jeder neuen Handlung eine weitere Resonanz entwickelt. Diese Resonanz ist zum einen die unmittelbare physische Antwort der Umgebung des handelnden Ichs.

Die weiter- und tiefergehende Resonanz ist jedoch die innere Antwort, die aus der ethischen Wahrnehmungsfähigkeit des Menschen entsteht. Es ist dies die innere Stimme, die dem Menschen außerhalb aller anerzogenen Normativität (primäres kollektives Gewissen) die Unterscheidungsfähigkeit von Gut und Böse ermöglicht (sekundäres individuelles Gewissen).

In dieser inneren Stimme äußert sich die Teilhabe des Menschen am Hyperversum. Die Begriffe des Ewig Wahren, Guten und Schönen verweisen auf die positiven Inhalte, welche als Entwicklungsziel in der sozialen Evolution anzuerkennen sind. Das Ewig Wahre, Gute und Schöne ist ein Teil der Ebene der Information, deren Eigenschaft – wie weiter oben in Kapitel 4.1 schon dargestellt – genau diese überzeitliche und überörtliche Verfügbarkeit aller Informationen darstellt. Die Teilhabe des biologischen Systems Mensch basiert auf der geistig-seelischen Informationssensitivität, zu welcher die DSMC in Form der physikalischen Sinneswahrnehmung und geistig-seelischen Sinnwahrnehmung befähigt ist.

Die Entwicklung des selbstbewussten Ichs des Menschen ist gebunden an diese beiden Formen der Wahrnehmung. In der Sinnwahrnehmung erfährt der Mensch seine Zukunft als einen Auftrag, der mit der Erfüllung seiner Liebesfähigkeitsverantwortung ausgedrückt ist. Diese Liebesfähigkeit des Menschen besteht darin, die Wahrnehmung des Wahren, Guten und Schönen in Handlung umzusetzen und hierin seine Orientierung auf den Sinn der Zukunft, somit auch den Sinn des Zuflusses von Leben erkennbar zu machen.

In dieser Resonanzsensibilität kann sich der Dialog in der Lebensumwelt des selbstbewussten Ichs mit dem Göttlichen Prinzip vollziehen in dem Ausmaß, wie das menschlich sich entwickelnde Wesen in der Sinnwahrnehmung sensibilisiert ist und wird. Die menschliche Reifung ist gebunden an diesen Dialog. Die Besonderheit des Dialogs des selbstbewussten Ichs mit dem Göttlichen Prinzip wird im Begriff der Idealogisierung noch weiter dargestellt.

Im Weiteren möchte ich nach diesen mehr psychologischen, philosophischen und theologischen Ausführungen aus entomischer Sicht zu einigen syntegrativen natur- und geisteswissenschaftlich orientierten, modellhaften Überlegungen übergehen.

5 Das entomische Modell des Zeitpfeils

5.1 Das Kugelschalenmodell des Zeitpfeils

Die bis hierhin zusammengefassten, erläuterten und gewonnenen Erkenntnisse über die entomische Natur der Zeit sollen im Folgenden in Modellen konkretisiert werden. Hierbei versuche ich zu veranschaulichen, wie sich die Ebene der Information und die der Formation zueinander verhalten unter dem Einfluss der Zeit, letzteres durchaus wörtlich zu verstehen: dem Einfließen oder dem Hinzufließen der Zeit, der hinzukommenden Zeit, also der Zukunft.

Über die Zeit fließt etwas ein ...! Dieses Etwas gilt es zu konkretisieren, sowie die unter dem Einfluss der Zeit sich ausdifferenzierenden Zeitanteile – bestehend aus Zukunft, Gegenwart und Vergangenheit – zu charakterisieren und ihr Verhältnis zueinander zu verstehen.

5.2 Verschiedene Ebenen der Gleichzeitigkeit

Ich beginne zunächst mit einer Betrachtung der Ebenen der Gleichzeitigkeit, die in Form der Zukunft als noch nicht materialisierter Ausgangsbereich des Zeitpfeils vorliegen.

Durch eine von mir angenommene Aufteilung der Ebene der Gleichzeitigkeit werden verschiedene Bereiche bzw. Eigenschaften dieser Ebene abgebildet, die offensichtlich aus der Sicht der Theologie, der Philosophie, der Physik, aber auch beispielsweise aus der Sicht der Psychologie von Bedeutung sind. All diesen Bereichen dieser Ebene ist die Eigenschaft der Gleichzeitigkeit zu eigen, weshalb diese Charakteristika im Kugelschalenmodell 1 (vgl. Abb. 5.1) mit den Farben „weiß" und „blau" gekennzeichnet sind, dies im Gegensatz zu der Ebene der Substanz, die mit den Farben „orange", bzw. „braun" gekennzeichnet ist.

Wie schon weiter oben in Kapitel 4.1 und in Kapitel 4.5 dargestellt, ist die Informationsebene der der Physis am meisten naheliegende Bereich der verschiedenen Ebenen der Gleichzeitigkeit (vergleiche auch Abb. 5.1 Das Kugelschalenmodell 1 und Abb. 5.2 Das Kugelschalenmodell 2). Aus ihr kann unmittelbar die Konkretisierung oder Kristallisierung erfolgen. Der Ebene der Information voran geht der Bereich der Idealität/Ideen, welcher Informationen clustert und insofern schon sinnstrukturierend ist. Dem Bereich der Ideen wiederum geht der Bereich der Wahrheit voran, der alle Ideen seinerseits digital clustert in die Werte „wahr" oder „unwahr", bzw. „eine der Liebe dienliche Idee" oder „eine der Liebe nicht dienliche Idee". Insofern ist die Ebene der Gleichzeitigkeit strukturiert in einer sinnstiftenden Abfolge: Wahrheit>Idealität/Idee>Information>physische bzw. physikalische Konkretisierung.

Innerhalb des Kugelschalenmodells zeigt der entomische Zeitpfeil von außen nach innen, wobei durch die Farben „orange" und „braun" im Kernbereich des

https://doi.org/10.1515/9783110789355-005

Kugelschalenmodells angedeutet werden soll, dass in diesem Bereich der sinnlich wahrnehmbare Zeitfluss vorliegt. Dieser Bereich ist bezeichnet als Bereich der Ungleichzeitigkeit von Information. Er ist auch zu bezeichnen als der chronometrische und chronologische Bereich, in dem eine Zeittaktung feststellbar ist, in der materielle Manifestationen (Körper) sichtbar sind und sich auch räumlich in Bewegung verschieben können, also unterschiedliche Lokalität einnehmen können.

Im Kugelschalenmodell 1 stellt das Innere der Kugel den Mensch als DSMC dar, wobei das sekundäre immaterielle Bewusstsein mit der Ebene der Gleichzeitigkeit in Kontakt steht und die Ebene des Körpers mit dem primären materiellen Bewusstsein neben der Gegenwart auch schon Vergangenheitsaspekte beinhaltet.

Gehen wir einen Schritt weiter und betrachten das Kugelschalenmodell 2 (Abb. 5.2) der Entomik, so erkennen wir weitere Einzelheiten des Bereichs der Gleichzeitigkeit.

Die Ideen im Allgemeinen und die übergeordnete Idee der Wahrheit im Besonderen entspringen ihrerseits einer Kreativität, die aus theologischer Sicht ein geistiges Agens annehmen lassen darf. Diese Ebene soll in diesem Modell als die Ebene der Kreativität bezeichnet werden. Begrifflich darf aus theologischer Sicht die Göttlichkeit oder Spiritualität als kreatives Agens angenommen werden, wobei der Begriff „Gott" nicht mit dieser Ebene ausgefüllt ist, sondern nur „Göttlichkeit". Die Ebene der Kreativität ist aus konzeptuellen Gründen im Kugelschalenmodell 2 nicht mehr als Schale dargestellt, sondern als eine Verbindung zwischen dem Ende des Zeitpfeils und dem Anfang des Zeitpfeils (vgl. Abb. 5.2). Es ist eine Alpha-Omega-Dimension, in der Anfang und Ende miteinander verschmelzen und aus meiner entomischen Sicht als das Außerzeitlich-Eine bezeichnet werden.

Hinzu kommt, dass in Abb. 5.2 für das biologische System „Mensch" der Zeitfluss immer und grundsätzlich in Verbindung steht mit der Realisierung von Humanem. Menschliches Leben vollzieht sich in der Realisierung von Humanem. Der Mensch ist unausweichlich ausgesetzt an diese Realisierung, so dass er seine Konformität oder seine Inkonformität mit dem Humanen in jedem Falle bewusst oder unbewusst erlebt. Diese Verbindung ist für das biologische System Mensch als DSMC quasi gesetzmäßig festgelegt. Das Tier erlebt im Gegensatz zum Menschen keine ethische, sozialfunktionale Resonanz seines Handelns und auch keine hiermit verbundene sekundäre Gewissensbildung.

Die erste und oberste Ebene ist die Ebene der Spiritualität bzw. die der Göttlichkeit. Aus der Ebene der Göttlichkeit ergibt sich die Ebene der Wahrheit im Sinne einer durch den Mensch als objektive Ethik wahrnehmbaren Wirklichkeit. Sie besteht ihrerseits aus einzelnen Ideen, die sich wiederum in Informationen untergliedern lassen. Die Information wirkt in Richtung auf eine Konkretisierung einer Funktion in einem Kontext, welche sich dann schließlich in einer konkreten Materialisierung (messbarer physikalischer Vorgang/Verhalten) manifestiert (vgl. Abb. 5.1 und 5.2).

In der Ebene der Materialität existiert das Universum als Raum- und Zeitgefüge mit entsprechenden Partikelkonglomerationen. Das Raumzeitgefüge und die hierin enthaltenen Partikelkonglomerationen deformieren oder deflationieren letztendlich und treten wieder ein in die Ebene der Spiritualität und Göttlichkeit. Aus diesem Grunde sind auch die entsprechenden Phasen im Kugelschalenmodell explizit dargestellt, so dass die Prozesse der Formation und der Deformation deutlich werden.

Dies alles spielt sich ab auf dem Zeitpfeil, welcher in der Zukunft beginnt, in der Spiritualität und Göttlichkeit, aus der die Ideenwelt als geistig-seelische Wirklichkeit entspringt. Diese bringt über Inspiration Informationen in den menschlichen Geist, der zur Inspirationswahrnehmung befähigt ist, aber über die Inspirationswahrnehmung hinaus auch zur Sinnwahrnehmung fähig ist. Inspiration befähigt zur Wahrnehmung von Sinn sowie im Weiteren auch zur sinnvollen Kreativität.

Die entomische Kreativität beinhaltet deswegen die Bekennung zur Sinnwahrnehmung. In der Bekennung zur Sinnwahrnehmung vollzieht sich für den Menschen die Transzendenz und Rückkehr in die Ebene der Göttlichkeit.

Eine ganz ähnliche, aber in anderen Worten formulierte Sicht hinsichtlich zweier Realitätsbereiche, die das menschliche Sein bestimmen, wird von Muller (2016) formuliert. Muller setzt sich an diesem Punkt auseinander mit der Frage, wie sich der Freie Wille und das Phänomen der Quantenverschränkung zueinander verhalten. Aufgrund der Bedeutung dieser beiden Bereiche für den gesamten Kontext dieser Analyse sei das Zitat ausführlich übermittelt:

> "Free Will and Entanglement: Could free will have a wave function basis? Yes, that's certainly possible. Let me engage in a little philosophical/physical speculation to illustrate this. I'll give an approach that is not valid physics theory, because it is not falsifiable, but it is interesting to ponder nevertheless.
>
> Imagine that in addition to the physical world, there is a spiritual world. This is the world in which the soul exists, it is the realm in which empathy can operate and affect decisions. Imagine that the spiritual world is somehow entangled with the physical world. Action in the physical world can affect wave functions in the real world. The physical world can likewise inform and influence the spiritual one. In ordinary entanglement, between two particles in the physical world, detection of one entangled particle affects the wave function of the other. Yet that entanglement is impossible to detect or measure if you are given only one particle. With both particles, you can see the correlation, but with only one, the behavior seems to be completely random. When I try to understand my own soul, this picture makes some sense. There is a spiritual world separate from the real world. Wave functions from the two worlds are entangled, but since the spiritual world is not amenable to the physical measurement, the entanglement can't be detected. Spirit can affect physical behavior – I can choose to build or to smash a teacup; I can choose to make war or seak peace – through what we call free will. This speculation is not falsifiable, but that doesn't mean it isn't true" (Muller, 2016, S. 285).

Die beiden Bereiche, die Muller hier anspricht, werden in der Entomik als Ebene der Information und Ebene der Konkretisierung bezeichnet. Sie sind auf dem Zeitpfeil durch die Abschnitte der Zukunft und der Vergangenheit repräsentiert. Die Gegenwart hat hierbei die Kontaktfunktion zwischen diesen beiden Bereichen. Was die Entomik zusätzlich zu dieser Betrachtung von Muller darstellt, ist, dass diese beiden Bereiche über den Zeitpfeil in Verbindung miteinander stehen, so dass in der Gegenwart eine Verschränkung von Zukunft und Vergangenheit entsteht.

5.3 Die Ebenen der Gegenwart und der Vergangenheit

Im erweiterten entomischen Modell des Zeitpfeils nehme ich zunächst weitere Differenzierungen auf der nicht materiellen Seite des Zeitpfeils – also der Zukunftsseite vor. Aus entomischer Sicht entwickeln sich – wie weiter oben in Kapitel 3 und Kapitel 4 schon dargestellt – die Gegenwart und die Vergangenheit auch in materieller Hinsicht aus der Zukunft. Auch aus der kosmologischen Sicht der Entomik kann die Annahme eines Urknalls (Big Bang) als erstmalig für den Menschen wahrzunehmendes Vorhandensein der Ebene der Substanz in der Vergangenheit angesehen werden.

Allerdings geschieht aus entomischer Sicht dieser Big Bang in jedem Jetzt seitdem immer wieder und immer weiter. Die Jetztscheibe ist der eigentliche andauernde Big Bang, in dem sich neue Information materialisiert. Der Big Bang vor ca. 13,7 Milliarden Jahren ist aus entomischer Sicht nur die erste universale Jetztscheibe gewesen.

> Im Gegensatz zur thermodynamisch basierten Urknalltheorie ist der entomische Big Bang kein einmaliges früheres Ereignis, sondern ein fortlaufender universaler Prozess, in dem sich Information formal konkretisiert.

Infolgedessen wäre anzunehmen, dass das sogenannte Nachrauschen des Urknalls nicht auf den Ursprung, sondern auf das zeitlich für den Mensch „eben noch wahrnehmbare Ende der Vergangenheit" verweist. In den Bildern einer „Ursuppe" aus Gasen oder Teilchen, welche die Anfangssituation der thermodynamisch basierten Urknalltheorie widerspiegelt, zeigt sich aus Sicht der Entomik der noch letzte wahrnehmbare Vergangenheitszustand. In der Entomik bezeichne ich diesen Zeitbereich als Prozess der Deformation, in dem Materie, Körper und Form wieder untergehen. Diese mit zunehmender Vergangenheit eintretende Formlosigkeit spiegelt wahrscheinlich genau das Phänomen wider, welches in der Thermodynamik als „Wärmetod" bezeichnet wird. Nach 13,7 Milliarden Jahren reißen die Verbindungen mit den gegenwärtigen Strukturen ab. Es ergibt sich kein wahrnehmbarer Ereignishorizont mehr. Die Teilchenverteilung hat keinen sinnvollen Zusammenhalt mehr. Die Idee einer Form ist nicht mehr erkennbar. Substanz als solche verliert ihre Existenz. Zurück bleiben Information, Idee und Wahrheit sowie ihre immaterielle Dynamik der Logik im Sinne der logischen Verbindung zwischen diesen Elementen. Die Ebene der Gleichzeitigkeit ist wieder erreicht.

Diese Beziehung zwischen den Eigenschaften weitester Vergangenheit und entferntester Zukunft ist im Kugelschalenmodell 2 der Entomik als Verbindung mit der Kreativität bezeichnet. In ihr sind die Begriffe der Resonanz als Verbindung der Vergangenheit mit der Zukunft dargestellt. Die Einwirkung des Göttlichen Prinzips wird ebenfalls durch diese Verbindung gezeigt. Ich habe sie weiter oben in Kapitel 5.2 auch als Alpha-Omega-Dimension bezeichnet oder als das Außerzeitlich Eine.

5.4 Entomik, Zeitpfeil und Big Bang

Die Voraussetzungen eines Big Bangs in der Jetztscheibe liegen aus Sicht der Entomik in einer maximalen Informationsdichte, maximalen Energie und maximalen Zeit. Diese Voraussetzungen werden durch die Ebenen der immateriellen Realität repräsentiert. Da die Lichtgeschwindigkeit bezüglich ihrer Transportgeschwindigkeit von Informationen nicht begrenzend ist – siehe das Phänomen der Quantenverschränkung –, ist die Ebene der Information auch nicht auf den Beginn des materiellen Universums zu datieren. Die Geburtsstunde des Universums ist daher nicht zugleich die Geburtsstunde des Hyperversums. Die Geburtsstunde des Universums kann allerdings gesehen werden als der Beginn einer Chronologie und einer damit einhergehenden Möglichkeit zur chronometrischen Erfassung des Universums.

Die Ebene der immateriellen Realität ist bezogen auf den Zeitpunkt des ersten „Big Bangs" präpositioniert. Deswegen ist das Universum zeitlich immer in der Folge einer zuvor schon existierenden Information zu sehen. Es ist insofern kausal determiniert durch den Inhalt dieser Information. Der Big Bang selbst unterliegt deswegen dem Zeitpfeil. Der erste Big Bang kam schon aus der „Zukunft", also einer bis dahin alleinigen immateriellen Realität. Der Begriff „Zukunft" für die Ebene der immateriellen Realität ergibt allerdings erst einen Sinn nach der ersten Konkretisierung einer Gegenwart und direkt hieraus entstehenden Vergangenheit.

Auch aus kosmologischer Sicht darf das Modell des in dieser Weise konzeptualisierten Zeitpfeils als logisch folgerichtig angesehen werden. Die im entropischen Zeitpfeil dargestellten Phasen des Universums widersprechen nicht der entomischen chronologischen kosmologischen Entwicklung. Lediglich die Entwicklungskräfte oder Entwicklungsimpulse, die zur kosmologischen Differenzierung des Universums führen, sind noch immer vorhanden und treiben diese Entwicklung stets weiter voran. Sie entfließen als formende und impulsierende Kräfte der Zukunft – der immateriellen Realität – und bewirken eine unablässige, universale, hyperkomplexe Weiterentwicklung des Makrokosmos aus dem Mikrokosmos heraus.

Der Eintrittspunkt der Information in Form von räumlich-zeitlicher Lokalität vollzieht sich hierbei aus entomischer Sicht auf quantenmechanischem Auflösungsniveau, weil erst auf diesem Auflösungsniveau Phänomene von Informationsobjekten auftreten, wie sie am Beispiel der Quantenverschränkung beobachtbar sind. Erst hier wird eine außerzeitliche, instantane Informationsübertragung sichtbar. Und dies geschieht offensichtlich nicht in einer kontinuierlichen Weise einer immer höheren über die Lichtgeschwindigkeit hinausgehenden Beschleunigung von Informationsübertragung, sondern im Sinne eines qualitativen Sprungs auf die Ebene der Gleichzeitigkeit. Es gibt also offensichtlich einen plötzlichen Beginn einer Chronologie, der davor nicht ersichtlich ist. Information nimmt erst ab dem Eintritt in das Jetzt die Eigenschaft einer räumlich-zeitlichen Lokalität an.

Davor handelt es sich um Freie Information – also Information ohne die Eigenschaft einer räumlich-zeitlichen Lokalität. Ob es auch innerhalb der Zukunft im Sinne einer Wahrscheinlichkeitszunahme einen vorbereitenden Prozess der Lokalisierung im Sinne einer sich mehr und mehr verdichtenden Information gibt, darf aus entomischer Sicht angenommen werden. Die Zukunft ist insofern kein leerer Raum, sondern ein prozessualer Raum der Informationskonfiguration in logodynamischen, immateriellen und produktiven Vorgängen, deren Ergebnis die Emergenz der Gegenwart ist.

Als weitere Eigenschaft des Zeitpfeils wird Kontinuität in der Entomik angenommen. Die Zeit ist nicht zu quanteln. Zeit ist ein ununterbrochener Fluss. Sie stellt eine Kraft dar, deren Charakter man als geistig umschreiben kann, weil sie offensichtlich immaterieller Genese ist, einer kreativen Bildung unterliegt und sich in wahrnehmbaren Informationsobjekten konkretisiert, die den Begriff Sinn repräsentieren.

Zeitliche Unterbrechungen wären insofern nicht sinnvoll, sondern sinnlos. Auch wenn dies zunächst eine rein verbale Verdeutlichung darstellt, steckt dahinter die Annahme eines ununterbrochen bildenden Zusammenhangs, der die Kennzeichen einer Absicht trägt. Absicht und Willen wiederum kennzeichnen das Wesen einer Präsenz, die ununterbrochen ist. Die Präsenz wiederum ist gekennzeichnet durch Allgegenwärtigkeit, d. h. also lückenlose Zeit. Zeit ist mit großer Wahrscheinlichkeit deswegen als perfektes Kontinuum anzusehen.

Zeit ist ein zwischen der Konkretisierung von Partikeln fortlaufender Informationszusammenhang, der die funktionale Bestimmung in Form einer Lokalität aufrechterhält. Neben der weiter oben in Kapitel 4.2 beschriebenen, in der Zeit durch Materialisierung entstehenden Gravitation kommt sie – die Zeit – aus entomischer Sicht auch in Frage als Energiequelle aller weiteren Grundkräfte wie dem Elektromagnetismus, der schwachen und starken Wechselwirkung, die in der physikalischen Forschung bisher gefunden wurden. Grund für diese Annahme ist, dass jede Kraft einen Wirkbeginn und eine Wirkungsquelle haben muss. Dieser Beginn ist durch den Übergang der Information als reiner Information in eine materialiserte Information gekennzeichnet. Er vollzieht sich entlang dem entomischen Zeitpfeil im Übergang der Zukunft in jedes Jetzt.

5.5 Von der Zukunft in die Gegenwart: Von der Logik zur Chronologik

Während ich in Kap. 5.4 den Aspekt der Kontinuität betrachtet habe, erscheint mir noch ein weiteres Merkmal von wesentlicher Bedeutung. Ich habe bereits hervorgehoben, dass die Ebene der Information durch Gleichzeitigkeit gekennzeichnet ist. Insofern könnte man die Frage stellen, ob es sich hierbei überhaupt noch um einen Zeitverlauf im eigentlichen Sinne handelt. Ich gehe davon aus, dass man in der Tat auch die Ebene der Information als eine dem Zeitbegriff unterliegende Ebene konzeptualisieren sollte. Die Gründe dafür sollen im folgenden Abschnitt explizit dargestellt werden.

Im Bereich der Information entspricht die zeitliche Folge dem Verlauf der logischen Folge. Dass das Eine aus dem Anderen folgt, ergibt eine Reihenfolge, wobei das Erkennen der Folge für den Menschen einer Zeit bedarf. Jedoch sind die logisch miteinander verbundenen Informationsobjekte gleichzeitig vorhanden. Im Bereich der Information sind die Dinge schon vollzogen. Lediglich deren Erkenntnis durch den Menschen bedarf einer Zeitdauer. Hiervon unabhängig entwickelt sich natürlich auch das gesamte Universum ständig weiter aus dem Hyperversum entsprechend der Vorgaben aus der Ebene der Information. Der Zeitpfeil auf der Ebene der Information folgt somit der Logik. Er ist insofern ein logischer Zeitpfeil. Das Vorhandensein der Informationsobjekte ist durch Energie und Informationsgehalt bestimmt. Sie sind als Objekte jedoch nicht materiell lokalisiert. Die Lokalisation (der Ort) einer Information auf der Ebene der Information ist seine Stelle im Informationszusammenhang. Dies ist also ein logischer Ort.

Im Zeitstadium der Zukunft liegt – wie oben in Kapitel 5.2 schon angeführt – keine chronologische Ereignisabfolge vor, wie sie auf der substanziellen Ebene später realisiert wird, sondern eine rein logische Abfolge der Informationen, die als solche festliegt, also „allgültig" ist, jedoch auf der substanziellen Ebene als Ereignisabfolge nicht realisiert zu sein braucht.

Durch den Akt einer Messung – wie sie beispielsweise in der Feststellung von Quantenzuständen geschieht, tritt ein Informationsobjekt in die Ebene der Substanz als Teilchen ein und wird dadurch im Sinne eines Informationszustands innerhalb der Zeit chronologisch festgelegt.

> Jedes in der Zukunft Seiende wird im Faktum des Messens ein Vergangenes.

Die Annahme einer überörtlichen und überzeitlichen Gültigkeit der Ebene des Hyperversums entspricht auch dem ethischen Grundgefühl des Menschen. So wäre ein Verbrechen auf dem Mond, bei dem der eine Astronaut den anderen dort bestiehlt oder sogar ermorden würde, trotzdem ein Verbrechen, weil die ethische Information überall vorhanden und geltend ist, also dort auf dem Mond nicht aufhört. Auch ein Suizid auf dem Mond bliebe ein Suizid. Dies gilt natürlich für das ganze Universum. Insofern sind Science-Fiction-Filme auch nur deswegen interessant, weil sie prinzipiell keine neue Ethik entwerfen, sondern allerhöchstens andere Zustände der Entwicklung der uns schon bekannten Ethik abzubilden versuchen.

> Die ethischen Informationsobjekte bilden die Grundlage für die logischen Operatoren der sozialen Intelligenz des Menschen.

Dasselbe gilt auch für die physikalischen Informationsobjekte, die genauso gleichzeitig und deswegen überall verfügbar sind. Sie bilden die Grundlage für die Formung der Materie, welche im gesamten Universum diesen logischen Verbindungen der Informationsobjekte folgt. Ebenso ist die Addition von „1 + 1 = 2" räumlich unabhängig, also auch auf jedem anderen Planeten und jeder noch so weit entfernten Galaxie gültig. Dies liegt selbstverständlich implizit allen kosmologischen Berechnungen zugrunde. Denn wenn „1 + 1 = 2" zu Beginn der Entfaltung des Universums nicht dasselbe gewesen wäre wie jetzt, wäre das logische Kontinuum der Zeit durchbrochen, und sämtliche Berechnungen der Kosmologie wären augenblicklich hinfällig.

Die Vorstellung eines Informationsvakuums ist für den Bereich der Information ebenso undenkbar, denn in jedem Vakuum dürfte beispielsweise die Mathematik weiterhin gültig sein.

5.6 Informatica und Entomica – Realität und Wirklichkeit

Das schon vorliegende Vollzogene – die hyperkomplexe Statik aller Information, welche also im gleichzeitigen Vorhandensein aller Informationen besteht – kann als Ordnung der Information angesehen werden: Diese hat einen strukturellen Charakter und kann durch Strukturierungseigenschaften im Sinne logischer Abfolgen beschrieben werden.

Es handelt sich um Kausalitätsverhältnisse im Sinne von Informationsgesetzen, die nun dementsprechend in meinen Ausführungen nicht mehr einfach als Naturgesetze benannt werden, sondern als Gesetze der Entomik (Entomica) oder Regeln des Informationsflusses (Informatica).

Man könnte sie auch entomische Naturgesetze nennen, um zu kennzeichnen, dass sie unter Berücksichtigung der Erkenntnisse der Entomik und somit unter Kenntnisnahme des entomischen Zeitflusses formuliert sind. Der entomische Begriff der Natur umfasst hierbei die Realität des Immateriellen.

Das in der Zukunft liegende Vollzogene ist der immer schon fertige Zustand des Ziels. Die Entomik bezeichnet diesen Zustand unter dem Primat der Forderung nach Sinn als Wirklichkeit – im Gegensatz zur Realität des Jetzt, welche den augenblicklichen, chronologisch messbaren Vollzug beschreibt. Dem augenblicklichen Vollzug in der Realität kann Wirklichkeitscharakter zukommen, insofern er den Zustand des Sinnvollen erreicht.

Die Wirklichkeit ist also derjenige Zustand, der letztendlich erreicht werden soll, wohingegen die materielle Realität den Zustand beschreibt, von dem jetzt ausgegangen werden muss. Diese materielle Realität ist – aus dem entomischen Zeitverständnis heraus gesehen – immer auch die Vergangenheit und ihr jeweilig letztes Gesicht im Jetzt. Für sehr viele Jetzt gilt, dass sie noch nicht so sind, wie sie in Wirklichkeit sein sollten.

Das Ausmaß des „Seins" des Menschen entspricht der Kongruenz mit dieser Ordnung der Wirklichkeit. Das Ausmaß des „Werdens" entspricht der noch zu erlangenden Erkenntnis und Adaptation an diese Wirklichkeit. Diese Kausalitätsverhältnisse im Sinne der Entomica und Informatica der Entomik lassen den Schluss zu, dass der

Grad der Verwirklichung des einzelnen Menschen bzw. der Menschheit zu ermessen ist an der Kongruenz mit dieser Ordnung der Wirklichkeit.

Wenn also das Humane das Wesen der einzelnen Menschen und deren Zusammenleben bestimmt, darf das Amen des Universums als ausgesprochen gelten für die Spezies der Menschheit.

Man könnte auch sagen, dass das wirkliche Sein des Menschen der Zustand ist, in dem er nicht mehr werden muss, weil eine Kongruenz eingetreten ist mit dem Zielzustand des Humanen. Zu „Lebzeiten" – verstanden als diese eine jetzt physisch stattfindende Lebenszeit in diesem Körper – dürfte dies allerdings immer nur ein vorübergehender Zustand sein, da die Bewegung des Lebens die konstante Adaptation an diesen Zielzustand des Humanen erfordert, somit einer konstanten Werdung unterliegt.

Mit anderen Worten bedeutet dies für den Zielzustand des Humanen, dass das Sein des biologischen Systems Mensch im Sinne des philosophischen Menschseins – also des nicht mehr Unmenschseins – vom Erreichen dieses Zielzustandes des Humanen abhängt. Alle Zeit vom Jetzt bis dahin ist Menschwerdung, also soziale Evolution. Hierbei liegt der Zielzustand des Humanen auf der Ebene der Information zwar schon vor, sowie alle bis hierhin verbundenen Teilinformationen bis hin zu einer vollständigen Verwirklichung. Dieser Zielzustand ist jedoch auf der Ebene der Formation noch nicht ausreichend wahrgenommen und konkretisiert.

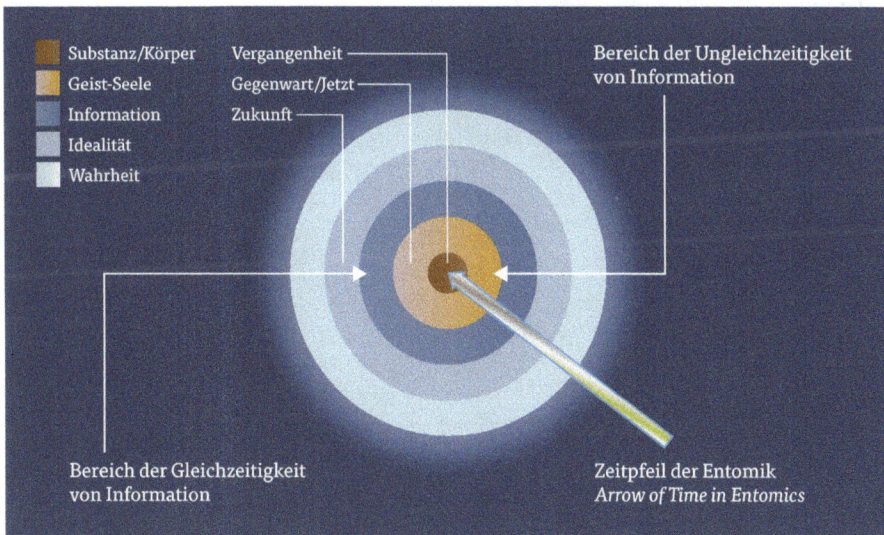

Abb. 5.1: Das Kugelschalenmodell 1 der Entomik. Quelle: Eigene Darstellung.

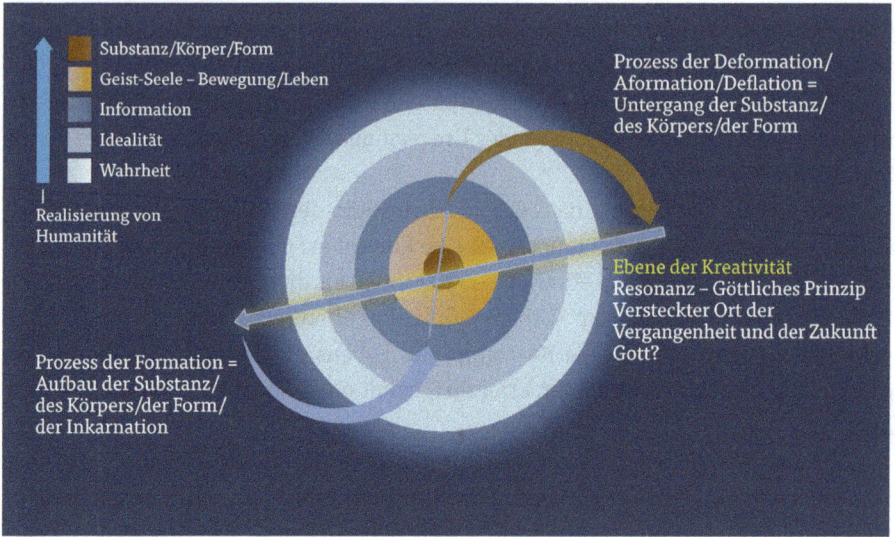

Abb. 5.2: Das Kugelschalenmodell 2 der Entomik. Quelle: Eigene Darstellung.

Wenn wir also von der Zeit sprechen, so sprechen wir immer auch von einer Entwicklung, sei es einer materiellen oder geistigen Entwicklung. Entwicklung aus entomischer Sicht ist, wie schon ausgeführt wurde, sinn- oder funktionsorientiert. Die Entomik betrachtet also alle Dinge, alle Objekte als Sinneinheiten. Dinge sind in einen Zeitverlauf eingebundene Sinneinheiten. Dies nun führt mich zur näheren Erläuterung und Klärung des Begriffs eines Entoms.

6 Einführung in den Begriff Entom und Entomik

Die vorangegangenen Ausführungen zum Zeitpfeil lassen es notwendig werden, den Begriff für eine materielle Einheit – ein Ding – neu zu fassen. Materielle Einheiten können auf kosmologischer Ebene Galaxien sein sowie Sterne und ihre Planeten. Es können auf dieser Erde vorkommende Materiekonglomerationen unbelebter Körper sein wie Steine oder Gebirge, aber auch Wasser und Luft. Es können aber auch biologische Objekte sein wie Tiere und Pflanzen. Selbstverständlich ist der Mensch auch eine materielle Konglomeration. Auf der Ebene der Teilchenphysik sind die entsprechenden atomaren Zusammensetzungen von Teilchen als Konglomerationen zu sehen. In der Chemie sind es die Moleküle und ihre komplexen Strukturen der verschiedenen Art.

Egal, welche Aggregation oder Konglomeration der Materie vorliegt, der Zustand der Materie ist in jeglicher Hinsicht dem Zeitpfeil unterworfen, der alle Information der Materie bereits auf der Informationsebene enthielt, bevor diese ihre materielle Form annahm. Das bedeutet, dass sie als Idee und deren Informationsgehalt auf der Ebene der Information bereits vorlag. Die materielle Einheit bzw. Form ist also immer eine materialisierte Form. Sie ist das Ergebnis eines abgelaufenen Prozesses.

Um diesen grundsätzlichen Verlauf jeder Materiekonglomeration, jedes Dings zu beschreiben, verwende ich – analog zu dem Begriff Atom – den Begriff Entom (vgl. Abb. 6.1). Dies soll im Weiteren näher erläutert werden.

Der Begriff Entom soll kennzeichnen, dass dem Atom eine Information innewohnt, die sowohl der materiellen Struktur des Atoms bereits vorausging als auch in ihm enthalten und verdichtet ist. Das Atom unterliegt einem zeitlichen Verlauf, der die informativen Eigenschaften des Atoms enthält und sie je nachdem hervorbringt.

> Das Entom ist der Begriff für ein jedes Ding unter dem Aspekt seiner Einbettung in einen zeitlichen Verlauf.

Der zeitliche Verlauf bringt die Struktur der Information und die mit dieser Struktur zusammenhängenden Möglichkeiten aber auch Unmöglichkeiten zum Vorschein.

Das Entom ist also der Grundbegriff für ein jedes Ding vom Anbeginn seiner Idee bis zur Auflösung seiner materiellen Form, seiner Zerstörung und seinem Vergehen, seinem Tod oder seiner Transformation in eine höhere oder andere Struktur. Der manifeste Raum selbst unterliegt dem Zeitfluss, da er erst in der Jetztscheibe entsteht. Die Vergangenheit als Folge von Zukunft und Gegenwart erlaubt auch die Vorstellung der Beendigung des manifesten Raums, so dass nicht nur die Form erst deformiert, dann aformiert und defunktionalisiert, sondern der Raum als solcher deflationiert, so dass die Ebene der reinen Information in der Vergangenheit wieder auftaucht. Die Entomik ist demzufolge die grundlegenste Form einer wissenschaftlichen Betrachtung.

Da nach den bisher vorliegenden, weiter oben in Kapitel 2 dargestellten Erkenntnissen eine materielle Konglomeration in ihrer kausalen Bedingtheit durch die Ebene der Information nicht ausreichend erkannt ist und in der bisherigen kosmologischen

https://doi.org/10.1515/9783110789355-006

Sicht nicht ausreichend beschrieben wurde, erscheint es notwendig, den Begriff des Entoms in Anspruch zu nehmen, um diesen erweiterten Umstand zu charakterisieren. Selbstverständlich sind auch andere Wortschöpfungen denkbar, die in angemessener Weise diesen Sachverhalt erfassen. Für die Entwicklung und Beschreibung dieses zeitpfeilbasierten Erkenntnisprozesses wird in dem vorliegenden Verständnis und Modell des Zeitpfeils von mir der Begriff des Entoms verwendet. Die hiermit zusammenhängende wissenschaftliche Auslegung, die darauf gründenden Denkweisen und möglichen wissenschaftlichen Untersuchungen von Vorgängen werden von mir als Entomik bezeichnet.

Jedem Entom liegen vier Aspekte bzw. vier Eigenschaften zugrunde. Diese Aspekte sind seine Idee, seine Energie, seine Form und seine Zeit.

> Ein Entom ist als Idee abgrenzbar, es bewegt sich, hat insofern eine Energie, die zeitlich verläuft und hierdurch als Form auftritt und so einen wahrnehmbaren Sinn hat.

Ein Entom ist Werden und Sein einer Form gewordenen Idee. Im Entom verwirklicht sich die Idee. Die Idee entspringt der immateriellen Wirklichkeit der Ebene der Information und wird formale, energetische und zeitliche Realität im Entom.

Im Entom kommt es zur Zusammenführung der immateriellen und materiellen, der informativen und substanziellen Wirklichkeit.

6.1 Vom Atom zum Entom

Die Sicht der Physik auf das Atom ist aus naturwissenschaftlicher Perspektive beispielsweise eine rein energetische und materielle Betrachtung eines Entoms, insofern eine verkürzte Sichtweise. Die vollständige Betrachtung eines Entoms beinhaltet zusätzlich den zeitlichen Verlauf der Idee im Sinne der Werdung.

Der Begriff „Entom" soll den Begriff „Atom" in einer erweiterten Sichtweise aufgreifen, um zu verdeutlichen, dass dem Atom ein „Innen" zugrunde liegt, welches das Atom als „Idee" formt. Erst unter Berücksichtigung des „Innen", der der Formung zugrunde liegenden Idee, wird die Sicht auf das Atom vollständig. Am Beispiel des Atoms als „Baustein" für die Welt soll der Begriff „Entom" den Baustein für die Welt um den Aspekt der nicht materiellen Realität erweitern. Der Begriff „Entom" soll hierbei aber nicht nur dem „Atom" gegenübergestellt werden, sondern darüber hinaus bei allen materiellen Dingen auf deren immaterielle Realität verweisen.

6.2 Punkt, Kugel und Signal: Informationstheoretische Überlegungen in der Entomik

Da man auf dem Zeitstrahl zum Zeitpunkt des Augenblicks mit Punkteigenschaften zu tun hat, sollen im Folgenden einige Überlegungen zu den Eigenschaften des Punktes, seiner Ausdehnung in Form von Strahlenlängen beispielsweise zu einer Kreis- oder Kugelinformation und seiner Bewegung in der Zeit als Informationspuls angestellt werden.

In der Geometrie ist der Punkt ausdehnungslos. Die Gerade ist die kürzeste Verbindung zwischen zwei Punkten. Auch wenn der Punkt an sich ausdehnunglos ist, ist ihm die Eigenschaft der Existenz zuzuschreiben, da er als Verbindung zu anderen Punkten über die Gerade ersichtlich wird.

Der Begriff der wahrnehmbaren Information kann definiert werden als die Beziehung zwischen zwei Punkten. Information ist deswegen digital. Gäbe es nur einen Punkt, wäre keine wahrnehmbare Information vorhanden. Ein Punkt bedarf wenigstens eines anderen Punktes als Referenz, um sich zu unterscheiden.

Die elementare Informationseinheit aus entomischer Sicht ist jedoch der Punkt als solcher. Ohne zeitliche Ausdehnung (Gleichzeitigkeit) überlagern sich alle Punkte in einem Punkt. Alle gleichzeitigen Punkte sind in einem Überlagerungszustand. Es besteht hier eventuell eine Übereinstimmung mit dem Begriff und dem Verständnis der Superposition in der Quantenmechanik.

In der Entomik unterscheide ich aufgrund der Dynamik des Zeitpfeils zwischen der Ebene der Formation (substanziierter, chronologischer Raum) und der Ebene der Information (gleichzeitiger, logischer Raum). Die Unterscheidung dieser beiden Ebenen ist eine logische Folge der Phänomene von Zukunft und Vergangenheit.

> Dem Jetzt kommt auf dem Zeitpfeil die Qualität des Punktes zu. Das Jetzt an sich hat insofern als Punkt keine zeitliche Ausdehnung. Das Jetzt im Bewusstsein des Menschen – der Augenblick – ist Teil einer Gegenwart, in der sich das zukünftige Jetzt mit dem vergangenen Jetzt verbindet zu einer Differenzwahrnehmung zweier Seinszustände.

Nimmt man als Informationsobjekt beispielsweise eine Kugel, so ist sie aus einem Informationspunkt heraus zu konstruieren. Die Kugel basiert auf einem Zentrum, dem Punkt. Ihre Oberfläche ist charakterisiert dadurch, dass jeder Punkt ihrer Oberfläche dieselbe Gerade (Radius/Durchmesser) als Verbindung zum Zentrum hat.

Die Kugel ist jedoch erst unter der Annahme einer endlosen, also unendlichen Anzahl von geraden Verbindungen vom Zentrum zur Oberfläche optimal. Der Begriff der Rundheit basiert insofern immer auf einer Idealisierung einer materiellen Realität. Rundheit gibt es auf der Ebene der Vergangenheit – also der Materialisierung – tatsächlich nicht.

Jeder Oberflächenpunkt einer Kugel ist insofern eine Projektion des Zentrums mit demselben Abstand. Durch die Projektionen gleichen Abstands entstehen Oberflächenfelder auf der Kugel. Die Verbindung zwischen benachbarten Oberflächenpunkten der Kugel bleibt jedoch immer eine Gerade. Insofern ist die Rundheit der Kugeloberfläche eine ideal-fiktive Eigenschaft der Kugel.

Betrachtet man jetzt die Begriffs-Information „Kugel" und die Begriffs-Formation „Kugel" im Zeitverlauf menschlicher Bewusstseinsbildung (vgl. Abb. 6.3), so ist auf der

Ebene der Information der Begriff „Kugel" vorhanden. Auf der Ebene der Information ist die Idee der Kugel mit der Eigenschaft der Rundheit ausgestattet, die auf dieser Ebene idealtypisch vorliegt. Hierzu deuten die schwarzen Pfeile auf die idealtypische Kugelform, die als Begriff vorliegt. Auf der Ebene der Formation kann diese idealtypische Eigenschaft der Rundheit jedoch nie erreicht werden. Sie bleibt aufgrund der Projektionen aus dem Punkt heraus in den substanziierten Raum immer ein „Vieleck". Diese Tatsache deuten die braunen Pfeile an, die auf die Vielecke zeigen, welche sich im Zeitverlauf zum kreisartigen Vieleck hin optimieren.

Im Augenblick der bewussten menschlichen Wahrnehmung fließen drei Wahrnehmungsarten zusammen. Das biologische System Mensch erhält Informationen aus der Ebene der Information über seine Geist-Seele-Funktion. Hier entsteht die begriffliche Wahrnehmung der Kugel, und diese fließt in das augenblickliche Bewusstsein mit ein. Des Weiteren kann er die früher wahrgenommene materielle Manifestation einer Kugel auf verschiedenen Ebenen seines Gedächtnisses als Erinnerungsbild finden, abrufen und im Zeitverlauf aktualisieren zum bewussten Begriff „Kugel". Darüber hinaus führt die sinnliche Wahrnehmung der im Augenblick vorliegenden und wahrgenommenen Kugel zu einer Überlagerung der Wahrnehmung des substanziierten optimalisierten Vielecks mit der idealtypischen und erinnerten Kugelbegriffswahrnehmung.

Geht man davon aus, dass eine Information aus der Ebene der Information immer nur über einen Zeitpunkt in die Ebene der Formation gelangen kann, so unterliegt jede Information der punktförmigen Ausstrahlung in den Raum der Formation. Die Annahme, dass eine Information nur über einen Punkt in den substanziierten Raum gelangen kann, ist in der Entomik ausgedrückt durch den Zeitpunkt des Jetzt.

Die Jetztscheibe wird als universale Menge aller gültigen, d. h. synchronen Eintrittspunkte aller Informationen aus der Zukunft – also der Ebene der Information – in die Ebene der Formation angesehen. Die Jetztscheibe ist für den Menschen die wahrnehmbare Verbindung zwischen Hyperversum und Universum.

Von jedem Eintrittspunkt der Jetztscheibe an liegt eine substanziierte Information vor, die von nun an eine Masse hat sowie einen zeitlichen Verlauf im schon substanziierten Raum und deren Gestalt den Inhalt der Information abbildet.

Die Jetztscheibe hat als Scheibe keine räumlich substanziierte Ausdehnung. Sie ist als Scheibe zweidimensional. Erst über die Dauer der Information über das Jetzt hinaus in die Vergangenheit hinein bildet ein Informationspunkt auf der Jetztscheibe im zeitlichen Verlauf seine Körperhaftigkeit aus. Erst in Verbindung mit der Vergangenheit kann dieser Informationspunkt als Partikel angesehen werden.

Dies bedeutet im Gegenschluss, dass jeder Partikel in der Zeit liegt und somit eine Verbindung mit der Jetztscheibe hat. Partikel sind insofern zweipolig. Der mit der Jetztscheibe verbundene Pol ist in der Jetztscheibe rein informativer Natur, also immateriell, da die Jetztscheibe immateriell ist. Der in die Vergangenheit hineinragende Pol weist materielle Konkretisierung aus und ist gekennzeichnet durch die Eigenschaft der Lokalisation im Raum.

Smolin äußert eine ähnliche Vermutung, wenn er schreibt:

„Vielleicht hat alles äußere und innere Aspekte. Die äußeren Eigenschaften sind diejenigen, die die Wissenschaft erfassen und beschreiben kann – durch Interaktionen, in Beziehungsbegriffen. Der innere Aspekt ist das intrinsische Wesen; es ist die Wirklichkeit, die sich nicht in der Sprache von Interaktionen und Beziehungen ausdrücken lässt. Was auch immer es sein mag, das Bewusstsein ist ein Aspekt des intrinsischen Wesens von Gehirnen. [...] Meine Überzeugung, dass das Wirkliche im gegenwärtigen Augenblick wirklich ist, hängt also mit meiner Überzeugung zusammen, dass Qualia wirklich sind" (Smolin, 2014, S. 360).

In der Entomik ergibt sich durch die Konsistenzanalyse der Wahrnehmung des Zeitflusses, die besagt, dass die Zeit von der Zukunft in die Vergangenheit fließt und die Gegenwart der Moment ist, an dem dies passiert, eine dementsprechende Betrachtung von Materie im Zeitfluss. Diese Materieteilchen – diese Partikel – entstehen in der Gegenwart aus der Zukunft. Die Partikel beinhalten in ihrem Inneren eine Information, die ihre Form bildet, die wiederum nach außen in der Materie sichtbar ist und funktional einbindend wirkt.

Mit diesen Eigenschaften des in dieser Weise entstandenen Teilchens ist noch eine weitere Gesamtheit entstanden: Die Funktion. Die Information funktioniert als Teilchen, oder umgekehrt, das Teilchen funktioniert als Information.

> Über die Funktion entsteht das Integral des gesamten Zeitraums als Sinnzusammenhang zwischen der Ebene der Information und der Ebene der Formation.

Dies bedeutet, dass eine Information und ihre Formation eine Bindung behalten, die die Formation aufrechterhält und durch die die Information weiter in die Formation fließt. Diese Verbindung wird über den Zeitfluss hergestellt. Es ist in diesem Zusammenhang naheliegend, Gravitation oder die weiteren Grundkräfte als zeitliche Bindung der Information zu konzeptualisieren, indem die Energie der Information in der Formation über den Zeitzufluss zur Aufrechterhaltung eben dieser Form führt.

Jede Formation hat also einen Teil ihrer Existenz im substanziierten Raum (Universum), den anderen Teil im nicht substanziierten Zeitraum (Hyperversum). Gravitation kann verstanden werden als Bindungskraft zwischen diesen beiden Ebenen des Entoms. Durch die Gravitation wird die Information der Teilchen in ihrem Bezug zueinander aufrechterhalten. Gravitation spiegelt insofern die Funktion der Information über den Zeitfluss im substanziierten Raum wider.

Im Jetzt substanziiert sich das überörtlich-überzeitliche, nicht materielle Informationssignal in eine räumlich-zeitliche, somit materielle Formation, die für eine gewisse Dauer aus der Information heraus einen Fortbestand hat, der als Vergangenheit bezeichnet werden kann. Die Vergangenheit ist als solche nicht erfahrbar, sondern nur ihr letztes Gesicht im Jetzt. Würde das formierende Signal der Information aus der Zukunft heraus abreißen, verschwände die Formation aus dem wahrnehmbaren Jetzt. Mit anderen Worten ist Vergangenheit nur insofern wahrnehmbar, als die aus der Zukunft heraus formierende Information in Form des Signals andauert.

Der Begriff des Teilchens basiert also in der Entomik auf der Annahme einer punktuellen Kristallisation einer Information im unidirektionalen Zeitverlauf, wobei das

Jetzt den wahrnehmbaren Zeitpunkt der aktuellen Kristallisation beschreibt. Jede Information hat insofern einen Zukunftsanteil und einen Vergangenheitsanteil. Das zeitliche Zentrum der Information, in dem sie ihren Sinn preisgibt, ist der Jetztpunkt, der das manifeste Teilchen zeigt. Dies ist der Zeitpunkt der Messung bzw. Wahrnehmung.

Die bis hierhin ausformulierte Therorie der Entomik erscheint bezogen auf den Zeitpfeil sehr logisch, weil der Zeitpfeil der Entomik den Begriff der Zukunft weiter expliziert, indem er einfach feststellt, dass die Zeit als solche aus der Zukunft heraus über die Gegenwart in die Vergangenheit fließt – also eine durch Menschen erfahrbare sinnvoll und logisch konsistente Wahrnehmung benennt. Folgen wir aber einer immer wieder in der physikalischen Theorienbildung auftauchenden Forderung, so ergibt sich eine sehr interessante Frage.

Zunächst lasse ich anhand eines Zitats von Smolin diese Forderung an die kosmologische Theorienbildung deutlich werden. Smolin hat sich in seinem umfassenden Werk „Im Universum der Zeit" (Smolin, 2014), in dem er ein neues Verständnis des Kosmos darstellt, zum Ziel gesetzt, die bestehenden basalen Theorien der Relativitätstheorie, der Quantenphysik und des Standardmodells zurückzuführen auf eine basalere gemeinsame kosmologische Theorie.

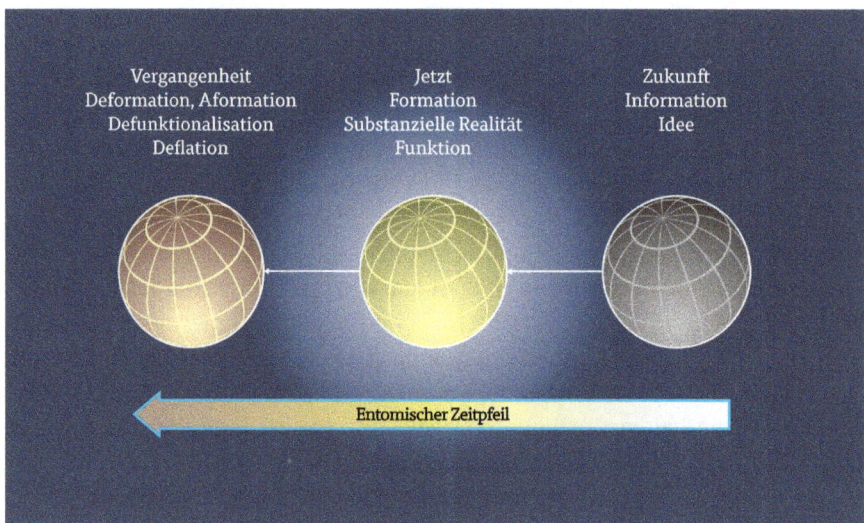

Abb. 6.1: Stadien des Entoms im Entomischen Zeitpfeil. Quelle: Eigene Darstellung.

An diese neue kosmologische Theorie seien gewisse Forderungen zu knüpfen – so Smolin –, damit sie als Theorie wissenschaftlich funktionieren könne. Unter anderem wird folgende Forderung gestellt:

> „...Sie [die zukünftige Theorie] sollte kausal und explanatorisch geschlossen sein. Nichts außerhalb des Universums sollte erforderlich sein, um irgendetwas innerhalb des Universums zu erklären" (Smolin, 2014, S. 180).

Nun muss die Frage beantwortet werden: Was ist die Zukunft? Ist die Zukunft als immaterieller Raum, der noch nicht als konkretisiert angesehen werden kann, Teil dieses Universums oder noch nicht? Die Zukunft muss wohl sicherlich als Teil des Zeitpfeils verstanden werden, somit als ein Teil des Zeitverständnisses überhaupt. Wenn es dann sogar so ist, dass die Zeit von der Zukunft über die Gegenwart in die Vergangenheit fließt, wird das Verständnis des Universums in der Entomik dann in unzulässiger Weise verletzt? Was wäre eine Zeit, in der die Zukunft nicht Teil des Universums wäre? Welcher Raum wird in der Zukunft konkretisiert werden, den es nicht jetzt schon als Zukunft gibt? Sofern also die Zukunft Erklärungsbedeutung für die Gegenwart und die Vergangenheit hat, muss sie dann nicht in die Theorienbildung über die Entstehung des Universums miteinbezogen werden? Wenn sie aber selbst in materialisierter Form noch gar nicht vorliegt, auch nicht in einer sonst irgendwie physikalisch messbaren, energetischen Form, muss dann nicht die nicht materielle, nonphysikalische Information – wie sie bei Muller (2016) benannt wird – als wesentlicher explanatorischer Grund für die kosmologische Entstehung herangezogen werden?

Ich werde im Weiteren zu zeigen versuchen, wie das entomische Zeitverständnis am Beispiel der Naturkonstante der Lichtgeschwindigkeit eine sinnvolle und einleuchtende Erklärung für deren Begrenzung zu geben vermag. Diese Erklärung entsteht aber vor dem Hintergrund eines Verständnisses der Zukunft, das den prämateriellen Charakter der Ebene der Information annimmt und deren Wirkgrund in der Materialiserung des Jetzt bestimmt.

6.3 Raumgrenze, Lichtgeschwindigkeit und Materialisierung

Zunächst möchte ich mich der Frage zuwenden, ob von einem unendlichen Raum ausgegangen werden darf und was über eine mögliche Grenze des Raums festzustellen wäre. Was bedeutet die entomische Zeitpfeilrichtung für die Frage einer Raumgrenze und Raumentwicklung? Da die Zukunft in der entomischen Sichtweise durch die Ebene der Gleichzeitigkeit dargestellt ist, die reine Information in überörtlicher und überzeitlicher Art beinhaltet, ist hierdurch schon eine Antwort auf die Frage nach der Raumgrenze vorgegeben: Sie besagt, dass vom Zeitabschnitt des universalen Jetzt hinein in die Zukunft kein konkretisierter Raum vorliegt! Der konkretisierte Raum ist also nicht unendlich, sondern er beginnt wahrscheinlich mit der ersten Jetztscheibe vor ca. 13,7 Millarden Jahren und endet im jeweilig aktuellen universalen Jetzt! Von dort – der jeweilig aktuellen universalen Jetztscheibe – bis in die fernste Zukunft liegt kein konkretisierter und materialisierter Raum vor, sondern ein immaterieller kohärenter Raum von Information.

Die Materialisierung ist ein Übergangsprozess des immateriellen Raums in den konkretisierten dekohärenten Raum. Dieser Prozess hat eine spezifische Geschwindigkeit, die konstant sein muss, da es sonst zu Asynchronizitäten im manifesten Raum käme, die das Raum-Zeit-Gefüge als Ganzes in seinem Zusammenhang (Feinabstimmung) stören würden. Die Konstante, die die bekannte Grenze der Informationsübertragungsgeschwindigkeit darstellt, ist die Lichtgeschwindigkeit. Ich gehe deswegen davon aus, dass die Lichtgeschwindigkeit und die Materialisierungsgeschwindigkeit ein und dasselbe sind: Materialisierungsgeschwindigkeit und Lichtgeschwindigkeit sind aus der Logik des entomischen Zeitpfeils heraus ein und dasselbe. Da, wo noch kein Raum und keine Materie sind, kann auch das Licht keine Information übertragen. Die Lichtgeschwindigkeit kann nicht überschritten werden, weil sie die Geschwindigkeit der Materialisierung ist.

Aus der entomischen Sicht ist die Lichtgeschwindigkeit deswegen die höchste im Raum zu erreichende Geschwindigkeit, weil die Raumbildung zusammen mit dem Prozess der Materialisierung geschieht. Lokation und Information sind beim Eintritt in die Gegenwart noch zweidimensional – als universale Jetztscheibe – und werden in Verbindung mit der Vergangenheit dreidimensionaler Raum und Materie. Eine Informationsübertragung zwischen zwei Raumpunkten kann deswegen nie schneller funktionieren, als sich der Raum und die Materie darin bilden können. Was die Physik in der Begrenzung der Lichtgeschwindigkeit feststellt, ist aus entomischer Sicht in Wirklichkeit die Begrenzung des Raums in der Gegenwart. Jenseits der Gegenwart in der Zukunft ist noch kein Raumpunkt in der Zeit konkretisiert.

Die Zukunft selbst ist ein logischer, informativer kohärenter Raum mit pluripotenten Zuständen, die nur teilweise durch Vergangenheitszustände beeinflusst sind. Der Zukunft ist deswegen eine eigene Wirkenergie zuzuordnen, deren Sinn sich dem menschlichen Geist nicht automatisch und auch nicht zwangsläufig erschließt, von der jedoch angenommen werden muss, dass es zur Aufgabe der Menschheit gehört, diesen Sinn zu erschließen.

6.4 Die Dauer der Gegenwart: Der Gegenwartsprozess

Der entomische Zeitpfeil unterscheidet zwischen dem Bereich der Vergangenheit als schon vollzogener Materialisierung im Raum einerseits und andererseits dem Bereich der Zukunft als kohärentem Raum von Information. Somit ist hierdurch auch – wie im vorigen Abschnitt dargestellt – ausgedrückt, dass der Raum als solcher, in dem sich Materie lokalisieren kann, in der Gegenwartsscheibe seine Grenze hat.

Der sich in der Gegenwart vollziehende Transformationsprozess von kohärenter Information in dekohärente Information hat insofern logischerweise zwei Teile oder Abschnitte, die ihrerseits einem Zeitfluss im Sinne einer logischen Abfolge unterliegen. Zunächst kommt es zu einem Zuwachs an Raum und daraufhin zu einem Zuwachs von lokalisierter Information im Raum in Form von Materie. Der Raum muss erst geschaffen werden, damit sich die Information im Raum lokalisieren und materialisieren kann.

Der Raum selbst als entstehende Matrix in der Zeit erlaubt somit erst die Entwicklung der Eigenschaft der Lokalisation im Raum. Es liegt nahe, den Raum insofern als ein Feld zu verstehen, welches die Voraussetzung bildet dafür, dass Information aus dem Zustand der Kohärenz in den Zustand der Dekohärenz überführt werden kann.

Durch diese Trennung der beiden Prozesse des Raumzuwachses einerseits und der Lokalisation von Information im Raum andererseits ist eine Ausdehnung beschrieben, die aus entomischer Sicht den Bereich der Gegenwart kennzeichnet.

> Die Dauer der Gegenwart entspricht dem zeitlichen Abstand zwischen der Entstehung neuen Raums und der Lokalisation von Information in dem entstehenden Raum.

Wenn diese beiden Prozesse nacheinander stattfinden müssen, weil der Raumzuwachs die Voraussetzung ist für die Lokalisation von Information, ist auch in der Gegenwart ein Zeitpfeil vorhanden, der den Zeitraum der Gegenwart beschreibt. Die Dauer der Gegenwart entspricht dem Abstand zwischen der Entstehung von Raum und Lokalisation von Information im Raum. Durch die Entstehung von Raum wird die Eigenschaft der Lokalisation von Information vorbereitet.

Der sich aus meiner Sicht in der Gegenwart herauskristallisierende Vorgang entspricht von seinen Eigenschaften her einem ähnlichen Vorgang, wie er im Higgs-Mechanismus beschrieben wird.

Die Matrix der Raumpunkte und das hierdurch dargestellte basale Beziehungsfeld möglicher Materialisierungpunkte entsprächen aus entomischer Sicht dem Higgs-Feld. In ihm können die Informationen lokalisieren, was der Entschleunigung bzw. der damit entstehenden Eigenschaft der Trägheit entspricht, die dasjenige hervorbringt, was wir Materie nennen und als Material wahrnehmen: im Raum lokalisierte Informationen. Die Entschleunigung ist also der Prozess, in dem sich die superpositionierte Information des kohärenten Raums in die positionierte Information des dekohärenten Raums lokalisiert.

Dieser Entschleunigungsprozess ist der kleinste denkbare Ereignisraum. In ihm entdecke ich eine Analogie zur Planck-Zeit. Diese Ereignisdauer der Raum-Materie-Bildung – bzw. aus entomischer Sicht der Lokalisation von Information im konkretisierten Raum – ist der Ereignispuls des Zeitpfeils. Dieser Ereignispuls ist dasjenige, was uns die Wahrnehmung der Gegenwart ermöglicht – dies insbesondere durch das Licht bzw. alle Strahlen und Wellen, die dieses Ereignis des Gegenwartsprozesses kennzeichnen. Die Gegenwart hat somit eine von der Zukunft und Vergangenheit getrennte eigene Existenz mit ihren besonderen spezifischen Eigenschaften.

Meinerseits wird an dieser Stelle ausdrücklich darauf hingewiesen, dass die Begriffe des Higgs-Felds, der Planck-Zeit und weiterer meinerseits angesprochener physikalischer Fachbegriffe ausschließlich im Sinne möglicher Analogien verwendet werden. Ich möchte hiermit darauf hinweisen, dass auch im jetzigen physikalischen Verständnis Prozesse und Phänomene diskutiert werden, die Ähnlichkeiten mit den aus entomischer Sicht anzunehmenden und postulierten Prozessen haben. Sofern die entomische Sicht auf den Zeitpfeil in der physikalischen Wissenschaft Eingang finden und Anerkennung ihrer inneren Logik gewinnen würde, wäre eine weitere wissenschaftliche, möglicherweise auch experimentelle Prüfung der meinerseits vorgetragenen Thesen möglich.

6.5 Relative Bewegung auf der universalen Jetztscheibe

Wenn man den Zeitpfeil anschaulich betrachtet, indem man sich fragt, in welche Richtung man schaut, wenn man sich – auf einem Lichtstrahl sitzend – fortbewegt, so könnte man der Versuchung erliegen zu glauben, dass man auf dem Lichtstrahl sitzend der Zukunft entgegenreiten würde. Dann läge die Zukunft auf dem Lichtstrahl vor einem und die Vergangenheit läge hinter einem. Dies wäre allerdings eine Täuschung! Betrachtet man den Raumort der Lichtquelle und die Raumorte auf der Geraden des Lichtstrahls, so fließt allen Raumpunkten auf der universalen Jetztscheibe entlang des gesamten Lichtstrahls gleichzeitig dieselbe Zeitmenge hinzu. Dies bedeutet, dass sich auch im Rücken des Reiters die Zeit gleichermaßen verlängert hat. Der Zuwachs an Zeit entspricht auch einem Zuwachs an Raum, wie ich im vorangegangenen Kapitel zu zeigen versucht habe. Dieser Zuwachs vollzieht sich mit der konstanten Lichtgeschwindigkeit im Sinne eines absoluten unveränderlichen Zeitflusses.

In Abb. 6.2 soll diese Situation dargestellt und erklärt werden. Auf dem oberen Pfeil, dem Lokalitätspfeil, verbleibt Person 1 (P1) am Raumpunkt A, während Person 2 (P2) auf einem Lichtstrahl durch den Raum gleitet hin zu Raumpunkt B. Wenn Person 2 am Raumpunkt B angekommen ist, ist eine Raumstrecke [A–B] zurückgelegt worden. Ebenfalls ist ein Zeitraum vergangen [T2–T3]. Der untere Pfeil (Zeitpfeil) zeigt an, dass für Person A und Person B trotzdem dieselbe Zeit vergangen ist: Beide befinden sich auf der universalen Jetztscheibe. Wenn beide Personen eine Uhr tragen, die zur Startzeit von Person A mit der Uhrzeit von Person B übereinstimmt, würden diese beiden Uhren auch nach Ablauf der Zeitstrecke [T2–T3] und Raumstrecke [A–B] synchron laufen: Es gibt auf der universalen Jetztscheibe keine Asynchronizität. Somit verlaufen auch die Bewusstseine der beiden Personen synchron.

6.6 Die Schallmauer der Ereignisgrenze: Reisen schneller als Licht?

Würde Person 2 (s. Abb. 6.2) schneller als der Lichtstrahl gleiten, würde er also in der Ebene der Information – also im Immateriellen Raum – landen. Er wäre dann immateriell geworden. Als Einheit von Geist, Seele und Körper könnte er dann nicht mehr funktionieren, da diese Einheit aufgehoben wäre. Er würde demnach im materialisierten Raum aller Wahrscheinlichkeit als „verstorben" gelten müssen.

Würde Person 2 der Person 1 während seines Ritts auf dem Lichtstrahl eine Nachricht schicken wollen, würde auch dies nicht gelingen, da die Nachricht nur mit Lichtgeschwindigkeit übertragen werden könnte. Person 2 müsste also langsamer als die Lichtgeschwindigkeit werden, damit die Nachricht bei Person 1 ankommen könnte. Wären Person 1 und Person 2 jedoch quantenverschränkt, könnten sie miteinander kommunizieren, denn sie hätten dann eine instantane, raumunabhängige Verbindung.

Zwischen den beiden Punkten der Lichtstrahlreise, nämlich dem Raumpunkt A einerseits und dem aktuellen Reisepunkt B des Lichtstrahls andererseits, ist für die Dauer der Emission eine Raumstrecke zurückgelegt worden. Würde die Lichtstrahlemission an Punkt A zeitlich unterbrochen, benötigte die Information der Unterbrechung eine theoretische Zeitspanne, bis sie den Punkt B erreicht haben würde, da diese Information im Raum eine Strecke zurücklegen müsste. Trotzdem würden der Ausgangspunkt der Emission und der aktuelle Punkt B (jeweiliger Endpunkt des Lichtstrahls) auf der universalen Jetztscheibe verbleiben. Die Zeit wäre also an beiden Punkten des Raums [A und B] gleichermaßen vorangeschritten.

Wäre der Lichtstrahl allerdings aus einem Stück, so würde der Reiter auf der Spitze des Lichtstrahls die Unterbrechung der Emission instantan erleben. Dies entspräche der Situation, auf einem „schwingenden Baumstamm" zu sitzen. Die Kraft, die den Baumstamm an einem Ende hin oder her zieht, träte wegen der perfekten Stückhaftigkeit des Baumstammes – der Einheit des Objekts – am anderen Ende quasi gleichermaßen auf. Wenn es sich um ein perfekt kontinuierliches Stück handeln würde, läge die Information der Bewegungsunterbrechung auf jedem Punkt der Geraden des Lichtstrahls gleichzeitig vor.

Letzteres Phänomen entspricht dem, was man bei der Quantenverschränkung feststellt. Da die gleichzeitige Veränderung an entfernten Orten stattfindet, handelt es sich offensichtlich um dasselbe Stück. Es liegt ein perfekt kontinuierliches Stück vor – es handelt sich um dasselbe Informationsobjekt.

> Gleichzeitiges Vorliegen von abhängigen Änderungsinformationen an verschiedenen Raumpunkten (Quantenverschränkung) bedeutet raumunabhängige Informationskontinuität auf der Ebene der Information, somit vor der Ebene der Substanz. Dies deutet auf die Existenz eines Informationsobjektes im Sinne einer reinen, „materiefreien" Information.

Die Existenz solcher Informationsobjekte legt gleichermaßen nahe, dass die Ebene der Information existiert und der substanziellen Ebene vorgeschaltet ist.

Fassen wir bis hierher die Annahmen der Entomik, basierend auf dem Konzept eines aus der Zukunft über die Gegenwart in die Vergangenheit fließenden Zeitpfeils, zusammen, dann ist für den Abschnitt der Zukunft anzunehmen, dass dieser in einer immateriellen Form vorliegt. Information ist hier als Potenz gleichzeitig und überall das für die Zukunft kennzeichnende Charakteristikum. Information hat eine eigene Energie, die als nicht physikalische Energie auf die Ebene der Gegenwart – die Jetztscheibe – einen Einfluss hat.

Dieser Einfluss besteht in einer fortlaufenden Materialisierung. Die Materialisierung bringt einen Gegenwartsraum hervor, der sich dem Bewusstsein des Menschen als Jetzt erschließt. Die Gegenwart interagiert mit der Zukunft in der Emergenz der fortlaufenden Materie, wobei hier der Zeitraum der Vergangenheit als schon materialisierter Raum in der Interaktion zwischen Gegenwart und Zukunft bezüglich der fortlaufenden weiteren Materialisierung eine entscheidende Rolle spielt. Die Zukunft resoniert auf die Vergangenheit, ist aber nicht durch sie als alleinige Wirkquelle kausal deterministisch festgelegt.

Für den Übergang der Zukunft in die Gegenwart bedeutet die Umwandlung von Information in Materie einen ständigen Zufluss von Energie, die als informative Energie prinzipiell „dunkel" ist. Sie könnte dem Phänomen der Dunklen Energie entsprechen, von der man annimmt, dass sie zur ständigen Erweiterung des Raums führt. Darüber hinaus wächst als konkretisierte Energie in Form von Masse im Raum ein Vergangenheitsrumpf an Materie, wobei in der Jetztscheibe lediglich immer die aktuellste, letzte Vergangenheit der Gegenwart zugänglich ist.

Der Vergangenheitsraum und der Zukunftsraum entziehen sich einer unmittelbaren physikalischen Messbarkeit. Alle messbaren Phänomene liegen auf der Jetztscheibe und erlauben lediglich per conclusio Aussagen über die Bereiche der Zukunft und der Vergangenheit. Die gravitativen Eigenschaften der Materie hören vermutlich beim Übergang in die Vergangenheit nicht schlagartig auf, sondern wirken fort. Diese Fortwirkung reicht wahrscheinlich über einen sehr langen Zeitraum, möglicherweise sogar bis zum Anbeginn der ersten Materialisationen.

Die fortwirkende und andauernde Wirkung der Gravitation dürfte insofern den Bereich der in der Jetztscheibe aktuell sichtbaren Materie bei Weitem überschreiten. Es liegt nahe, den nachgewiesenen Effekt sogenannter Dunkler Materie als ein Äquivalent dieses Vergangenheitsrumpfes zu erörtern.

Gibt es Prozesse in der aktuellen Physik, die es zulassen zu denken, dass eine Materialisierung in dieser Form aus der Zukunft in die Gegenwart stattfinden könnte?

Zunächst denke ich daran, dass es einen in der Physik beschriebenen Zustand der Kohärenz gibt. Dieser Zustand der Kohärenz entspricht dem Gedanken der Superposition auf quantenmechanischem Niveau.

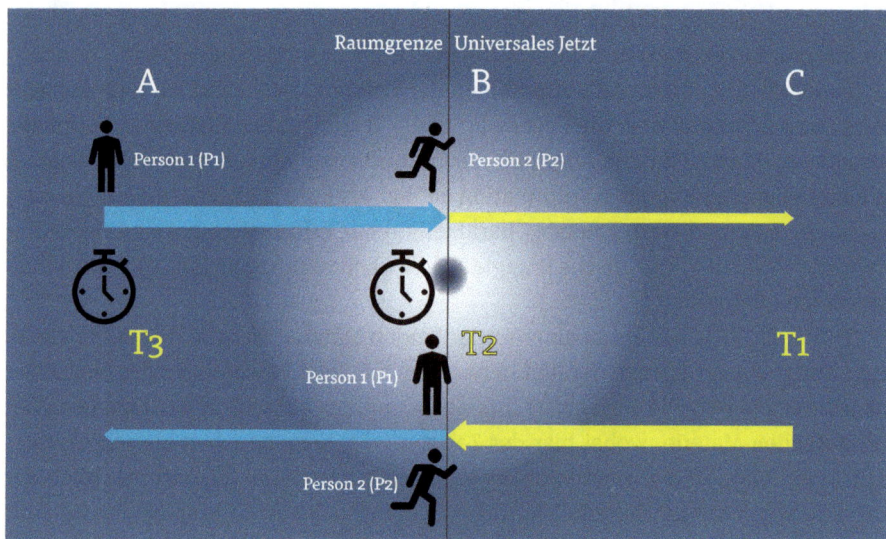

Abb. 6.2: Raumgrenze und Universales Jetzt. Quelle: Eigene Darstellung.

Die Dekohärenztheorie besagt, dass es in der dem Menschen vertrauten Welt des Makrokosmos deswegen keine Effekte einer Superposition mehr gibt, weil Köhärenz nur solange von Teilchen eingenommen werden kann, wie diese nicht mit einem Umfeld interagieren.

Die Interaktion mit einem wie auch immer gearteten Umfeld, seien es Teilchen oder auch Wellen, führt zu demselben Phänomen, welches in einer quantenmechanischen Messung stattfindet: Die Superposition löst sich auf, und es kommt zur fest definierten Eigenschaft. In der schon existierenden Welt ist deswegen durch deren Durchsetzung von Teilchen und Wellen, wie sie zum Beispiel durch die sogenannte kosmische Hintergrundstrahlung permanent und überall auftritt, eine Interaktion von superpositionierten Teilchen mit in ihren Eigenschaften festgelegten Teilchen unausweichlich, so dass sich jeder Zustand der Kohärenz direkt auflöst. Es kommt in der schon bestehenden Welt somit immer direkt zur Dekohärenz.

Während also auf quantenmechanischem Niveau die Eigenschaft „Lokalität" nicht konkretisiert und deswegen der Ort des Teilchens unbestimmt ist – es aber trotzdem da ist, also exisitiert! –, wird in der Dekohärenz der Ort eindeutig. Es kommt zur Lokalisierung, und das Teilchen kann prinzipiell nicht mehr gleichzeitig an verschiedenen Orten sein, wie dies im Zustand der Superposition möglich ist. In der makroskopischen Welt ist deswegen ein Effekt in der Weise, dass ein Ding zugleich an zwei Orten sein kann, nahezu ausgeschlossen, da es fast unmöglich ist, ein Objekt vollkommen von seiner Umgebung zu isolieren.

Es liegt nun nahe, den Bereich der Zukunft als einen Bereich anzusehen, in dem die Kohärenz als Eigenschaft grundsätzlich vorliegt. Teilchen und Wellen existieren in der Zukunft noch nicht. Da es hier nur die Information gibt, die noch keine Konkretisierung hinsichtlich des Orts und der Zeit vollzogen hat, wären Kohärenz und Zukunft sehr verwandt miteinander. In dem Maße, wie sich Wahrscheinlichkeiten zuspitzen aufgrund von Resonanzeffekten der Vergangenheit auf die Zukunft, werden Informationen aus ihrem multipotenten Zustand herausgezogen bzw. emergiert und treten ab einem gewissen Moment des Zeitkontinuums in unmittelbare Interaktion mit der schon materialisiert bestehenden Welt, dem Universum. Jetzt tritt die Dekohärenz ein, und ein neuer Jetztzustand ist geboren.

Insofern käme die Dekohärenztheorie besonders infrage, um den Übergang von der Zukunft in das Jetzt und die Vergangenheit zu beschreiben. Aber gibt es noch mehr Anhaltspunkte in der aktuellen Physik, die diesen Prozess der Materialisierung konzeptionalisieren könnten?

Aus meiner Sicht ist ein weiteres Phänomen mit der Transformation von masselosen Teilchen in massereiche Teilchen in Verbindung zu bringen. Es handelt sich hierbei – wie in Kap. 6.4 schon dargestellt – um den Higgs-Mechanismus. Im bisherigen Standardmodell der Physik waren Elementarteilchen in der Weise konzeptionalisiert, dass deren Zusammenwirken in einer sehr effektiven Weise bestehende, experimentell nachweisbare Funktionen von Materie beschrieben haben und auch technisch anwendbar machten. Allerdings waren und sind die kleinsten Teilchen in diesem Standardmodell mit der Masse „0" angegeben. Nur in diesem Zustand mit der Masse „0" ergaben die entsprechenden physikalischen Rechenmodelle konsistente und sinnvolle Ergebnisse. Allerdings blieb somit die Frage offen, wie aus Teilchen, deren Masse mit „0" angegeben wird, in der sinnlich wahrnehmbaren und messbaren Welt „Gewicht" entstehen kann.

Im Jahr 2012 konnte im Teilchenbeschleuniger Large Hadron Collider (LHC) des europäischen Kernforschungzentrums CERN in Genf ein schon lange durch den Physiker Peter Higgs gefordertes und vermutetes Teilchen gefunden werden, mit dem der Higgs-Mechanismus prinzipiell als bestätigt angesehen werden durfte.

Hierbei generiert das Higgs-Teilchen ein Feld, das anderen Partikeln die Eigenschaft Masse verleihen kann. Es wird angenommen, dass das ganze Universum mit diesem Feld ausgestattet ist – dem sogenannten Higgs-Feld. Die zunächst masselosen Teilchen interagieren durch Bewegung mit diesem Higgs-Feld und werden abgebremst. In dieser Abbremsung entwickelt sich Trägheit. Masse entspricht einer Trägheit gegenüber Beschleunigung. Somit generiert das Higgs-Feld Trägheit von ansonsten immateriellen Teilchen, die sich ohne Masse mit Lichtgeschwindigkeit fortbewegen könnten. Durch die Entdeckung des Higgs-Boson im LHC konnte nachgewiesen werden, dass ein solches Feld existiert, aus dem das Higgs-Boson durch die Energiezufuhr im Experiment im LHC isoliert und identifiziert werden konnte.

Wenn es masselose Teilchen gibt, die sich aufgrund ihrer Masselosigkeit mit Lichtgeschwindigkeit bewegen können, könnte man diese Teilchen auch als schon energetisch konkretisierte, aber noch nicht materialisierte Informationen ansehen. Sie hätten eine zweidimensionale Ausdehnung in der Jetztscheibe und könnten sich eben auf dieser Jetztscheibe, die mit Lichtgeschwindigkeit ständig neu entsteht, auch mit Lichtgeschwindigkeit bewegen. Dies entspräche einem fluktuierenden Informationsfeld in einem zweidimensionalen Raum, der Ebene des Jetzt. Durch den Higgs-Mechanismus, der diesem Informationsfeld Trägheit verleiht, würde den Informationen die Eigenschaft Masse verliehen im Sinne eines Widerstands gegen ihren eigentlichen Bewegungsimpuls, der sonst mit Lichtgeschwindigkeit verlaufen würde. Somit wäre das Higgs-Feld der Effekt der Vergegenwärtigung, bzw. die Einleitung der Gegenwart der Materie.

Wenn hierdurch im gleichen Schritt die Kohärenz aufgelöst und das sich zunächst in Superposition befindende Teilchen dekohärent würde, wären hierdurch die Lokalisation und der Zeitpunkt der Information festgelegt. Ebenfalls wäre die Information wegen ihrer Einbettung in die umgebende Information auch in ihrer Funktion spezifiziert. Sie hätte ihre Funktion im Rahmen eines Informationsfelds der schon vorliegenden Materialisation.

Insofern könnte der entomische Zeitpfeil durch Konzepte der aktuellen Physik in deren phänomenaler Äquivalenz und Analogie zu den Prozessen in der Übergangszone von der Zukunft zur Gegenwart theoretische Unterstützung hinsichtlich der Konzeptualisierung erfahren.

6.7 Primzahlen im Zahlen- und Zeitstrahl: Zukunft – Vergangenheit

Die immaterielle Ebene der Information ist strukturiert. Informationen sind zusammengefasst in übergeordneten Begriffen. Begriffe können in verschiedenen Zusammenhängen unterschiedliche Bedeutungen entfalten. Ideen fassen Begriffe geordnet zusammen und können ihrerseits wiederum Teil sein von übergeordneten Ideen. Alle Ideen sind gleichzeitig und überall vorhanden mit allen zu ihnen gehörenden Begriffen und Informationen. Ideen haben einen Wert im Rahmen eines funktionalen Zusammenhangs. Funktionen ordnen Ideen an in Richtung auf Entwicklungen, die ihrerseits einer zeitlichen Dimension bedürfen. Funktionen sind auf einer Werteskala hierarchisiert und lassen sich hinsichtlich ihrer Effektivität zur Erreichung eines Ziels konkretisieren.

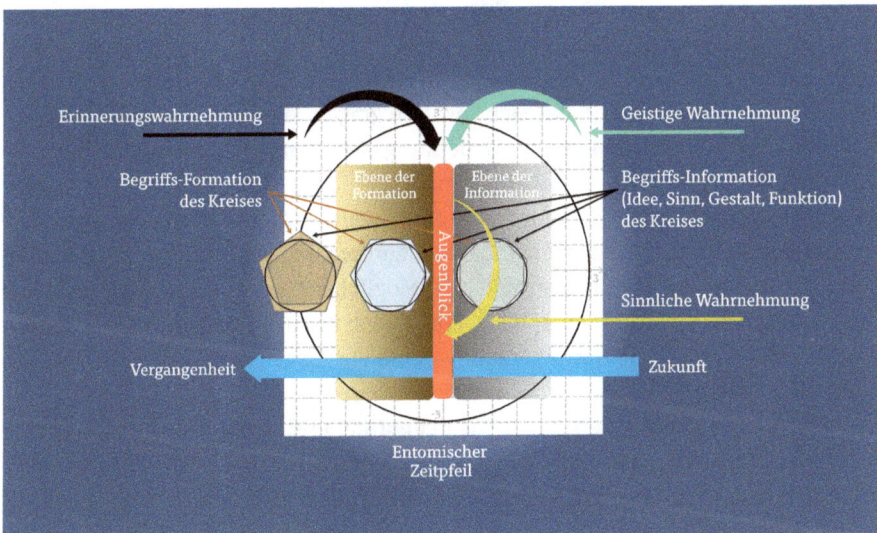

Abb. 6.3: Begriffs-Information und Begriffs-Formation im Zeitverlauf menschlicher Bewusstseinsbildung. Quelle: Eigene Darstellung.

Als ein Beispiel eines Ausschnitts der Ebene der Information stelle ich kurz einige Informationen zum Begriff der Primzahl dar.

Primzahlen kennzeichnen Neue Zahlen in der Gesamtheit der Informationsobjekte der Zahlen. Primzahlen können nicht zurückgeführt werden auf Vielfache vorangegangener Zahlen. Sie sind also immer nur durch sich selbst und durch 1 teilbar. Es gibt also sich wiederholende Einheiten und neue Einheiten. Die Zahl 17 ist zum Beispiel eine Primzahl, also eine neue Einheit, die sich in der Zahl 34 das erste Mal verdoppeln kann. Primzahlen bewirken, dass dem Zahlenstrahl eine besondere logische Information innewohnt, die in dem Zahlenstrahl selbst einen informativen Zeitpfeil im Sinne einer logischen Abfolge anlegt. Im Zahlenstrahl ist das Phänomen der Primzahl ein zeitliches Phänomen, welches über die Eigenschaft der Neuheit eine Zukunfts–Vergangenheits-Relation erzeugt.

Da die Gesamtheit der Zahlen auf der Informationsebene existent ist, entsteht über die Verschiedenheit der Primzahl von allen anderen Zahlen funktional die Möglichkeit, die Information der Zeit im Zahlenstrahl selbst abzubilden. Die Primzahl bedeutet immer ein neues Informationsobjekt gegenüber allen vorangegangenen Informationsobjekten. Mit jeder Primzahl beginnt ein neues Informationscluster. Die Primzahl ist die einzelne Information. Ihre Vielfachen bilden die auf dieser Primzahl basierende Informationsmenge. Umgekehrt kennzeichnet die Menge der Primzahlen die möglichen primären Teilmengen von Informationsmengen. Das bedeutet, dass jede Menge der Zahlen von eins bis zur Primzahl eine primäre Teilmenge ist.

> Die Primzahl codiert in der Menge der Zahlen die Information „Neu". Sie steht also für eine besondere Eigenschaft der Zukunft, nämlich das Neue in der Zukunft. Sie kann die Information „Neu" im Sinne einer primären Teilmenge abbilden.

Am Beispiel der Primzahlen lässt sich insofern zeigen, dass eine besondere Eigenschaft der Primzahlen darin liegt, die Bedeutung „Neu" zu verkörpern. Jede Primzahl verkörpert eine neue primäre Teilmenge von Zahlen. Jede dieser Teilmengen ist einzigartig. Obwohl alle Zahlen auf der Ebene der Information gleichzeitig vorliegen und sich als Teile des Zahlenstrangs scheinbar nicht unterscheiden, haben die Primzahlen doch durch ihre besondere Einzigartigkeit die Möglichkeit, eine Semantik zu transportieren, die dem Begriff „Neu" entspricht. Primzahlen können insofern, anders als alle anderen Zahlen, eine Funktion übernehmen, die mit dieser Semantik „Neu" zusammenhängt.

Die Semantik „Neu" ist eine zeitliche Bedeutung und verweist auf etwas, was es noch nicht gibt. Etwas „Neues" kommt aus der Zukunft, nicht aus der Vergangenheit. Insofern ist die Bedeutung der Primzahlen innerhalb des Zahlenstrahls verbunden mit der Möglichkeit zur Codierung von Informationen, die die Eigenschaft „Neu" tragen. Sie stellen innerhalb der Zahlen ein eigenes Informationscluster dar mit einer ihnen eigenen besonderen Funktion einer Repräsentation des Zeitflusses im Sinne der Relation „Neu–Alt".

Diese ausschnitthafte Beschreibung von Informationen am Beispiel der Primzahl sowie einer möglichen Funktion der Primzahl soll zeigen, dass die Ebene der Information strukturiert ist, sinnvoll funktioniert und prinzipiell überörtlich und überzeitlich abrufbar ist.

6.8 Die Entomik und der Zeitpfeil

Die Physik kann die Zeit aus entomischer Sicht bisher nicht wirklich zutreffend als Dimension beschreiben, da die Zeit die Verbindung herstellt zwischen der immateriellen

Realität als Ebene der Information und der materiellen Realität als Ebene der Substanz. Die Ebene der Information, die substanzlos eben als reine Information durch die Zukunft repräsentiert wird, ist für die meisten Physiker sozusagen qua definitionem kein Suchraum physikalischer Erkenntnisse. Physik bedarf, um sich als Physik zu verstehen, „messbarer Größen". Letztere finden sich nun zunächst einmal nur im materialisierten Raum. Andererseits ist sie mit der Quantenmechanik und den auf quantenmechanischen Experimenten basierenden Erkenntnissen an die Grenze des materialisierten Raums gestoßen dort, wo sie Vorhersagen über den Aufenthaltsort von Teilchen zu treffen versucht, die eben noch nicht „angekommen" sind, sondern noch ankommen sollen. In der Zukunft ist der Raum noch nicht materialisiert, noch nicht konkretisiert, aber auch die Information noch nicht gebunden in einem definierten, funktionalen Zusammenhang.

Hier muss sich die Physik somit zwangsläufig zum weiteren Verständnis ihrer experimentellen Ergebnisse mit der Ebene der reinen Information beschäftigen, also einem Zeitraum vor der Raumzeit. Die Entomik stellt die notwendige theoretische Brücke zwischen diesen Abschnitten des Zeitpfeils her durch das entomische Verständnis der Fließrichtung der Zeit.

Die Zeit ist die Dimension, in der sich die Zukunft über die Gegenwart mit der Vergangenheit verbindet. In Abb. 6.4 wird dies dadurch verdeutlicht, dass die Quadranten der Zukunft als Raum der Möglichkeiten bzw. die Quadranten der Vergangenheit als Manifestationen dargestellt werden. Hierdurch ist unter anderem auch verdeutlicht, dass der materielle Raum als solcher nicht unendlich, sondern durch die Zukunft begrenzt ist. Die Zukunft ist die Grenze des manifesten Raums.

Physik als Erkenntnisraum beschäftigt sich insofern bis dato hauptsächlich mit den Quadranten der Vergangenheit, wenn sie Gesetzmäßigkeiten ausschließlich im schon substanziell durch Teilchen manifestierten Raum sucht.

> Die Zukunft ist die Grenze des manifesten Raums.

Das manifeste Universum endet an der Jetztscheibe. In der Zukunft ist der Raum noch nicht manifestiert. Es gibt keine materiell vorliegende Kristallisation in irgendeiner Form einer substanziellen Realität. Was es gibt, ist reine Information in überörtlicher und überzeitlicher Gleichverteilung. Aus dieser Informationsebene heraus kristallisiert sich jedes Entom. Die Jetztscheibe stellt den Übergang des Entoms vom Hyperversum in das Universum dar.

Die Zukunft ist eine noch immaterielle Realität, die erst in der Gegenwart sichtbar wird durch Materialisierung und in der Vergangenheit die Gewordenheit der Materialisierung der Idee anzeigt. Somit ist der Zeitpfeil eine Begrifflichkeit, die erst in der Entomik gesetzlich zutreffend beschrieben werden kann, da die Entomik die materielle und immaterielle Realität im Begriff des Entoms integriert. In Abb. 6.4 sind somit einige wesentliche Bestimmungsstücke der Entomik graphisch konkretisiert. Die

Dimensionen eines Entoms entspannen sich entlang einer Zeitachse (X-Achse), einer Lokalitätsachse (Z-Achse) und einer Funktionsachse (Y-Achse).

Im Schnittpunkt der drei Achsen ist der Jetzt-Punkt des Entoms.

Im positiven X-Achsenbereich ist der Raum der Zukunft repräsentiert, der zugleich als Raum der Information und Möglichkeiten gekennzeichnet ist. Im negativen X-Achsenbereich ist der Zeitraum der Vergangenheit als konkretisierter Raum gelegen, der zugleich durch den Begriff der Manifestationen im Gegensatz zum Begriff der Möglichkeiten gekennzeichnet ist.

Auf der Z-Achse entspannt sich die Ebene der räumlichen Lokalität, welche die Materialisierung des Entoms im dreidimensionalen Raum in der Position kennzeichnet. Auf der Y-Achse entspannt sich die Dimension der Funktion, die ebenfalls die Aspekte von Sinn und Ethik enthält, deren Pole durch die Begriffe des Sinns oder der Sinnlosigkeit gekennzeichnet sind.

Fragen wir zum Beispiel, was die Substanz im Bereich der Zukunft ist, so würde man in der Entomik sagen, dass dies die reine Information als solche ist, während die Substanz in der Vergangenheit die Formation ist, also die materielle, Form gewordene Information.

Es ergibt sich in dieser dimensionalen Aufteilung somit auf der Ebene Funktion–Raum (Grüne Ebene) der Funktionsraum als Ort der Verwirklichung einer Idee mit einem gewissen Sinn und einem Wahrheitsgehalt – also einer ethischen Polung. Auf der Ebene Funktion–Zeit (Blaue Ebene) ergibt sich die Funktionszeit als Zeitpunkt der Verwirklichung. Auf der Ebene Lokalität–Zeit (Braune Ebene) vollzieht sich die Materialisierung im Sinne eines fortlaufenden logisch-chronologischen Prozesses entlang des Zeitpfeils von Information zu Formation.

Der Big Bang ist aus der Sicht Entomik lokalisiert in der universalen Jetztscheibe. Hierzu habe ich schon weiter oben Kapitel 5.4 ausgeführt, wie sich die kosmologische Vorstellung der Entstehung des Universums auf Basis der bisherigen entropiebasierten Vorstellungen unterscheidet von der kosmologischen Entstehungstheorie auf Basis der Entomik. An dieser Stelle soll ein kleiner Ausflug unternommen werden in die Fragenwelt rund um die Themen der Dunklen Energie und der Dunklen Materie.

6.9 Entomisches Modell der Dunklen Energie und der Dunklen Materie

Einige der großen Rätsel der gegenwärtigen Physik bestehen im Bereich beobachteter Phänomene der Gravitation einerseits und der Ausdehnung des Universums andererseits. Es würde zu weit führen, an dieser Stelle die Menge der Beobachtungen und Überlegungen im Einzelnen anzuführen, die zur Postulierung dieser beiden „Dunklen Phänomene" geführt haben. Es sei nur kurz darauf verwiesen, dass die Physik über bestimmte Berechnungsmethoden bei der Untersuchung von Galaxien festgestellt hat, dass die beobachtbare, sichtbare Menge an Materie bei Weitem nicht ausreicht, das

Bewegungsverhalten der Galaxien zu erklären. Nur ungefähr ein Sechstel der Materie, die notwendig ist, um das Rotationsverhalten von Sternen in Galaxien zu erklären, ist sichtbar.

Die beobachtete Umlaufgeschwindigkeit von Sternen ist in den Außenbereichen von Galaxien wesentlich höher, als es auf Basis der sichtbaren Materie zu erwarten wäre. Hieraus folgert man, dass es einen Materieanteil geben muss, der zusätzlich existiert und im Sinne der Gravitation wirkt. Allerdings sind bisher keinerlei Experimente gelungen, die solche Massephänomene aufzuspüren in der Lage gewesen wären.

Ähnliches gilt für die postulierte Existenz der Dunklen Energie. Nachdem man lange Zeit aufgrund der Big-Bang-Theorie eine Art explosionsartigen Beginn des Universums postuliert hatte, der von da an mit einer Anfangsenergie die Ausdehnung des Universums vorantreiben sollte, gleichzeitig aber auch zu einer Art schleichenden Verlangsamung dieses Ausdehnungsprozesses führen würde mit einer darauffolgenden Phase der langsam wieder zunehmenden Verdichtung bis hin zu einer letztlich totalen Rückverdichtung aller Massen in ein gravitatives Zentrum im Sinne eines hypermassiven schwarzen Loches, führten spätere Beobachtungen zu einer genau gegenteiligen Feststellung. Anscheinend verlangsamt sich die Ausdehnung des Universums nicht, sondern sie nimmt in einer sich beschleunigenden Form sogar zu.

Während dem Bereich der Zukunft als Ebene der Information aufgrund ihrer hinzufließenden Bewegung eine Energie zugemessen werden muss, aus der die Ebene der Formation entsteht, ist dem Bereich der Vergangenheit ein Fortbestehen der Formation zuzumessen, auch wenn die zeitliche Tiefe der Formation aus der Gegenwart heraus nicht ohne weiteres zu ermessen ist. Dem nicht sichtbaren Bereich der Vergangenheit sind insofern noch materielle Eigenschaften zuzumessen, so dass hier auch die nicht mehr in der Gegenwart sichtbare Materie anhaltende gravitative Kräfte besitzen könnte.

Da dem Universum fortlaufend aus dem Hyperversum über die Zukunft und die Gegenwart eine formende Energie zufließt, die sich erst im Gegenwartsbereich materialisiert und somit substanziellen Raum einnimmt, könnte diese Zeitenergie das Äquivalent zur Dunklen Energie sein. Die in die Tiefe der Vergangenheit hineinragende Materialisierung mit der in ihr gebundenen gravitativen Kraft könnte das Äquivalent zur Dunklen Materie sein.

Dass das Vorhandensein von Dunkler Energie in Zusammenhang mit dem Zeitzufluss gesehen werden kann, führt Davies (2013) zu einer weiteren Überlegung hinsichtlich der möglichen Entwicklung des Universums und der gegebenen Konflikte mit dem zweiten Gesetz der Thermodynamik.

"It turns out that this story is further complicated if the density of dark energy is a function of time. For example, in the case that it increases with time, the universe expands super-exponentially, and can terminate in a 'big rip' singularity, where the expansion rate diverges [...]. In the approach to final singularity, the total cosmological horizon area decreases and there seems to be no concomitant increase in any other known total entropy, gravitational or otherwise, to prevent a steady decrease in total entropy within a given horizon volume, in clear violation of the generalized second law of thermodynamics. If the density of dark energy decreases with time, the universe can eventually reach a state of maximum distension and then begin to shrunk, terminating with a big crunch singularity. In that case, once again, the total entropy can go down near the end" (Davies, 2013, S. 25).

Davies stellt also fest, dass diese Geschichte noch komplizierter ist, wenn die Dichte der Dunklen Energie eine Funktion der Zeit ist. Zum Beispiel, wenn sie mit der Zeit zunimmt, dehnt sich das Universum super-exponentiell aus und würde in einer „großen Riss"-Singularität enden, in der die Expansionsrate divergiert. [...] Bei der Annäherung an die endgültige Singularität nimmt die gesamte kosmologische Horizontfläche ab, und es scheint keine gleichzeitige Zunahme einer anderen bekannten totalen Entropie, gravitationell oder sonstwie, zu geben, um eine stetige Abnahme der totalen Entropie innerhalb eines gegebenen Horizontvolumens zu verhindern, was einen klaren Verstoß gegen das allgemeine zweite Gesetz der Thermodynamik darstellt. Wenn die Dichte der Dunklen Energie mit der Zeit abnimmt, kann das Universum schließlich einen Zustand maximaler Dehnung erreichen und dann anfangen zu schrumpfen, was mit einer großen Crunch-Singularität endet. In diesem Fall würde die totale Entropie zum Ende hin wieder sinken (vgl. Davies, 2013, S. 25).

Deutlich wird hieran, dass zum gegenwärtigen Zeitpunkt hinsichtlich des Einflusses der Zeit auf den kosmologischen Prozess keineswegs davon ausgegangen werden kann, dass das zweite Gesetz der Thermodynamik als zutreffende Grundlage der Konzeptualisierung des Zeitpfeils verstanden werden kann. Die Einflussgrößen der Dunklen Energie einerseits und der Dunklen Materie andererseits sind physikalisch noch nahezu nicht verstanden. Man könnte sagen, dass ihre Existenz entdeckt ist. Doch welcher Natur sie sind und wie sie in Zusammenhang mit dem Zeitfluss wirken, ist noch nicht wirklich verstanden.

Ein mögliches Verständnis aus Sicht der Entomik läge in den oben genannten Anordnungen auf dem entomischen Zeitpfeil. Beide Phänomene können nicht sichtbar sein, da sie außerhalb des Gegenwartsbereichs liegen. Dies würde erklären, warum diese Phänomene nur indirekt sichtbar, also nur erschließbar sind. Sie sind als Kräfte innerhalb des Zeitpfeils dessen besondere Charakteristika. Da die Zeit selbst ihrerseits nicht sichtbar ist, sondern nur die in ihr wirkenden physikalischen und informativen Kräfte, stellt mit großer Wahrscheinlichkeit ausschließlich der Gegenwartsbereich ein der direkten physikalischen Messung zugängliches Phänomen dar. Wunderbarerweise besitzen biologische Systeme – insbesondere der Mensch als DSMC – in ihrer Synchronizität mit dieser phänomenal belichteten und beleuchteten Universalen Jetztscheibe durch ihre Sinnes- und Sinnwahrnehmung die Fähigkeit, ein Bewusstsein der Gegenwart, ihrer Inhalte und Bezüge zur Zukunft und Vergangenheit zu bilden.

Die Entwicklung des menschlichen Bewusstseins im Sinne der Begriffsbildung wird im Folgenden insbesondere aus dem Blickwinkel der Entomik dargestellt.

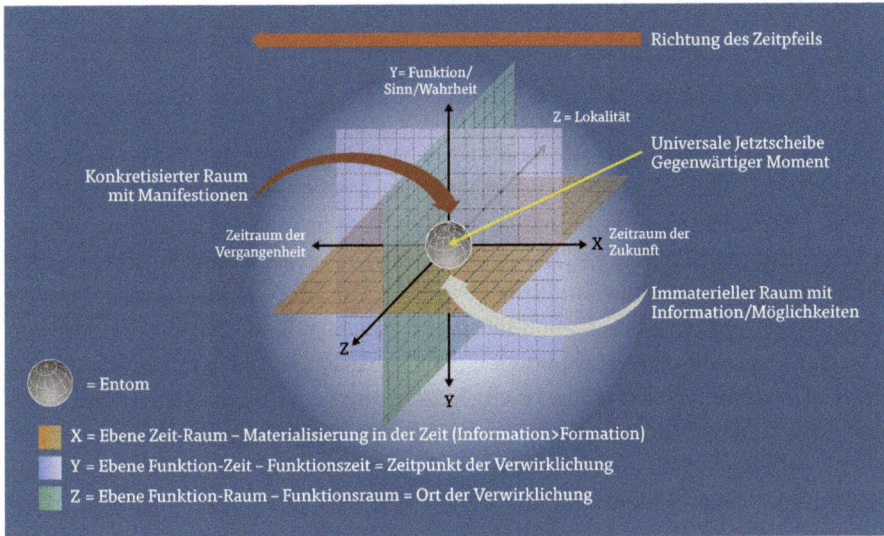

Abb. 6.4: Dimensionen eines Entoms. Quelle: Eigene Darstellung.

6.10 Die Begriffsbildung in der Entomik

Begriffe sind Folgen der menschlichen Verbindung zur immateriellen und materiellen Realität. Menschliches Begreifen vollzieht die Verbindung zwischen immaterieller und materieller Realität nach. In Abb. 6.3 „Begriffs-Information und Begriffs-Formation im Zeitverlauf menschlicher Bewusstseinsbildung" wird dargestellt, dass das biologische System Mensch die Fähigkeit hat, den Sinn einer Idee, den Sinn eines Prozesses, den Sinn einer Vervollständigung usw. wahrzunehmen. Diese Eigenschaft ist beim Menschen als DSMC dahingehend entwickelt bzw. prädisponiert, Funktionswahrnehmung nicht nur hinsichtlich des Betreibens der Nahrungsaufnahme, Fortpflanzung, Lebenserhaltung usw. zu leisten, sondern Funktion auch hinsichtlich eines ethischen Sinns im Begriff des Humanen zu erfahren, der in individuellen Beziehungsaspekten dem Begriff der Liebe entspricht.

Begriffsbildung, die der Sprachentwicklung zugrunde liegt, basiert insofern auf der sich im Menschen vollziehenden Verbindung von immaterieller und materieller Realität. Die hier beim Menschen zusätzlich auftauchende Qualität des doppelten Bewusstseins aufgrund seiner Fähigkeit als DSMC zu funktionieren, ist mit großer Wahrscheinlichkeit die Ursache der dem Menschen möglichen Sprach- und Begriffsentwicklung.

> Das Phänomen Sprache ist Ausdruck des Herstellens einer begrifflichen Beziehung zwischen der Ebene der Information und der Ebene der Substanz. Diese Fähigkeit zur Herstellung und Wahrnehmung einer Verbindung der Ebene der Information und der Ebene der Substanz entsteht durch die Begabung als DSMC.

6.11 Bewegung in Zeit und Raum

Ein Ding, das an seiner Stelle steht, bewegt sich trotzdem in der Zeit. Da es da ist, zeigt es die Idee an, die es darstellt. Solange es da ist, zeigt es auch die Bewegung seiner Idee in der Zeit als seine Existenzdauer an. Dies ist seine zeitliche Bewegung. Bewegt sich das Ding innerhalb des Raums, verändert es dadurch auch seine Relation zu allen anderen Dingen. Dies ist die räumliche Bewegung. Existenz und Richtung sind hierbei Äußerungsformen einer immateriell-informativ-geistigen Bewegung. Ihrer beider Voraussetzung ist, dass es eine Zukunft gibt, der diese Existenz und deren Bewegung entspringt. Die Zukunft ist der prämaterielle Existenzraum, ohne den Existenz und Bewegung nicht denkbar sind. Die prämaterielle Existenz ist die Ebene der Information, gegebenenfalls auch einer übergeordneten, prä- und postmateriellen geistig-seelischen Welt (Alpha-Omega-Dimension), aus der die Idee entstammt und entspringt. In der Entomik ist der Raum der Informationen, Ideen und Wahrheitsbegriffe sowie deren logische Verbindung das Hyperversum. Aller sinnlich wahrnehmbaren Bewegung in Raum und Zeit geht eine immaterielle Bewegung sowie ein ihr zugrunde liegender Energiefluss voraus.

6.12 Humanintelligenz: The Double Spaced-Minded Creature (DSMC)

Eine besondere Form der Intelligenz, die in vorangegangenen Kapiteln unter dem Aspekt der Entwicklung des sich vom tierischen Bewusstsein unterscheidenden, spezifisch menschlichen doppelten Bewusstseins zur Sprache gekommen ist, stellt die Humanintelligenz dar. Diese Intelligenz hat die Fähigkeit, den Sinn der Zukunft zu begreifen und die hiermit verbundene Verantwortung über den Augenblick zu übernehmen. In Abb. 9.2 wird in dem dort vorgestellten Informationsverarbeitungsmodell dem Begriff der Humanintelligenz Rechnung getragen dadurch, dass das biologische System Mensch dem Zeitstrom antizipierend Sinn entnehmen kann. Diese Fähigkeit kann auch als Wirklichkeitswahrnehmung beschrieben werden insofern, als es dem Menschen möglich ist, die Realitätswahrnehmung – die aktuellen und vergangenen Manifestationen – mit der Wirklichkeit abzugleichen und hieraus Differenzen im Sinne von Handlungsimpulsen und Handlungsnotwendigkeiten zu entwickeln. Das Humane als Wahrnehmung eines Zielzustandes der menschlichen Evolution ist dem Menschen aufgrund seiner Fähigkeit zur Wirklichkeitswahrnehmung möglich. Die hiermit zusammenhängende und hierauf basierende Humanintelligenz beinhaltet soziale Problemlösungsfähigkeiten, die in einem Modell der sozialen Intelligenz als sozial-logische Operatoren bezeichnet werden können.

6.13 Entomik, teleologische Ethik und Theologik

Die Eigenschaft oder das Merkmal „Existenz" ist primär gebunden an Information, nicht an Substanz. Eine Idee besteht schon ohne ihre substanzielle Umsetzung, Manifestation oder Konkretisierung. Der Mensch ist fähig zur Wahrnehmung der Konkretisierung von Ideen im Sinne einer Sinneswahrnehmung von Materie über seine Sinnesorgane. Das bedeutet, dass er zur Gestaltwahrnehmung materieller Manifestationen befähigt ist. Er ist aber darüber hinaus als DSMC auch fähig zur Wahrnehmung von Ideen, Funktionsmöglichkeiten und ethischen Wahrheitswerten, die noch nicht räumlich konkretisiert und insofern auch noch nicht materialisiert sind.

> Bedingung für Existenz ist primär die Information, nicht die Substanz (Masse).

Die Existenz eines Entoms ist nicht gebunden an die materielle Konkretisierung bzw. Manifestation als Körper. Der Begriff der Existenz überschreitet insofern den Raum- und Zeitbegriff des materiell manifestierten Universums.

Er ist lediglich gebunden an den Begriff der Information. Folglich ist die Information primäre Bedingung von Existenz.

Im Moment der Wahrnehmung einer Idee vollzieht sich immer auch eine neurologische oder biologische Veränderung im menschlichen Gehirn. Die Idee ist jedoch diesen neurologischen Prozessen vorangehend. Sie ist prädisponiert und ermöglicht erst die Erkenntnis durch den Menschen. Der Mensch erschafft also keine Idee, sondern kann Ideen wahrnehmen, die auch ohne seine Wahrnehmung existent sind. Alles, was wir wahrnehmen können, sind schon existierende Ideen.

Im theologischen Diskurs wäre ihre Quelle und Kraft als das Göttliche im Sinne einer der Schöpfung der Ideen innewohnenden Wirkqualität zu verstehen. Das Seiende – der Mensch – kann das Erschaffende nicht sehen, sondern nur erschließen. Die erschließende Wahrnehmung der Existenz eines Ideen-Erschaffenden – die Theologik – als Folge des Sich-Selbst-Begreifens als Geschaffenes ist die Offenbarung als solche. Offenbarung ist das Erfahren und Begreifen der Existenz vor aller Existenz – dem nicht auszudrückenden Unsagbaren, welches aller Begrifflichkeit vorausgeht – und doch da ist. Dies ist die theologische Bindung der Entomik und die theologische Einsicht eines entomischen Zeitverständnisses, welche in der immateriellen Zukunft eine schöpferisch-kreative Wirkkraft erkennt.

Die Entomik entwirft eine teleologische Ethik aufgrund der Anerkennung des Menschen als DSMC und der mit der Begabung des bewussten Bewusstseins verbundenen ethischen Einbindung in die Wahrnehmung und Verwirklichung des Humanen über die Humanintelligenz.

6.14 Der substanziierte Raum (Masse) als Aggregatzustand der Information in der Zeit

Eine der am meisten faszinierenden Dinge innerhalb der Entomik ist die Betrachtung des Phänomens der Zeit. Innerhalb der Entomik wird davon ausgegangen, dass die Information die primäre Energie ist, in der und aus der heraus alles Substanzielle entsteht, insbesondere auch der physikalisch substanziierte Raum als Masse.

> Der physikalisch-substanziierte Raum ist innerhalb der Entomik ein Aggregatzustand der Information im Zeitverlauf.

Da die körperlich-materielle Manifestation in zeitlicher Nachfolge zur Idee und ihrer Informationsausgestaltung entsteht, ist der substanziierte Raum (Masse) selbst dem Zeitfluss unterworfen. Er ist also keine konstante, unveränderliche Größe, sondern im Zeitbegriff eine dynamische Größe. Auch der Raum kann wieder vergehen in der Phase der Deformation, Afformation und Deflation. Innerhalb der Entomik wird der substanziierte Raum deswegen als ein Aggregatzustand der Information im entomischen Zeitpfeil konzeptualisiert.

6.15 Zeitwahrnehmung aus Sicht der Entomik

Zeitwahrnehmung vollzieht sich als Differenz zwischen sinnlicher Wahrnehmung und Erinnerungsleistung. Zeitwahrnehmung ist insofern Gegenwartswahrnehmung, als sie die sinnliche Wahrnehmung, die die hereinkommende Zukunft als augenblickliche Informationen ersichtlich werden lässt, und die Vergangenheitswahrnehmung, die als Gedächtnis und Erinnerung auftritt, miteinander in Verbindung bringt.

> Sinnliche Wahrnehmung ist immer Zukunftswahrnehmung, Erinnerung ist immer Vergangenheitsaktualisierung. Der Schnittpunkt zwischen Zukunftswahrnehmung und Vergangenheitsaktualisierung ist das gegenwärtige Bewusstsein bzw. das Gegenwartsbewusstsein.

Die Zeitwahrnehmung des biologischen Systems Mensch beinhaltet zusätzlich die Möglichkeit zur Differenzabgleichung von Realität und Wirklichkeit. Der hier verwendete Realitätsbegriff bezeichnet die aktuell sich manifestierende, sinnlich-materiell wahrnehmbare Welt. Der hier verwendete Wirklichkeitsbegriff bezeichnet den idealen Zielzustand (teleologische Ethik), der keiner weiteren Entwicklung mehr bedarf. Zwischen Wirklichkeitswahrnehmung und Realitätswahrnehmung ergibt sich eine Differenz, die ebenfalls in das Zeitgefühl des Menschen als wesentliche Größe eingeht. Die Fähigkeit zur Wirklichkeitswahrnehmung ist die Voraussetzung für visionäres Denken. Wirklichkeitswahrnehmung als solche kann auch als visionäre Wahrnehmung bezeichnet werden. Visionäre Wahrnehmung ist als Bewusstseinsleistung eine Folge des potenzierten menschlichen Bewusstseins als DSMC.

6.16 Die drei Formen der Orientierung: räumlich, zeitlich, ethisch (geistig-seelisch)

Es gibt drei Arten von Orientierung. Die primäre ist die räumliche Orientierung, die sekundäre ist die zeitliche Orientierung. Die primäre und sekundäre Orientierung erlauben die Funktion der Zeit- und Bewegungsantizipation. Die tertiäre Orientierung ist die ethische (geistig-seelische) oder auch funktionelle Orientierung. In dieser Reihenfolge entwickelt sich das Bewusstsein des Menschen. Die räumliche Orientierung beantwortet die Frage: Wo bin ich? Die zeitliche Orientierung ermöglicht danach die Beantwortung von räumlich-zeitlichen Abstandsfragen: Wann bin ich wo? Die ethische (geistig-seelische) Orientierung erlaubt zusätzlich die Beantworung motivationaler Fragen: Warum bin ich hier und warum muss ich wohin? Diese letzte Kategorie von Informationen kann unter dem Aspekt ethischen Funktionierens nur durch eine DSMC beantwortet bzw. bearbeitet werden.

Diese drei Orientierungsformen können im Sinne der Ontogenese verstanden werden. Ein Lebewesen ist zunächst örtlich fixiert, sodann fähig zur Bewegung und darauf aufbauend bzw. darüber hinaus analytisch begabt im Sinne der Ursachen- und Zielerforschung. Dies entspricht in gewisser Parallelität auch den Entwicklungsformen lebender Systeme als Pflanze, Tier und Mensch. Innerhalb des menschlichen Entwicklungsgangs lässt sich die Entwicklung dieser Orientierungsformen von der Befruchtung über die Embryonalentwicklung bis hin zum selbstreflektierenden, adulten, menschlichen Wesen nachvollziehen.

6.17 Die Kosmologie der Brust: Der Urknall

Bezogen auf die Vorstellung einer relativen Zeit ist festzustellen, dass das Raum-Zeit-Gefüge im Verständnis der Entomik nicht in dem Sinne eine Abhängigkeit der beiden Größen von Raum und Zeit beinhaltet, wie es in physikalischen Theorien der Raumzeit (Einsteins Relativitätstheorie) festgelegt worden ist. Keinesfalls ist in der Entomik Relativität eine Eigenschaft der Dimension der Zeit als solcher.

> Zeit ist eine von der Existenz der Materie und des substanziierten Raums unabhängige Dimension der Schöpfung.

Der Beginn der Existenz von Materie ist nicht gleichzeitig der Beginn des Zeitbegriffs. Zeit besteht insofern unabhängig von der Existenz der Materie. Materie nimmt einerseits Raum ein, existiert also im Raum innerhalb einer Zeit, ohne dass diese ihrerseits abhängig wäre von der Existenz der Materie. In der Entomik ist der Begriff der Raumzeit dem Begriff des Zeitraums untergeordnet. Raumzeit ist zu verstehen als ein Aggregatzustand im Zeitraum der Existenz eines Entoms.

Des Weiteren wird in der Entomik nicht davon ausgegangen, dass sich das Universum aus einem Punkt heraus entwickelt hat. Aus entomischer Sichtweise gibt es keine konzentrische Ursprungsgeschichte des Universums. Der Grund hierfür liegt dort, wo die Schöpfung in ihrem Ursprung immaterieller geistig-seelischer Natur ist, somit einer informationstheoretischen Kausalität unterliegt. Diese immaterielle, geistig-seelische Natur der Schöpfung bedingt an sich schon die Eigenschaft der Unendlichkeit und der Ewigkeit. Die Eigenschaften der Unendlichkeit und der Ewigkeit bewirken eine Zeit und einen Raum, die von Geist und Seele, somit folglich auch von Information, vollkommen durchdrungen sind. Es ist dies aus theologischer Sicht das Wesen des Göttlichen, das sich in seinen Eigenschaften der Ewigkeit und Unendlichkeit jeglicher rationalen Nachvollziehbarkeit entzieht. Ich habe es deswegen auch an anderer Stelle als Alpha-Omega-Dimension bezeichnet.

Die sinnliche Wahrnehmung von Materie lenkt das menschliche Bewusstsein und den diesem innewohnenden Forschergeist ab von der Wirklichkeit dieser Unendlichkeit und Ewigkeit sowie der immateriellen Existenz und Wirkkraft darin und dahinter.

Solange sich das wissenschaftliche Denken nicht aus dem Bewusstsein und der Anerkennung dieser Unendlichkeit und Ewigkeit des Göttlichen sowie der immateriellen Existenz und Wirkkraft heraus konzentriert auf die immaterielle Realität, entwickeln sich Vorstellungen über die Konstruktion der materiellen Welt, die aus der Sicht der Entomik nicht zutreffend sind. Die entomische Sichtweise bindet deswegen naturwissenschaftliches Forschen in den entomischen Zeitbegriff ein, so dass die Physis Ausdruck und Entwicklung der Metaphysis ist.

Als eine möglicherweise fatale Folge des substanzgebundenen Denkens wird aus Sicht der Entomik die Vorstellung angesehen, dass das Universum aus einem Punkt heraus entstanden ist, wie dies in der entropiebasierten Big-Bang-Theorie postuliert wird.

Die höchste Ordnung liegt in einer immateriellen Existenz und Wirklichkeit vor, also in der geistig-seelischen Wirklichkeit des Göttlichen. Diese höchste Ordnung ist niemals nur punktuell. Die höchste Ordnung ist umfassend, allgegenwärtig, ewig und unendlich. Sie trägt also die Merkmale einer Singulären Allmacht, die niemals punktuell sein kann. Alles Lokale ist Teil einer Umgebung, so dass das Lokale, der Punkt, immer nur Teil von etwas sein kann – dem Ganzen.

Die Vorstellung des punktuellen Beginns einer Schöpfungsgeschichte im Sinne der kosmologischen Vorstellung über die Entstehung des Universums aus einem Urknall heraus ist auch deswegen – so wie aus den weiter hier in Kapitel 6 dargestellten Gründen – aus entomischer Sicht nicht zutreffend.

Ebenfalls ist die Singuläre Allmacht ihrem Wesen zufolge nicht begrenzt und kann insofern auch nur allgegenwärtig und niemals nur punktuell sein. Die Wirklichkeit und die aktuelle Existenz des Universums und des Hyperversums ist materieller und immaterieller Ausdruck dieser Singulären Allmacht, dieser Allgegenwärtigkeit, dieser Ewigkeit und Unendlichkeit.

In energetischer Hinsicht bedeutet dies, dass die Verwirklichung der Göttlichen Ordnung – also der höchsten Ordnung aller Komplexität – überall und in jedem Jetzt stattfindet. Da diese Verwirklichung verbunden ist mit Bewegung, somit auch mit Energie, fließt der materiellen Konkretisierung der universalen Werdung überall, zu jeder Zeit und zu jedem Ort, Energie aus der immateriellen, geistig-seelischen Ebene zu. Diese Energie stammt aus der geistig-seelischen Wirklichkeit des Göttlichen und ist der Odem des Göttlichen Schaffens der Singulären Allmacht.

Diese Energie fließt der materiellen Schöpfung über die Zeit als Transponder aus der Zukunft zu. Sie manifestiert sich in der Dauer und Ausdehnung von Partikeln. Diese Partikel fügen sich entsprechend der immateriellen, geistig-seelischen Ordnung und der aus dieser Ordnung entstammenden und entspringenden Ideen hin zu dem, was wir als unsere sinnlich wahrnehmbare, materielle Welt erfahren.

Diese sinnliche Wahrnehmung ist zunächst für das menschliche Bewusstsein so überwältigend, dass es einer längeren Zeit bedarf, bis das menschliche Wesen die Wirklichkeit seines doppelten Bewusstseins als DSMC verarbeitet hat, welches es ihm ermöglicht, die sinnlich wahrnehmbare Welt als Ausdruck der dahinter, darin, davor und danach seienden, immateriellen, geistig-seelischen Welt zu begreifen, die ihrerseits erst jenseits aller Rationalität das Wesen des Göttlichen offenbart. Dieses Wesen des Göttlichen wäre aus einem theologisch-humanen Verständnis die dem sich entwickelnden Menschen erst in Ansätzen vertraute Liebe.

Der Umgang des Menschen – in seiner an Substanz gebundenen, existentiellen Fixierung des Denkens – mit der Wahrnehmung des Universums ist zu vergleichen mit dem Umgang eines Säuglings mit der Muttermilch. Erst nach und nach begreift der Säugling, dass die Milch der Brust entstammt und die Brust ein Körperteil der Mutter ist. Dann sieht der Säugling die ganze Mutter. Und langsam begreift er, dass die Mutter ihm die Brust reicht, weil sie ihn liebt. Dass diese Mutter aber nicht nur der Körper ist, von dem die Brust ein Teil ist, begreift wiederum der Heranwachsende über die Wahrnehmung der Mutter als geistig seelisches Wesen und die Offenbarung ihrer zärtlichen Zuneigung in irrationaler Selbstlosigkeit. Dieses Mysterium ist der Beginn der demütigen Wahrnehmung der Schöpfung und ihrer physikalischen Erforschung sowie der Beginn einer objektiven Transzendenz.

Aus Sicht der Entomik entspricht die entropische Vorstellung eines Kosmos, der einstmals vor 13,7 Milliarden Jahren einmalig einem „Urknall" entsprang, bezogen auf das Stadium der Bewusstseinsentwicklung, dem Entwicklungsstadium des Säuglings, der wahrnimmt, dass Milch aus einer Brustdrüse drängt.

6.18 Unordnung und der Primat der Forderung nach Sinn

Das Streben nach Unordnung (Entropie) ist nicht die Grundbewegung des Universums. Es gibt die Auflösung einer Ordnung, die zuvor geordnet wurde. Auch Dinge

– Entome – streben nicht grundsätzlich einer Unordnung zu. Vielmehr verlaufen Dinge unter dem Primat der Sinnforderung und zeigen diesem gegenüber eine Erfüllung durch Anordnung der Dinge an. In der Erfüllung der Anordnung spaltet sich das Entom wieder auf in seine Sinnerfüllung einerseits und die Partikellosigkeit andererseits. Der Moment, in dem der Sinn in Erfüllung geht und diese Partikelformation nicht mehr notwendig ist, zeigt also weniger Unordnung der Partikel an als vielmehr die Auflösung einer Notwendigkeit. Letztere unterliegt wie alles dem Primat der Sinnforderung, welcher niemals chaotisch ist, sondern eben geordnet. Der Primat der Forderung nach Sinn ergibt sich aus der Singulären Allmacht und der hierin repräsentierten höchsten Komplexität. Für den Menschen als DSMC ist dieser Primat der Forderung nach Sinn sowie die damit sich ergebende, verantwortliche Handlungsorientierung in die Richtung des Humanen wahrnehmbar.

Wie einleitend bei der Darstellung des Zeitpfeils der Entropie der Wärmetod als Endzustand der materiellen Welt zitiert wurde, wird dieser Wärmetod im entropischen Zeitpfeil durch die Entomik ebenfalls als Aggregatzustand der Zeit interpretiert. Allerdings ist dieser Zustand der Auflösung der Ordnung aus Sicht der Entomik im kosmologischen Entwicklungsmodell in der Phase der Deflation (in der entropischen Kosmologie: Inflation) bzw. der Deformation und Afformation zu sehen. Er steht also nicht bevor als entferntes „beängstigendes" Szenario, sondern liegt in der Vergangenheit vor ca. 13,7 Milliarden Jahren, wenn man den kosmologischen Zeitrechnungen folgen darf. Die Auflösung von materiellen Konglomerationen unterliegt hier allerdings der oben in Kapitel 5.3 dargestellten Dynamik in der Form, dass eine Materiekonglomeration ihre Notwendigkeit für die weitere Gestaltung des Kosmos verloren hat. Es besteht keine weitere sinnhafte Verbindung mehr mit dem Universalen Jetzt. Der Wärmetod hat den Informationszustand „0", da durch die vollkommene Gleichverteilung aller materiellen Substanz keine Gestalt mehr wahrnehmbar ist. Diese Gestaltlosigkeit der entropischen Balance kann als materielle Begrenzung aller Entome verstanden werden.

Sie ist aber nicht die informationstheoretische Begrenzung des Entoms, da die Idee gegenüber der Materie prä-, aber auch postexistent ist. Als Beispiel sei angeführt, dass ein zerbrochenes Glas zwar nicht mehr die Funktion des Entoms „Glas" erfüllt, ohne dass hierdurch jedoch die Idee von einem Glas zerbricht oder zerstört wird. Die neue Zusammenfügung aller Partikel dieses Glases ergibt niemals das alte Glas, sondern lediglich die Neuformung der zeitlosen, ewigen Idee des Glases zu einem späteren Zeitpunkt. Insofern ist die Idee, bezogen auf die Konkretisierung des Glases als Trinkglas, prä-, aber auch postexistent.

Unordnung bzw. Auflösung der Gestalt führt niemals zur Auflösung des Sinns als solchem.

Der Sinn geht allem Seienden voraus, so dass alles Seiende bezogen auf den Sinn verstanden werden möchte. Dies ist der Primat der Forderung nach Sinn in der Entomik.

Davies führt zur Frage der Sinnorientierung hierzu seine konträren Überlegungen aus, wenn er sagt:

> „In the case of life, it necessary starts simple, so there will be a tendency to accumulate complexity, not for reasons of directionality, but because evolution conducts a random walk through the possibility space, which is bounded by a 'wall' of minimal complexity. The wall exists for the elementary reason that there is a lower limit, but no obvious upper limit, to the complexity of living organism" (Davies, 2013, S. 12).

Davies stellt also fest, dass das Leben einfach – d. h. mit geringer Komplexität – beginnt. Es wird also eine Tendenz geben, Komplexität zu akkumulieren, nicht aus Gründen der Richtungsabhängigkeit, sondern weil die Evolution einen zufälligen Spaziergang durch den Raum der Möglichkeiten macht, der von einer „Wand" minimaler Komplexität begrenzt wird. Die Wand existiert aus dem elementaren Grund, dass es eine untere, aber keine offensichtliche obere Grenze für die Komplexität des lebenden Organismus gibt (vgl. Davies, 2013, S. 12).

In der entomischen Sichtweise vollzieht sich diese Entwicklung von Komplexität nicht als ein „random walk through the possibility space", sondern als eine geordnete Entwicklung, worin die Etablierung der Zukunft über das Resonanzprinzip eine inhaltlich sinnvolle Gegenwart bietet, deren Informationsgehalt prinzipiell oder potentiell vom biologischen System Mensch als DSMC ausgelesen werden kann. Auch Davies spricht eine solche Möglichkeit an, wenn er sagt:

> „It is an open question whether we must simply deal with each case of such a complexity trend on an ad hoc basis, or whether there is a deeper principle of complexification at work that guarantees (under certain well defined circumstances) an advance in complexity over and above a random walk through the possibility space. [...] If there is such a principle, then not only will the most complex representative of the biosphere tend to become more complex over time, but the median of the complexity distribution will also shift steadily towards higher values over time" (Davies, 2013, S. 32).

Es ist also nach Davies eine offene Frage, ob wir davon ausgehen müssen, dass jeder Fall einer solchen Komplexitätstendenz einfach einem Ad-hoc-Geschehen unterliegt, oder ob es ein tieferes Prinzip der Komplexierung als Wirkendes gibt, das (unter bestimmten, genau definierten Umständen) einen Fortschritt in der Komplexität über einen zufälligen Gang durch den Möglichkeitsraum hinaus garantiert. Wenn es ein solches Prinzip gibt, dann wird nicht nur der komplexeste Vertreter der Biosphäre mit der Zeit immer komplexer, sondern auch der Median der Komplexitätsverteilung wird sich im Laufe der Zeit stetig in Richtung höherer Werte verschieben (vgl. Davies, 2013, S. 32).

Ob also die Entwicklung des Universums – wie es in der Entomik durch den Primat der Forderung nach Sinn ausgedrückt wird – einem inneren oder höheren Plan folgt, lässt Davies offen. Allerdings zieht er Leibniz heran, um diesen die Eigenschaft des jetzigen Universums charakterisieren zu lassen:

„Leibniz argued, that we live in the best of all possible worlds, not in any ethical or human sense, but in the sense the universe evolves the greatest complexity in its physical states from the
simplest possible underlying laws – a sort of ‚maximum complexity bang for the buck' principle
(Leibniz, 1697). All these musings address the core issue and mystery of existence, which is that
the universe is not just 'any old' physical system, but one that is in some manner fine-tuned for
life, mind, and comprehension [...]" (Davies, 2013, S. 39).

Leibniz argumentierte also, dass wir in der besten aller möglichen Welten leben, nicht
in irgendeinem ethischen oder menschlichen Sinne, sondern in dem Sinne, dass das
Universum die größte Komplexität in seinen physischen Zuständen aus den einfachs-
ten zugrunde liegenden Gesetzen entwickelt – eine Art „Maximum-complexity-bang-
for-the-buck"-Prinzip (Leibniz, 1697). All diese Überlegungen befassen sich mit der
Kernfrage und dem Geheimnis der Existenz, nämlich dass das Universum nicht „ir-
gendein altes physisches System" ist, sondern eines, das in gewisser Weise auf Leben,
Verstand und Verständnis abgestimmt ist (vgl. Davies, 2013, S. 39).

Sinnwahrnehmung ist eine „Geistfunktion", die wiederum – wie weiter oben in
Kapitel 6.12 ausgeführt – die Komplexität des Bewusstseins des biologischen Systems
Mensch als DSMC potenziert gegenüber der einfachen Beseelung beispielsweise eines
Tieres. Die menschliche Geist-Seele, das doppelte Bewusstsein mit seiner Fähigkeit,
Sinnwahrnehmung im Zeitstrom zu betreiben, ist eine Realität, sofern der Mensch
sich selbst bewusst wird, dass er Sinnwahrnehmung betreiben kann. Erkennt er die-
se Fähigkeit an sich selbst nicht, ändert dies nichts daran, dass sein Handeln die Ei-
genschaft des Sinnvollen oder des Nichtsinnvollen trägt. Es sagt lediglich etwas darüber aus, ob der Mensch sich seines potentiellen Bewusstseins bewusst ist oder nicht.
Die Geistfunktion eröffnet – wie oben in Kapitel 4.4–4.7 ausgeführt – das bewusste
Bewusstsein und stellt somit die Entwicklung des biologischen Systems Mensch als
DSMC in einen sozialen Evolutionszusammenhang, dem das Tier nicht in dieser Weise unterliegt.

7 Zur Überwindung der Spaltung zwischen Natur- und Geisteswissenschaft

7.1 Der Begriff der Objektivität in den Naturwissenschaften

Die gegenwärtige wissenschaftliche Betätigung nimmt eine Unterscheidung der Wissenschaften in die Bereiche der Naturwissenschaften und der Geisteswissenschaften vor. Dem liegt der Gedanke zugrunde, dass der Begriff der Objektivität in den Naturwissenschaften durch ihre Untersuchungsmethoden in anderer Weise als abgesichert gelten könne, als dies in den Geisteswissenschaften der Fall sei. Man beruft sich hier auf die Möglichkeit des Messens im Experiment, der Entdeckung und Überprüfbarkeit von Gesetzmäßigkeiten, wie sie in der Physik und anderen Naturwissenschaften als entdeckt und entdeckbar gelten. Eine entsprechende klassisch naturwissenschaftliche Sichtweise von Kelvin (1883), die für Naturwissenschaften als Grundsatz angesehen werden darf, wird durch Lineweaver et al. (2013) zitiert:

> "… when you can measure what you are speaking about, and express it in numbers, you know something about it; but when you cannot measure it, when you cannot express it in numbers, your knowledge is of a meagre and unsatisfactory kind; it may be the beginning of knowledge, but you have scarecely in your thoughts advanced to the stage of science, whatever the matter may be" (Lineweaver et al., 2013, S. 4).

Kelvin meint also, dass man im wissenschaftlichen Sinn etwas erst weiß, wenn man messen kann, wovon man spricht, und es in Zahlen ausdrücken kann. Aber wenn man es nicht messen kann, wenn man es nicht in Zahlen ausdrücken kann, sei das ein Wissen von magerer und unbefriedigender Art; es möge der Anfang des Wissens sein, aber es ist in seinen Gedanken kaum vorangeschritten zum Stadium der Wissenschaft, was auch immer die Angelegenheit sein möge (vgl. Kelvin in: Lineweaver et al., 2013, S. 4).

Sofern wissenschaftliche Wissensbildung tatsächlich Messbarkeit zur Voraussetzung hätte, wäre Materialisierung hierfür Voraussetzung. Dass hiermit ein verhängnisvoller Irrweg in die Dunkelheit der alleinigen Erkenntnis von Vermaterialisierung vorbeschrieben wird, darf angesichts des Phänomens der direkten Wahrnehmbarkeit der Zeitflussrichtung von der Zukunft über die Gegenwart in die Vergangenheit festgestellt werden. Die primäre Erkenntnis der Entomik ist weitreichend und fundamental für die sich mit der Funktion und dem Aufbau von belebter und unbelebter Materie beschäftigenden Wissenschaften. Wenn wegen der von Kelvin über die Qualität von Wissen getroffenen Feststellung solch primäre Erkenntnisse übersehen werden, welche durch das hyperkomplexe Bewusstsein der DSMC hervorgebracht werden können, hat dies katastrophale Fehleinschätzungen zur Folge.

https://doi.org/10.1515/9783110789355-007

7.2 Der geisteswissenschaftliche Weg der Erkenntnis

Den Geisteswissenschaften wird ein anderer Weg der Erkenntnis und Wissensbildung zugestanden. Letztlich geht man jedoch davon aus, dass der Begriff der Objektivität den Geisteswissenschaften eher nicht zusteht, da in letzter Instanz die Introspektion des Individuums zur Erkenntnis des Geistigen heranzuziehen ist. Diese Introspektion als Quelle der Erkenntnis unterliegt grundsätzlich der Wahrnehmung des Subjekts, so dass ihr dadurch auch grundsätzlich Subjektivität unterstellt wird.

Der Unterscheidung eines naturwissenschaftlichen und geisteswissenschaftlichen Untersuchungsrahmens liegt zugrunde, dass dem menschlichen Bewusstsein ein Differenzierungsvermögen zu eigen ist, welches sowohl materielle als auch immaterielle Phänomene zu unterscheiden vermag. Diese Unterscheidung in Natur- und Geisteswissenschaften ist aus verschiedenen Gründen – wie nachfolgend ausgeführt wird – irreführend und missverständlich. Darüber hinaus ist der Bereich des Seelischen hier nicht aufgenommen.

7.3 Das Fehlen der Seelenwissenschaft

Denn zu unterscheiden ist zwischen Materie, Geist und Seele. Das Seelische ist eine vom Geistigen zu trennende Entität, ein weiterer Phänomenbereich, der von den Natur- und Geisteswissenschaften übergangen oder übersehen wird. Auch ein Tier ist beseelt und kann deswegen emotionell reagieren. Es kann insofern als einfach bewusstseinsbegabte Kreatur angesehen werden, SSMC. Sobald aber der Mensch mit seinem potentiell hyperkomplexen Bewusstsein als DSMC im Fokus der wissenschaftlichen Untersuchung steht, wie dies zum Beispiel im Bereich der Humanpsychologie der Fall ist, treten alle drei Phänomenbereiche – Geist, Seele und Körper (Materie) – als Aspekte des Untersuchungsgegenstandes auf.

Dies gilt natürlich nur für den Fall, dass man den Menschen a priori als eine Einheit von Geist, Seele und Körper ansieht. Betrachtet man den Menschen ausschließlich als einen biochemischen, biophysikalischen Mechanismus (Organismus), dem keine geistige und keine seelische Wirklichkeit als reale Qualität zuzuordnen ist, kann man ihn prinzipiell mit rein naturwissenschaftlichen (materiellen, experimentellen) Methoden erforschen.

Aus entomischer Betrachtung ist nicht davon auszugehen, dass der Mensch auf eine biophysikalische oder biochemische Konstruktion im Sinne eines eventuell sogar nachbaubaren Organismus zu reduzieren ist. Hiermit entfallen auch alle Visionen hinsichtlich der Möglichkeit, Artificial Intelligence oder künstliche Bewusstseinszustände zu erschaffen, die der Qualität menschlichen Bewusstseins entsprächen. So lässt sich beispielsweise das Fach Humanpsychologie nicht wirklich in den Bereich der Naturwissenschaften oder Geisteswissenschaften einordnen, sofern man das Untersuchungsobjekt bzw. den Untersuchungsgegenstand Mensch als eine Einheit von Geist, Seele und Körper ansieht.

Muller (2016), der in einem der aktuellsten Werke der Physik über das Phänomen Zeit Erkenntnisse über das Jetzt und den Zeitpfeil zusammenfasst, äußert sich zunächst über den Begriff der Seele wie folgt:

> „For lack of a better term, let's refer to the thing that you imagine transferring to the other being as your soul – the same thing that just might be go along when you get beamed up by Scotty. I hesitate to use the word soul because it carries a lot of baggage from its use in religion: immortality, and memory independent from the body [...] the thing that is punished when you sin. So I was tempted to call it your 'quintessence' [...] or your 'anima' [...] or your 'spirit' [...] or the French word esprit; but let's just stick for simplicity, with soul. Does it exist? Is it real? The soul appears to be impossible to detect with physics. [...] It is often confused with 'consciousness' probably because consciousness is more amenable to physicalism. The soul-consciousness difference is analog to the mind-brain difference" (Muller, 2016, S. 269ff).

Doch auch, wenn die Physik bei der Betrachtung der Zeit an die Grenze der physikalisch untersuchbaren Welt stößt, so bleibt es bei der Untersuchung der Zeit dennoch von Bedeutung, sich mit der Realität der Seele als Phänomen auseinanderzusetzen. Muller stellt diesbezüglich fest:

> "What does all this have to do with the mystery of the now? As long as we think, we are nothing but machines run by a fancy multitasking computer, the issue of now is irrelevant. It has no meaning, unless perceived by that same thing (the soul?) that looks at the signal in the brain and sees what blue looks like. That doesn't mean that now doesn't have a physics origin; I think it does. The body processes signals, but the thing that looks is what I refer to (for lack of a better term) as the soul. I know I have a soul. You can't talk me out of that. It's that thing that goes beyond physics, that is beyond the body and past the brain and sees what things and colors look like. I don't understand the soul. [...] I feel that the clear perception of another person's soul is the essence of empathy, of love. How could you possibly do harm to another person when you are aware of that person's soul?" (Muller, 2016, S. 271).

Wenn, so wie Muller feststellt, es seine und eine innere Sicherheit gibt, die dieses Phänomen Seele immer wieder individuell und in Jahrtausenden beschreibt, so wäre doch eine wissenschaftliche Erforschung der Seele – auch wenn die Physik nur peripher hiermit zu tun hat – eine wünschenswerte Erweiterung wissenschaftlicher Suche. Die Entomik und die in der Entomik formulierte Sichtweise auf den Menschen als DSMC bieten hier in Zusammenhang mit dem Zeitpfeil einen methodischen Zugang.

7.4 Eine geisteswissenschaftliche Legitimation der Naturwissenschaft?

Jenseits der Unterscheidung in Natur- und Geisteswissenschaften bedarf jede Art von wissenschaftlicher Betätigung ebenfalls a priori einer ethischen Legitimation. Wissenschaftliche Betätigung, wissenschaftliches Arbeiten, wissenschaftliche Mittel und wissenschaftliche Ergebnisse entstehen nicht in einem luftleeren Raum, sondern geschehen in einem sozialen Raum und ziehen entsprechende soziale Auswirkungen nach sich. Somit entsteht ganz unabhängig von der Unterscheidung in Natur- und Geisteswissenschaften die Notwendigkeit zur Konkretisierung der ethischen Legitimation wissenschaftlichen Arbeitens.

Woher jedoch soll die ethische Legitimation genommen werden? Liefert der Bereich der Geisteswissenschaften die Konkretisierung der ethischen Legitimation wissenschaftlichen Handelns?

Wenn dies so wäre, dann wären die Bereiche der Natur- und Geisteswissenschaft nicht gleichgeordnet nebeneinander angesiedelt. Vielmehr stünde die Geisteswissenschaft oberhalb der Naturwissenschaft und würde dieser die ethischen Rahmenbedingungen diktieren, innerhalb derer die Naturwissenschaft ihre Aktivitäten betreiben dürfte. Hinzu käme, dass die Naturwissenschaft Rahmenbedingungen im Sinne ethischer Legitimationsprinzipien akzeptieren müsste, die einer Form des Erkenntnisgewinns entsprächen bzw. entsprängen, die der Naturwissenschaft als solcher fremd, wenn nicht sogar dubios erscheinen würde. Hier beißt sich also die Katze in den Schwanz. Die Unterscheidung der wissenschaftlichen Aktivität in Natur- und Geisteswissenschaften führt auch in dieser Hinsicht in eine nicht wirklich auflösbare Misere.

7.5 Die Verwendung von Symbolsystemen der Metrik und Semantik

Es gibt jedoch auch weitere, wahrscheinlich deutlich tiefer gehende Gründe dafür, dass eine Unterscheidung der Wissenschaften in Natur- und Geisteswissenschaften nicht sinnvoll ist.

Betrachten wir den Phänomenbereich der materiellen Realität. Zunächst erscheint es möglich, einzelne Bereiche der materiellen Realität sozusagen herauszupräparieren und experimentell sowie mathematisch zu durchdringen. Wenn wir dies tun, werden wir jedoch hierzu immer geistige Werkzeuge benutzen, geistige Phänomene implizit anerkennen und die Untersuchung mit Mitteln und Kräften bewerkstelligen, die mit den „Kategorien der Verantwortlichkeit" betrachtet werden können bzw. müssen.

Naturwissenschaftliche Untersuchungen sind nicht denkbar ohne die Verwendung von Symbolsystemen wie Zahlen und Sprache. Die der Sprache zugrunde liegende Semantik sowie die den Zahlen zugrunde liegende Metrik sind ihrerseits jedoch nicht materiell zu konkretisieren, sondern stellen immaterielle Realitäten dar.

Der Begriff der Zahl führt unweigerlich den Begriff der Unendlichkeit ein, da der Zahlenstrang unendlich fortsetzbar ist, sowohl in den Minus- als auch in den Plusbereich. Der Begriff der Unendlichkeit seinerseits ist jedoch ein philosophischer Begriff mit weitreichenden Implikationen. Entwickelt man den Zahlenstrahl gegen unendlich, so ist hierfür eine entsprechende, unendliche Zeitdauer notwendig. Wir gehen implizit davon aus, dass alle Zahlen bis in die Unendlichkeit hinein rein theoretisch existieren müssen. Die Unendlichkeit selber entzieht sich jedoch einem rationalen Verständnis und grenzt somit an den irrationalen Rand menschlicher Verständnismöglichkeit, somit auch an den Rand naturwissenschaftlich geforderter Objektivität vermittels Messbarkeit. Unendlichkeit ist nicht messbar, sondern nur rational erschließbar. Diese Feststellung der Unendlichkeit der Metrik ist erkenntnistheoretisch von der gleichen Qualität wie die schlussfolgernde Feststellung der Entomik, dass der Zeitfluss aus der Zukunft über die Gegenwart in die Vergangenheit verläuft.

Die der Sprache zugrunde liegende Bedeutsamkeit der Inhalte, die als Semantik zu bezeichnen ist, beruht zu einem Teil auf Annahmen eines interindividuellen Einverständnisses. Die Frage ist jedoch, ob der Hintergrund der Bedeutsamkeit nicht an sich ein Phänomenbereich ist, der nicht allein interindividuell zu vereinbaren ist, sondern hiervon unabhängig eine eigene Existenz führt, wie dies in der Semiotik erforscht wird. Wenn wir den Begriff Liebe nehmen, so wird einesteils ein hohes interindividuelles, zum Teil kulturell bedingtes Übereinstimmen hinsichtlich des semantischen Gehalts entstehen. Trotzdem wird ganz unabhängig von kulturellen Vereinbarungen die semantische Abgrenzung des Begriffs Liebe einen eigenen Bedeutsamkeitsraum bezeichnen, der nicht mit beliebigem Inhalt zu füllen ist. Es besteht also kein Zweifel daran, dass es einen Unterschied gibt zwischen Liebe und Unliebe, egal wie genau es kulturell und individuell gelingt, diese Konkretisierung hinsichtlich des tatsächlichen Phänomens der Liebe zu erzielen. Es gibt eine semantische und semiotische Grenze – einen essentiellen, wesentlichen Inhalt der Liebe – sonst wäre die begriffliche Verwendung dieses Wortes Liebe an sich unbedeutsam.

Sprache beruht insofern nicht ausschließlich auf interindividueller Vereinbarung hinsichtlich der semantischen Bedeutung der Worte. Sprache beruht auch ganz wesentlich auf einer vorsprachlichen Phänomenologie, die in Sprache konkretisiert wird. Die Unterscheidung von vorsprachlicher Phänomenologie und interindividueller bzw. kultureller Vereinbarung hinsichtlich der Bedeutung der Worte zeigt deutlich, dass naturwissenschaftliches Arbeiten auch in dieser Hinsicht angewiesen ist auf Mittel zur Erkenntnisgewinnung und Erkenntnisbeschreibung, die nicht dem naturwissenschaftlich abgegrenzten Handlungsraum entspringen.

7.6 Die Problematik des Informationsbegriffs in der Naturwissenschaft

Neben diesen sicherlich schon gravierenden Problemen bei der Terminologie bezüglich naturwissenschaftlicher und geisteswissenschaftlicher Themen gestaltet sich ein noch viel weitergehendes Problem in einer sogenannt rein naturwissenschaftlichen

Orientierung. Die Welt unterscheidet sich in Teile verschiedener Größenordnung (Partikel) sowie unterschiedlicher Dauer (zeitliche Ausdehnung). Die Dinge haben insofern grundsätzlich gemeinsam, dass sie als Ding (Objekt) abgrenzbar sind und in ihrer jeweiligen konkreten Existenz einem zeitlichen Verlauf unterliegen.

Betrachten wir zunächst den Aspekt der Form, der in der materiellen Welt jedes Ding von einem anderen unterscheidet und somit zum Objekt naturwissenschaftlicher Untersuchungen werden kann, so ist der Begriff der Form als solcher nicht naturwissenschaftlicher Provenienz, d. h. nicht im eigentlichen Sinne materiell. Form entsteht auf Basis von Gestaltung, die nach bestimmten Prinzipien erfolgt, die ihrerseits wiederum nicht im eigentlichen Sinne materiell sind, sondern lediglich die Ordnung materieller Dinge (Formen und Formeln) darstellen. Die Form an sich spiegelt die Existenz einer Idee wider, die sich von der Formlosigkeit und der damit zusammenhängenden Sinnlosigkeit unterscheidet als wahrnehmbares Ganzes (Gestalt), verbunden mit einer funktionellen Eingebundenheit in einen materiellen und immateriellen Zusammenhang.

Es muss also davon ausgegangen werden, dass jedes Ding, bevor es in seiner Form konkretisiert materiell existiert, in einer Idee zuvor bereits existiert haben muss, die dann die tatsächliche konkrete Form des Dings entstehen lässt im Sinne der Bestimmung des Zusammenhangs der Teilchen. Das Vorhandensein der Ideen als Vorläufer (Form) verweist somit erneut auf einen nicht materiellen Hintergrund jedes einzelnen materiellen Teils.

Darüber hinaus sind die Prinzipien der Formgestaltung, die den Zusammenhang der Dinge darstellen und prägen, ebenfalls immaterieller Natur. Das sogenannte „Naturgesetz" ist im eigentlichen Sinne somit eine abstrakte, nicht materielle Realität. Auch in dieser Hinsicht stellt sich das naturwissenschaftliche Denken als in Wirklichkeit längstens und engstens verwoben mit und angewiesen auf nicht materielle Realitäten dar. Was wäre die Physik ohne die Mathematik? Sie wäre rein deskriptiv ohne die Fähigkeit der Abstraktion vom Materiellen.

Muller (2016) stellt zur Frage: Was ist Naturwissenschaft? kritisch fest:

> „All of mathematics is knowledge that is outside of physical reality. That is what bothers many people about the subject, and it is the cause of much math phobia. Empirically, we can only show that some rules of math are approximately true. Is the Pythagorean theorem exact? Or is the largest angle in a 3–4–5 triangle not 90 degrees but really only 89,999999 degrees? How do you know? Not from physics; not from measurement. [...] Mathematics investigates truth not by experimental tests, but only by self-consistency" (Muller, 2016, S. 265).

Gehen wir aber von der formbildenden, immateriellen Realität weg, die als Idee beschrieben ist, und betrachten weiterhin neben der Form den zeitlichen Verlauf eines jeden Dings, so stellt sich heraus, dass jedes naturwissenschaftliche Objekt einem zeitlichen Verlauf unterliegt, in dem auch die Erfüllung der Form zeitlich begrenzt erscheint, vorübergehender Natur ist und – was ganz wesentlich ist – im zeitlichen Verlauf funktional zu etwas dient. Der Informationsbegriff, der nicht materieller Natur ist, sondern immateriell vorliegt, muss deswegen als Basis jeder naturwissenschaftlichen Erkenntnissuche verstanden werden.

7.7 Der Begriff des Nutzens in der Naturwissenschaft

Sofern der Mensch als Mensch selbst der Bezugspunkt ist, um den Nutzen eines Dings zu erfassen und zu bemessen – was nicht zwangsläufig die einzige Betrachtungsweise des Nutzungsprinzips ist –, stellt sich die Frage, inwiefern der Mensch diesen Nutzen des untersuchten Objekts zu erfassen versteht.

Nutzen ist an sich eine ethische Kategorie, die sehr unterschiedlich interpretiert werden kann. Auch unter diesem Aspekt des Nutzens ergibt sich hier erneut die Frage, wie der Mensch zur Erkenntnis des tatsächlichen bzw. wirklichen Nutzens der Dinge gelangt. Die Naturwissenschaft an sich gibt hierauf keine Antwort. Reine Zurverfügungstellung von Nutzungsmöglichkeiten, ohne ihre ethische Einordnung zu beachten, ist eine systemimmanente Kurzsichtigkeit in der Terminologie der Natur- und Geisteswissenschaften. Die Naturwissenschaft kann und darf den Nutzen der Erkenntnis naturwissenschaftlichen Arbeitens nicht außerhalb des physikalischen bzw. naturwissenschaftlichen Erkenntnisrahmens ansiedeln. Schon bei der Auswahl des Untersuchungsgegenstandes gilt es, die ethischen Kategorien zu bestimmen, die den weiteren Vorgang der Untersuchung legitimieren sollen.

7.8 Die Problematik der absoluten Zeit in der Naturwissenschaft

Kommen wir noch zu einem weiteren Punkt, der mit der Problematik des Zeitbegriffs bzw. des Zeitverlaufs verbunden ist. Diese Problematik stellt sich als ein Problem der Reihenfolge zwischen Idee, konkretem Objekt und seiner Vergänglichkeit dar. Grundsätzlich ist davon auszugehen, dass der Zeitfluss (Zeitpfeil) als gerichtet gelten muss in der Weise, dass aus der Zukunft die Zeit in die Gegenwart fließt und von da heraus zur Vergangenheit wird. Zunächst kommt also die Idee, hieraus entsteht das Ding in seiner konkreten materiellen Ausformung und unterliegt gleichzeitig von Anfang an in seiner Gesamtheit einem zeitlichen Verlauf bis hin zu einer möglichen Wiederauflösung dieser Form, so dass die materiellen Bestandteile die Idee der Form nicht mehr widerspiegeln.

Die Annahme eines Zeitpfeils impliziert in sich eine Vorformung der Dinge, die in der Zukunft in materiellem Sinne präexistent sind, dann tatsächlich materiell ausgeformt werden und ihrem Verfall oder ihrer Transformation in eine neue Form entgegensehen. Der Zeitpfeil impliziert somit einen Zeitraum, der sowohl die immaterielle als auch die materielle Realität umfasst. Der Zeitraum, dem alles Seiende unterworfen ist, kann somit nur ein Raum sein, der niemals nur natur- oder geisteswissenschaftlich zu begreifen ist. Der Zeitraum selbst stellt eine Wirklichkeit dar, in dem das Ding als

Idee, als konkretes Objekt und als transformiertes, gegebenenfalls zerfallendes Objekt existiert. Kein Objekt entzieht sich der Umfassendheit des Zeitraums, kein Objekt existiert somit außerhalb der Zeit. Auch hier zeigt sich erneut, dass ein rein naturwissenschaftliches Verständnis der Untersuchungsobjekte zwangsläufig eine Reduktion der Wirklichkeit des untersuchten Objekts darstellt, da die immaterielle Provenienz des Objekts, die in einer noch nicht konkretisierten Zukunft existent ist, ausgeklammert wird.

Die begriffliche Trennung geisteswissenschaftlichen und naturwissenschaftlichen Erkenntnisgewinns scheitert erneut an der den meisten wissenschaftlichen Untersuchungen zugrunde liegenden diffusen Dimensionalität des Zeitbegriffs, obwohl die Dimension der Zeit die nicht materielle Realität mit der materiellen Realität in Wirklichkeit zwangsläufig abfolgend verbindet.

Im entomischen Zeitverständnis sind die immaterielle und die materielle Realität integriert. Eine Interpretation des Begriffs der Zeit ausschließlich unter dem Gesichtspunkt materieller Bewegung zu betrachten, wie dies im Raumzeit-Begriff der Physik konzeptualisiert ist, erscheint aus entomischer Sichtweise unzutreffend. Aufgrund der Differenzierung von Realität und Wirklichkeit innerhalb der Entomik entfalten sich Entwicklungsnotwendigkeiten, die dem menschlichen Bewusstsein (DSMC) im Sinne ethischen Erkenntnisgewinns möglich sind.

Für den entomisch orientierten Menschen beinhaltet der Zeitbegriff deswegen zusätzlich immer die Dimension der Verantwortung. Jegliches Handeln des Menschen unterliegt der Frage, inwiefern seine Lebenszeit auch seine Lebensverantwortung darstellt. Hier tritt die seelische Komponente der Schöpfung hinzu, die bezogen auf menschliches Leben im Sinne eines beseelten Lebens die Frage der Verantwortung unmittelbar hervorruft.

7.9 Herkunft des Verantwortungsbegriffs im naturwissenschaftlichen Handeln

Wissenschaftliches Handeln unterliegt wie jedes andere menschliche Handeln somit der Frage, inwiefern der jeweilige Wissenschaftler mit seiner Lebenszeit in der Ausübung seiner wissenschaftlichen Arbeit verantwortlich umgeht.

Diese Analyse zeigt, dass naturwissenschaftliches Arbeiten nur scheinbar und aus einem sehr präparierten Blickwinkel – also unter Ausklammerung einer ganzen Reihe nicht messbarer Annahmen – in äußerst vorübergehender, eingeschränkter Weise den Begriff der Objektivität widerspiegelt.

Zusammenfassend halte ich fest, dass sich die Naturwissenschaft in Zusammenhang mit einem Begriff der Verantwortung nicht der Legitimationsnotwendigkeit entziehen kann. Sie verwendet Metrik und Semantik, die einer nicht materiellen, semiotischen Phänomenologie entspringen. Das hierauf basierende Informationsverständnis unterliegt individueller und kultureller menschlicher Bewusstseinsbildung und einer damit zusammenhängenden Interpretation. Darüber hinaus muss im Rahmen eben-falls nicht messbarer ethischer Erkenntnisprozesse das Verständnis vom Nutzen der naturwissenschaftlichen Erkenntnis geklärt werden. Der Begriff der Zeit erlaubt dar-über hinaus erst unter einem entomischen Verständnis die Integration von Realität und teleologischer Wirklichkeit, aus der sich Möglichkeiten der Objektivierung des Nutzens naturwissenschaftlichen Forschens ergeben. Dies alles lässt ein rein auf der oben in Kapitel 7.1 dargestellten Sichtweise von Kelvin beruhendes Wissenschaftsver-ständnis sehr unvollständig erscheinen.

Die Probleme des letztendlichen Erkenntnisgewinns unterscheiden sich im natur-wissenschaftlichen Bereich nicht grundsätzlich von den Problemen im geisteswissen-schaftlichen Bereich.

Ohne die Natur- und Geisteswissenschaften in ihrer jeweiligen Disziplin auf- oder abzuwerten, legt die vorangegangene Darstellung der Problematik ohne Anspruch auf Vollständigkeit nahe, dass wissenschaftliches Arbeiten sich der Verwendung des Be-griffs Information sehr bewusst bleiben muss. Information will erkannt werden. Aber zur Erkenntnis von Information bedarf es der besonderen Fähigkeiten der DSMC. Die-se gehen weit über das reine Messen hinaus. Das zu Messende ist nur ein kleiner Teil des zu Erfassenden. Qualitativ hochwertiges wissenschaftliches Wissen zielt auf die Gesamtheit des zu Erfassenden, so dass es sich nicht von dem nur zu Messenden be-grenzen lassen darf.

7.10 Das omnipotente Agens „Natur" und „Geist" im Wissenschaftsbegriff

Zu guter Letzt sei an dieser Stelle auf ein weiteres, grundsätzliches Problem der Natur- und Geisteswissenschaften aufmerksam gemacht. Es ist gegenwärtig zu einer gängi-gen Formulierung geworden, dass „die Natur etwas hervorgebracht hat" bzw. „etwas hervorzubringen" in der Lage ist.

Hierbei wird die Natur als ein Agens behandelt, welches conditio sine qua non dazu in der Lage ist, sinnvoll zu strukturieren. Die Natur selbst wird hierbei als ein intelligentes, handelndes Etwas beschrieben, das sich selbst, nämlich die Natur her-vorbringt. Dieser so gehandhabe Naturbegriff ist in Wirklichkeit eine Begrifflichkeit, der intelligentes, planerisches, schützendes, umfassendes, energiespendendes und geistig-seelische Ordnung generierendes Potenzial zugeschrieben wird – dies alles al-lerdings als ein Spaziergang des Zufalls durch die Zeit?

Relativ unbegründet oder aber irrational wird hier der Begriff „Natur" als letzt-endlich schöpfendes Agens gebraucht, das selbst keiner weiteren Erklärung bedarf. Dem Außenstehenden ist evident, dass hier der Begriff „Natur" inhaltsgleich mit dem Begriff „Gott" verwendet wird, wobei die Verwendung des Begriffs „Gott" im Sinne der kreativen Emergenz als unwissenschaftlich angesehen wird. Auch hier wird deut-lich, dass in der Begriffsverwendung „Natur" ein wesentliches Problem, nämlich der

Aspekt der Spiritualität der Schöpfung und des Schöpfers, in unbeholfener Weise ausgeklammert wird. Die Natur selbst ist keine Erklärung. Somit sind auch Naturgesetze keine Erklärungen, sondern Formen des menschlichen Verständnisses der materiellen Welt.

Das Zeitverständnis der Entomik erweitert den Raum naturwissenschaftlicher Erkenntnismöglichkeiten hinsichtlich der Gesetze der Entomik. Die Basiserkenntnis der Entomik bedeutet, den aus der Zukunft in die Vergangenheit gerichteten Zeitfluss als gesetzmäßige Gegebenheit anzuerkennen. Hieraus resultieren Notwendigkeiten zur Erforschung der Übergänge immaterieller und materieller Existenz.

Dem Menschen erscheint eine „allmächtige Natur" in seiner jetzigen sozialen Evolutionsstufe offensichtlich erträglicher als die Annahme eines „allmächtigen Gottes". Insofern könnte man sagen, dass die Wissenschaft die Stufe des magischen Denkens, die den Naturvölkern zu eigen ist, in Wirklichkeit in weiten Teilen noch nicht verlassen hat.

Während alles dem Zeitbegriff zu unterliegen scheint, ist das Göttliche selbst keiner Zeit unterlegen. Dies unterscheidet das Phänomen menschlichen Bewusstseins vom göttlichen Bewusstsein. Alles Erforschbare ist in der Zeit. Gott selbst jedoch nicht. Aus diesem Grunde ist Gott auch nicht Ziel wissenschaftlich-entomischer Erforschung, sondern die göttlichen Kreationen und Phänomene sind Ziel der wissenschaftlichen Erforschung. Wissenschaft gelangt deswegen tatsächlich erst zu Erkenntnissen, die wirksam sind, wenn sie die irrationalen Grenzen ihrer Erkenntnismöglichkeiten rational anerkennt.

Die Entomik erkennt Grenzen der Möglichkeiten wissenschaftlicher Erforschung an, indem sie Gott als Ziel der Erforschung ausschließt. Das Phänomen Gott wird in der Entomik anerkannt als Wirklichkeit, die den Sinn hervorbringt, der einen Zukunftsbegriff notwendig macht. Dieser Zukunftsbegriff ist in der Entomik ausformuliert und konkretisiert als immaterieller, energetischer Raum sinnvoll strukturierter Information, die zur Entfaltung auffordert und gelangt.

Ähnlich wie der Begriff „Natur" wird in den Geisteswissenschaften der Begriff „Geist" in dieser magischen Art verwendet. Der Geist an sich ist jedoch nicht Ursprung der Erkenntnis, sondern höchstens ein Werkzeug der Erkenntnis. Der Geist des Menschen – sofern dieser gemeint sein sollte – möchte etwas erkennen, was geistiger Natur ist. Doch was soll dieses Geistige sein? Ist dieses Geistige lebendig? Lebt es und hat es einen Körper? Ist Bewusstsein eine rein geistige Angelegenheit oder hat es auch materielle und vor allen Dingen seelische Aspekte? Wie kommt es zur Verbindung des Geistigen mit dem Menschen? Die Thematik des Geistigen kann und darf insofern nicht losgelöst betrachtet werden vom seelischen und vom körperlichen bzw. vom materiellen Existieren.

Im magischen Denken – so wie es in der Psychoanalyse verstanden wird – werden Dingen Eigenschaften und Wirkungen zugesprochen, die diese in Wirklichkeit nicht haben. So kann durch zwanghaftes Waschen in Wirklichkeit keine Schuld verhindert oder beseitigt werden. Zwangsrituale vermögen es nicht, befürchtetes Unglück abzuwenden. Magisches Denken zeugt insofern immer von der Verlagerung einer tatsächlichen Hilfosigkeit in die Illusion menschlicher Kontrolle. So scheint auch die Begriffsverwendung von Natur und Geist in den Natur- und Geisteswissenschaften Ausdruck von Hilfosigkeit in der Wahrnehmung und bewusstseinsadäquaten Verarbeitung des Göttlichen zu sein.

Die Alpha-Omega-Dimension, sich manifestierend in der Unendlichkeit des Ursprungs in der Zukunft und der Vergangenheit, verweist auf die rationalen Grenzen menschlicher Erkenntnismöglichkeiten, ohne hierbei die Möglichkeit der Offenbarung des Göttlichen für den Menschen zu verleugnen. Offenbarung ist ein Beziehungserlebnis des Menschen zur göttlichen Wirklichkeit, welches sich im Seelischen vollzieht und sich außerhalb der rationalen, intellektuellen Erkenntnismöglichkeit als reales Erleben im Menschen manifestieren kann.

Wie funktioniert die Verbindung zwischen dem Geistigen, dem Seelischen und dem Körperlichen im Leben des Menschen? Geisteswissenschaft, sofern sie im Sinne antiker Philosophie interpretiert wird, beschäftigt sich zentral mit der praktischen Lebensphilosophie, die der Entscheidungshilfe und Konkretisierung dient, sowie mit der Empfehlung ethischer Normen, wie sie beispielsweise im Sinne eines Tugendbegriffs verwendet werden. Doch die Tugend ist letztendlich nur Mittel zum Zweck. Die Tugend schützt vor Schuld, die bezogen auf ein Lebensende beängstigende Wirkung hat. Auch hier lebt hintergründig ein Gottesbegriff, ohne dass die Geisteswissenschaft diesen Gottesbegriff konkret ausgestaltet. Der Begriff „Geist" verschleiert in Wirklichkeit das eigentliche Ziel des Erkenntnisgewinns: nämlich die Schuldlosigkeit vor Gott. Wie kann der Mensch als DSMC kontinuierlich sinnvoll handeln, ohne unverantwortlich zu werden gegenüber dem Göttlichen, also einer idealen Wirklichkeit gegenüber?

Somit stellen sich sowohl der Begriff „Geist" als auch der Begriff „Natur" als Deckbegriffe dar, die mit ihren jeweilig anders gearteten Vermeidungsmechanismen den notwendigen Erkenntnisgewinn in wesentlichen Aspekten durch magisches Denken abwehren.

Abgewehrt wird die Wahrnehmung des menschlichen Ausgeliefertseins an die Zurverfügungstellung einer Zukunft. In der Entomik wird diese Abwehr aufgehoben und die Zeit als Kontinuum erfasst, indem das menschliche Jetzt einen sinnvollen Zusammenhang von Zukunft und Vergangenheit erleben kann.

7.11 Jenseits von Natur-und Geisteswissenschaften

Es ist deutlich geworden, dass „Natur" und „Geist" sehr beschränkte Begriffe bzw. Erkenntnisräume zur Objektivierung von wissenschaftlichen Aussagen und Erkenntnisgewinn sind. Die Naturwissenschaft bedient sich im Stillen vieler Werkzeuge, die im Kern dem Anspruch der Objektivierung von Aussagen nicht entsprechen. Darüber hinaus ist sie eingebettet in die Notwendigkeit zur Beachtung und Etablierung einer wissenschaftlichen Ethik, die ebenfalls selbst nicht naturwissenschaftlicher Provenienz ist, jedoch naturwissenschaftliches Handeln weitestgehend bestimmen müsste.

Die Naturwissenschaft bedient sich also in Wirklichkeit einer ganzen Reihe von Erkenntniswerkzeugen, die genau wie in der Geisteswissenschaft der Quelle des subjektiven, individuellen Bewusstseinsraums eines Menschen entspringen. Der von der Naturwissenschaft beanspruchte Begriff der Objektivität entpuppt sich bei näherer Betrachtung als in relevanten Aspekten nicht wesentlich verschieden von den wissenschaftstheoretischen Möglichkeiten geisteswissenschaftlichen Erkenntnisgewinns.

Beispielhaft für die Anfälligkeit auch einer experimentellen Wissenschaft wie der Physik für Fehlannahmen ist die richtungsinverse wissenschaftliche Behandlung des Zeitpfeils. Durch eine intersubjektiv akzeptierte Annahme über das Wesen der Zeit werden Ergebnisse invers interpretiert, so wie es auch schon damals der Fall war, als gelten sollte, dass die Erde eine Scheibe ist oder sich die Sonne um die Erde dreht.

Andererseits ist die Annahme, dass jegliche Innenschau – als primäre Erkenntnismethode der Geisteswissenschaften – durch das Subjekt als Teil des Beobachtungssystems subjektiv kontaminiert sei, ebenfalls nicht zutreffend. So ist es tatsächlich einem jedem Menschen nach kurzem Nachdenken möglich, festzustellen, dass die Zeit aus der Zukunft über die Gegenwart in die Vergangenheit fließt. Der Mensch kann seinen möglicherweise ersten, subjektiven Impuls, die weitverbreitete Vorstellung einer Zeitflussrichtung aus der Vergangenheit in die Gegenwart und Zukunft anzugeben, schnell durch eine kurze Reflexion objektivieren, somit wirklichkeitsgetreu korrigieren.

Das biologische System Mensch kann individuell aber noch weit darüber hinaus durch seine geistig-seelische Teilhabe am Hyperall objektiv gültige Erkenntnisse gewinnen. Das Konzept des dieser Möglichkeit zugrunde liegenden menschlichen Informationsverarbeitungssystems als „Selbstobjekt" mit gleichzeitiger Teilhabe am substanziellen und immateriellen Raum wird in der Entomik konkretisiert.

In der Entomik wird dem potentiell hyperkomplexen menschlichen Bewusstsein die Möglichkeit zugesprochen, Zusammenhänge zu objektivieren, somit objektiven Erkenntnisgewinn zu ermöglichen. Die Objektivität des Erkenntnisgewinns wird hierbei validiert am Sinnbegriff der Evolution. Dieser Sinn offenbart sich in der Anerkenntnis der Liebe als Phänomen des menschlichen Bezugs zur Schöpfung. Die irrationale Verwendung des Begriffs „Natur" als allmächtige Schöpfungskraft wird deswegen – ähnlich wie in der Geisteswissenschaft der Begriff „Geist" – im Rahmen der Entomik kritisch beleuchtet.

Für den Menschen ist Zeit ein biorelevanter Transponder für physische und metaphysische Information.

Wie könnte eine Lösung der begrifflichen Problematik von Natur- und Geisteswissenschaften lauten? Ein wesentlicher Schlüssel zur sinnvollen Bearbeitung dieser Frage-

stellung liegt in der Betrachtung des Zeitpfeils. Entsprechende Erläuterungen und Erklärungen zur Richtung des Zeitpfeils und des hiermit verbundenen Zeitpfeilbewusstseins wurden in den vorangegangenen Kapiteln dargestellt. Ganz wesentlich ist an
dieser Stelle, dass die Entomik in ihrem Verständnis der Zeit als Dimension davon
ausgeht, dass die Zeit sowohl eine physikalische als auch geistig-seelische Dimension
ist. Für den Menschen ist Zeit ein biorelevanter Transponder für physische und metaphysische Information.

7.12 Die Hybridität von Zeit und Mensch

Die Zeit ist als biorelevanter Transponder für physische und metaphysische Information eine hybride Dimension. Der in der Zeit lebende Mensch ist ebenfalls ein hybrides biologisches System. Die Hybridität besteht in den physikalisch-informativen und
zugleich aber geistig-seelisch informativen Eigenschaften der Zeit, wobei der Mensch
beide Qualitäten der Zeit wahrnehmen kann. Es handelt sich hierbei um verschieden
Energiearten, die aber auf das engste miteinander verwoben sind und über die uni-
direktionale Bewegung des Zeitsystems wirken. Dasselbe gilt für den in diesem Zeit-
system lebenden Menschen, dessen Lebensbewegung hinsichtlich der Zeit ebenfalls
unidirektional unumkehrbar verläuft.

> Die Zeit ist als biorelevanter Transponder für physische und metaphysische Information eine hy-
> bride Dimension.

Während wir sinnlich-sensorisch wahrnehmen, ist das, was wir wahrnehmen, schon
nicht mehr Gegenwart, sondern Vergangenheit, da das Licht vom Objekt der Wahrnehmung bis zur Bewusstseinsbildung eine Zeitdauer benötigt, während der das Objekt
der Wahrnehmung schon gealtert ist. Was wir sehen ist also immer schon Vergangenheit. Das subjektive Jetzt-Empfinden vollzieht sich als Ankunft der Information im Bewusstsein des Menschen. Zwischen dem „Jetzt des Objekts" – des Gegenstandes der
Wahrnehmung – und der Wahrnehmung als solcher liegt eine Zeitspanne. Diese Zeitspanne hängt von der Entfernung des Objekts zum Wahrnehmenden ab. Je weiter das
Objekt entfernt ist, umso länger braucht das Licht bzw. eine Strahlung, bis es die Wahrnehmung und das Bewusstsein erreicht. Hierbei ist es immer der Fall, dass das Objekt
der Wahrnehmung sich schon verändert hat, was aber zum Zeitpunkt der Wahrnehmung für den Wahrnehmenden nicht ersichtlich, sondern nur logisch erschließbar
ist.

Altes Licht, welches eine lange Zeit benötigt hat, um den Wahrnehmenden zu erreichen, ist im Moment des Eintreffens trotzdem in der Jetztscheibe vorhanden. Es hat
also Eigenschaften des Jetzt, aber auch Eigenschaften der Vergangenheit in sich verbunden in Form einer Informationsspur, die von informationssensiblen biologischen
Systemen ausgelesen werden kann.

Wenn es also wirklich altes Licht gibt, bedeutet dies, dass eine Verbindung zwischen der Vergangenheit und der Gegenwart besteht, die in der Lage ist, Licht zu transportieren. Dies spricht dafür, dass der Raum der Vergangenheit in materialisierter Form vorliegt, so dass sich Lichtenergie materiell übertragen kann – und hierbei eine durch die Materie geprägte Streckeninformation aufnimmt. Man könnte sagen, dass altes Licht davon zeugt, dass eine Vergangenheit in materialisierter Form vorliegt, auch wenn wir sie als Vergangenheit tatsächlich nicht unmittelbar wahrnehmen können, sondern eben nur ihre Spuren auf der universalen Jetztscheibe.

Einen vergleichbaren Prozess gibt es in der Zukunft nicht, da die Zukunft nicht materialisiert ist. Es kann also niemals Licht aus der Zukunft in die Gegenwart scheinen. Dort, wo Licht ist, ist auch materialisierter Raum. Es existiert also nicht nur eine räumliche Ausdehnung in der Gegenwart, sondern auch in der Vergangenheit.

Die Wahrnehmung des Jetzt – das subjektive Jetzt – und das Jetzt als solches – das objektive Jetzt – sind zwei verschiedene Phänomene. Das objektive Jetzt entspannt sich in der Dimension des Raums in materieller Form als Jetzt der Schöpfung. Diese materielle Form hat als Jetzt eine räumliche Ausdehnung innerhalb der Jetztscheibe und eine zeitliche Ausdehnung in die Vergangenheit hinein. Jeder materielle Punkt innerhalb der Jetztscheibe ist ein Emitter, d. h. er sendet eine prinzipiell sensorisch wahrnehmbare Information in seine materielle Umgebung, nicht aber in die Zukunft als solche, da diese noch nicht materialisiert ist. Die maximale Reichweite konkretisierter Information reicht von der entferntesten Vergangenheit bis zum Jetzt. Sie ist also im Jetzt an der vorläufigen Grenze ihrer materiellen Existenzdauer.

Tatsächlich aber – und dies lässt die entomische Sichtweise des Zeitpfeils sehen – erhält der emittierende Jetztscheibenpunkt – seine Emissionskraft, seine Strahlungskraft aus dem Zeitpfeil selbst, der diesen Emissionspunkt existieren lässt. Es ist also die Zukunft selbst, die im Emissionspunkt dem Andauern des Jetztscheibenpunktes die Informationsenergie zukommen lässt, die von dort aus an die räumliche Umgebung weitergegeben wird.

Diese Vorgänge des Strahlens, wie sie im konkretisierten Raum vorliegen, gelten jedoch nicht für den immateriellen Raum der Zukunft. Dort sind Ort und Zeitpunkt noch nicht durch materielle Formung festgelegt. Quantentheoretisch würde man vielleicht sagen, sie befinden sich in Superposition, in Überlagerung. Superposition ist die Eigenschaft von Information, Raum und Zeit im Hyperversum. Sie ist noch nicht entfaltet, sie ist reine Potenz und entspricht der schon oben in Kaptiel 6.6 beschriebenen Kohärenz.

Die Zukunft ist deshalb qualitativ vollkommen verschieden von der Vergangenheit. Die Zeit stellt einen Einfluss der Zukunft auf die Vergangenheit her, welcher dem menschlichen Bewusstsein als Zeitfluss zugänglich ist in der individuellen Wahrnehmung.

Da Immaterialität und Potenzialität Eigenschaften der Zukunft und selbige vom Menschen wahrnehmbar sind, darf postuliert werden, dass nichts wahrnehmbar ist vom Wahrnehmenden, was selbigem nicht selbst als Eigenschaft zu eigen ist. Wahrnehmung kann nur auf Wiedererkennung beruhen. Immaterialität, Zukünftigkeit und mit ihr verbundene Potenzialität sind also auch Eigenschaften des Menschen als DSMC selbst, die diesen befähigen, den Raum der Zukunft als einen mit diesen Eigenschaften ausgestatteten Raum zu erkennen. Dasselbe gilt für die Vergangenheit als materialisierten Raum, den der Mensch auch nur deswegen als einen solchen erkennen kann, weil ihm die Eigenschaften des materialisierten Raums über seine Körperlichkeit als konkretisierte Information selbst zu eigen sind.

Hierin liegt die Hybridität des Menschen begründet, der zur Wahrnehmung der Hybridität der Zeit in der Lage ist. Es ist hierin also die Einheit des Menschen als Geist, Seele und Körper wirksam, da er als DSMC die Zeit und deren Fluss von der Zukunft in die Vergangenheit durch die Gegenwart seines Seins als Einheit wahrnehmen kann, sofern seine Fähigkeit, als DSMC zu funktionieren, in Ansätzen entfaltet ist.

Der Körper ist der der Vergangenheit zugehörende, schon materialisierte Teil des Menschen, seine Geist-Seele ist der der Zukunft noch und schon angehörende Teil seiner Existenz. Er ist also existentiell mit der Zeit verbunden für die Dauer dieser Einheit von Körper und Geist-Seele. Im bewussten Bewusstsein vollzieht sich der Übergang der Potenz der noch nicht materialisierten Zukunft in das subjektive Jetzt. Hierin liegt die Möglichkeit des Menschen zum Gegenwärtigsein begründet.

> Bewusste Gegenwärtigkeit nimmt die Information des objektiven Jetzt im Sinne einer Zielbewusstheit der potenten Schöpfungsbewegung wahr.

8 Humanik auf Basis eines entomischen Verständnisses des Zeitpfeils

Um den Begriff der Humanik wissenschaftstheoretisch vorzubereiten und einzuführen, sollen im Folgenden die Ebene der Information und die weiter oben in Kapitel 5.2 hierzu aufgeführten Differenzierungen angesprochen werden.

8.1 Differenzierung von Biosystemen nach dem Komplexitätsgrad

In den vorliegenden Ausführungen wurde bereits auf den Umstand hingewiesen, dass auf der Ebene der Information die Informationen in unterschiedlichen Komplexitätsgraden und mit unterschiedlichen Qualitäten vorliegen. Ähnliches gilt für deren Konkretisierung im materialisierten Raum. Davies führt zur biologischen Komplexität aus:

> „Everybody agrees that the biosphere today is far more complex than it was when life began on Earth (nobody knows when that was, but there is still agreement that life had established itself by about 3.5 billion years ago). The increase applies both to the complexity of the biosphere. Thus a human is more complex than a bacterium and a rain forest is more complex than a colony of bacteria" (Davies, 2013, S. 29).

Davies geht somit davon aus, dass man sich einig ist darin, dass die Biosphäre heute viel komplexer ist als zu Beginn des Lebens auf der Erde (niemand wisse, wann das war, aber es bestehe immer noch Einigkeit darüber, dass sich das Leben vor etwa 3,5 Milliarden Jahren etabliert habe). Der Anstieg bezieht sich auch auf die Komplexität der Biosphäre: Ein Mensch ist also komplexer als ein Bakterium, und ein Regenwald ist komplexer als eine Bakterienkolonie (vgl. Davies, 2013, S. 29).

In qualitativer Hinsicht erscheint es also sicherlich sinnvoll, Objekte zu unterscheiden je nachdem, ob sie unbelebt oder belebt sind. Bei den Belebten erscheint es sinnvoll, zwischen solchen Objekten zu unterscheiden, die unbeseelt sind, aber leben (beispielsweise Pflanzen), und solchen, die beseelt sind, wie Tiere und Menschen. Bei den letzteren, den beseelten Objekten, bietet es sich an, zu unterscheiden zwischen solchen, die menschlicher Natur sind und über eine geistbegabte Seele (DSMC) verfügen, und den Tieren (SSMC), die nicht über eine geistbegabte Seele verfügen. Diese Kategorisierung entspricht nicht zwangsläufig einer eindeutigen Trennung zwischen diesen verschiedenen Bereichen, sondern dient lediglich dazu, bezogen auf den Menschen im Vergleich zu anderen Biosystemen einen mit dem Menschen verbundenen Komplexitätsgrad an Informationsverarbeitungsmöglichkeiten von Informationsobjekten zu erklären.

Zweifellos ist davon auszugehen, dass in der genannten Reihenfolge zumindest prinzipiell hinsichtlich der Komplexität der Informationsstruktur des jeweiligen En-

https://doi.org/10.1515/9783110789355-008

toms vom unbelebten Objekt über die belebten Objekte von Pflanze, Tier und Mensch eine immense Zunahme an Komplexität vorliegt. Darüber hinaus sind die Fähigkeiten zur Verarbeitung von komplexen Informationen wahrscheinlich beim biologischen System Mensch ebenfalls am höchsten.

Lineweaver, Davies und Ruse stellen bezüglich der Komplexität fest, dass biologische Systeme wahrscheinlich in vielerlei Hinsicht ein Maximum an Komplexität schon entwickelt haben, nicht jedoch der Mensch, der noch nicht die Grenze seiner Entwicklungsmöglichkeiten erreicht hat:

> „... biological systems are near, and in some case have already reached, the limits of complexity. One exception to this [...] are human beings, who don't seem to have reached the limits to their complexity" (Lineweaver et al., 2013, S. 9).

Wenn in diesem Zusammenhang die Begriffe „Geist" und „Seele" verwendet werden, so geschieht dies nicht mit einer religiösen Konnotation. Vielmehr verweisen diese Begriffe im Rahmen der Entomik auf eine differenzierte Informationssensibilität, die die Komplexität biologischer Systeme zu kennzeichnen und zu unterscheiden scheint.

So erscheint eine Pflanze als nicht beseeltes lebendes Wesen – ich möchte sie als Biosensitive Creature (BSC) bezeichnen – deutlich weniger emotionell begabt zu sein als ein Hund, der als ein beseeltes Wesen (SSMC) gelten darf. Emotionen spiegeln ein Bewusstsein wider, in dem Wahrnehmungen von gut–ungefährlich und böse–gefährlich, lecker und nicht lecker zu differenzierten Verhaltensäußerungen führen und insofern einen „Seelenspiegel" als subjektiven Erlebnisraum bilden. Die Reaktionen des sich freuenden Hundes senden eine Information aus, die von einem beseelten Wesen wiedererkannt werden kann. Die Eigenschaft der Beseeltheit ist also eine Befähigung zur Wiedererkennung emotioneller Informationen.

Auf einer noch höheren Stufe kann diese emotionelle Befähigung potenziert werden durch eine geistige Wahrnehmung, die durch das bewusste Bewusstsein das hyperkomplexe Bewusstsein des biologischen Systems Mensch als DSMC konstituiert. Es ist diese „Geist-Seele" mit der hyperkomplexen Bewusstseinsfähigkeit, mithilfe derer das biologische System Mensch hinein in den Vergangenheits- und Zukunftsraum auch außerhalb des Gegenwartsbereichs wahrnehmungsfähig, also in einer solchen Weise informationssensibel ausgestattet ist, dass der Mensch prinzipiell die geistig-seelische Informationsebene des gesamten Zeitflusses und Zeitraums dekodieren kann.

Hierin ist er potentiell befähigt zur Entwicklung von Eigenschaften des Humanen. Es ist dies die das menschliche Wesen konstituierende Kernkompetenz, welches ihn als DSMC in Bezug auf die Graduierung von Komplexität oberhalb des Tieres als SSMC angesiedelt sein lässt. Aber diese Komplexität ist – so wie Davies sagt – noch keinesfalls ausgereizt, sondern als Potenz noch entwicklungsbedürftig. Dies gilt sicherlich für die Spezies Mensch als ganze, aber auch in der Regel für das einzelne Individuum als Vertreter der Spezies.

8.2 Relevanz sozialer Informationsobjekte für die soziale Evolution

Neben vielen Besonderheiten der Informationsstruktur, die den Menschen als biologisches und insofern informationssensitives System ausmachen, ist also eine bestimmte Art von Information offensichtlich für den Menschen und seine Entwicklung von entscheidender Bedeutung. Neben der Fähigkeit, auch technische Information der Zeitstruktur auf der Informationsebene zu entnehmen – einer Fähigkeit, die sicherlich der des Tieres um ein Vielfaches überlegen ist – ist es für den Menschen von besonderer Relevanz, auch soziale Information entnehmen zu können und komplexe soziale Strukturen zu entwickeln, wie sie in Gesellschaften mit ihren jeweiligen Kodizes sozialer Entscheidungskategorien vorliegen und weiterentwickelt werden. Diesem Umstand entspricht einerseits, dass der Mensch eine technische Evolution erlebt, die gigantische Entwicklungen gerade im Bereich der Informationstechnologien und globalen Vernetzung zu Verfügung stellt und die andererseits eine hiermit verbundene wesentliche Erhöhung der sozialen Reagibilität sowohl auf individueller als auch auf gesellschaftlicher Ebene ermöglicht und erfordert.

Angesichts der Entwicklung im Bereich der allgemeinen, technischen und informationstechnischen Erkenntnisse wird eine globale Kommunikation aller Menschen in allen Gesellschaften und den hierin konkretisierten Gesellschaftssystemen mit den unterschiedlichsten sozialen Kodizes ermöglicht. Zugleich entstehen Möglichkeiten der Mobilität der Menschen. Hierdurch wächst die Notwendigkeit zur sozialen Entwicklung der Menschen in Hinsicht auf eine Verfeinerung (Attunement), Verbundenheit (Attachment) und Equilibrierung (Balancing) der Umgangsformen intra- und interkulturell. Die technische Evolution in Kommunikation und Mobilität erhöht die Kontaktintensität der einzelnen Individuen aller menschlichen Gruppen in den politischen, kulturellen und religiösen Systemen. Entsprechend den unterschiedlichen Entwicklungszuständen menschlichen Bewusstseins reagieren die einzelnen Individuen höchst unterschiedlich auf diese erhöhte Kontaktintensität. Die sich hieraus entwickelnde bzw. hierauf basierende Konflikthaftigkeit lässt eine soziale Evolution immer dringlicher werden. Diese soziale Evolution ist notwendig, damit Frieden zwischen den Völkern entsteht und/oder erhalten bleibt. Ein einheitliches Verständnis über den Zielzustand menschlicher Evolution erfordert deswegen globale Reflexion. Die Entomik bietet hierbei zunächst ein einheitliches Zeitverständnis an, in welchem die Zukunft für den Menschen ein wissenschaftlich erforschbarer Erkenntnisraum wird.

8.3 Humanität als finales Ideal in der globalen Informationsgesellschaft

Vor diesem Hintergrund wird es in Zukunft immer wichtiger, soziale Informationen zu gewinnnen und zur Verfügung zu stellen, die der sozialen Evolution der Menschen dienen. Die Notwendigkeit zur Entwicklung einer teleologischen Ethik mit dem Evolutionsziel des Humanen, einerseits bezogen auf die jeweilig aktuellen Entwicklungsstufen von Kulturen, aber auch bezogen auf die Finalität der sozialen Entwicklung der Menschheit im Allgemeinen, steht hierin zentral.

Janssen (2022) entwickelt beispielsweise den Begriff der Humanik und eine auf diesem Begriff basierende eigene Wissenschaftsrichtung. Zentral für diese inhaltliche Ausrichtung dieser Wissenschaft ist der Begriff der Humanik. Zentral für ihre methodische Ausrichtung ist der Begriff der Dialogik.

Der Begriff Humanik geht nach Janssen zurück auf den Begriff Humus, der ursprünglich Erde bedeutet. In diesem Begriff steckt die hebräische Wurzel Chaim, die Leben bedeutet. Humanik richtet sich insofern auf den menschlichen Raum, der sowohl den Menschen als auch der Erde die Möglichkeit zum Leben eröffnet. Äquivalente Begriffe für den deutschen Begriff „Humanik", der von Janssen eingeführt und entwickelt wurde, sind die Begriffe „humanica" (niederländisch), „humanics" (Englisch) und „humanique" (Französisch). Als wissenschaftliche Richtung zielt Humanik auf das Sammeln schon bekannter, humaner Erkenntnisse, das phänomenologische Erforschen des Humanen sowie das Lehren und Praktizieren von Erkenntnissen der Humanik.

Die Humanik wendet sich allen Fachbereichen von Wissenschaft zu, um diese einerseits hinsichtlich schon bestehender Kompetenzen im Bereich der Humanität zu ergründen. Sie betrachtet andererseits alle wissenschaftlichen Bereiche unter dem Aspekt einer dem Humanen dienenden Anwendung und Ausrichtung. Die bestehende Richtung beispielsweise der Technik, der Psychologie, der Physik, der Medizin oder auch der Philosophie wird jeweils unter dem Aspekt des Humanen mit dem Humanen verbunden und untersucht, so dass der Begriff der Humantechnik, der Humanpsychologie, der Humanphysik oder der Humanphilosophie entsteht.

Im Umgang mit dem Anderen basiert die Humanik zentral auf dem Begriff des Respekts. Der Begriff Respekt wird verstanden als ein sich Kümmern um die Erde (Humus) als menschlicher Lebensraum. Der Begriff des Respekts beinhaltet inhaltlich Aspekte der Achtsamkeit, der Ehrfurcht und Rücksicht.

Methodisch rekurriert die Humanik auf den Dialog im Sinne Martin Bubers als eine zentrale Methode der Erkenntnis und Begegnung. Die Dialogik ist insofern methodisch ein wesentlicher Bestandteil der Humanik, jedoch nicht die ausschließliche methodische Vorgehensweise.

Im Grundsatz geht die Humanik davon aus, dass das Wesentliche eines jeden Dings bestimmt ist, also auch erkennbar ist. Fragen wir zum Beispiel: "Was ist Wasser?", so lassen sich im Zuge der das Ding untersuchenden Reflexion wesentliche Bestimmungstücke mit und mit erkennen. Dies gilt letztendlich für alle Dinge. Die Dinge sind durch einen ihnen innewohnenden Sinn definiert und grenzen sich hierdurch in einer wahrnehmbarer Weise voneinander ab. Dies gilt sowohl für immaterielle Dinge wie zum Beispiel den Begriff der Humanität als auch für materielle Dinge wie Wasser,

Luft oder Steine. Also auch der Inhalt des Humanen ist nicht unbestimmt, nicht beliebig. Allerdings ist die Erkenntnis des wirklichen Inhalts des Humanen einem Erkenntnisprozess unterlegen, dem die Methode des Dialogs zugrunde liegt. Die Humanik gibt insofern nicht vor, den objektiven Inhalt des Humanen schon zu kennen, sondern sich ihm auf dem Wege des Dialogs nähern zu können und zu wollen.

Menschen werden verstanden als im Wesen der Menschlichkeit miteinander verwandte, ähnliche und vielleicht gleiche Wesen, dies trotz ihrer jeweiligen Individualität. Die Menschlichkeit wäre insofern ein allen Menschen im tiefsten Inneren vertrautes und bekanntes Fühl- und Erkenntnisfeld.

Die Humanik ist der wissenschaftliche Zugang zur Erkenntnis dieser notwendigen und sinnvollen Gemeinsamkeit von Menschen in ihrer ethischen Ausrichtung ihres Handelns im Umgang mit dem Anderen, dem Mitmenschen und dem menschlichen Lebensraum der Erde. Die Humanik ist somit jene Forschungsrichtung, die den Zukunftsraum unter dem Aspekt der Menschlichkeit visionär durchdringt, so dass sich das Wissen der Menschlichkeit um die Feinstruktur des Ideals der Menschlichkeit weiter differenzieren kann. Humanik ist insofern eine entomische Wissenschaft, als sie das Phänomen Mensch evolutionär zu betrachten versteht.

Dem biologischen System Mensch, verstanden als Einheit von Geist, Seele und Körper, wird in der Humanik die notwendige dynamische Betrachtungsweise gewidmet, die sich aus der Entomik durch die Integration des Zeitbegriffs ergibt. Humanik erforscht das Humane als finales Ideal in der mobilen, globalen Informationsgesellschaft.

8.4 Das dialogische Prinzip von Buber: Ideal einer globalen Informationsgesellschaft

Eine solche elementare und basale Information, die den Menschen in seiner sozialen Bezogenheit auf den Anderen in den Fokus ruft und hierin die Gemeinschaft des Menschen im Wir als Möglichkeit sieht, wird durch Buber in seinem dialogischen Prinzip in seinem zentralen Werk „Ich und Du" thematisiert (vgl. Buber, 1974). Deswegen wird an dieser Stelle nochmals auf das an früherer Stelle genannte Zitat zurückgegriffen, dass diesmal aus der entomischen Sicht erläutert werden soll:

> „Der Augenblick stellt das Bindeglied zwischen der Zeit und der Welt der Beziehung dar. Die Wirklichkeit der Beziehung wird als eine außer- und überzeitliche, die Zeit umgreifende Größe verstanden. Die Beziehung ist demnach zeitunabhängig und -überlegen; um in der Zeit Ereignis zu werden, muß zunächst die Zeit im Augenblick überwunden werden" (Buber, in: Schütz, 1975, S. 410).

Buber benennt die Welt der Beziehung, die aus der entomischen Sicht der Ebene der Information entspricht, welche auch die sozialen Ideen und die hieraus resultierenden, relevanten sozialen Informationen enthält. Er entwickelt diesen wichtigen

Moment der Beziehungsherstellung zwischen der Informationsebene und der realen Beziehung zum anderen im Augenblick, also im Moment der Kontaktierung von Gegenwart und Zukunft. Insofern ist das dialogische Prinzip von besonderer Bedeutung für informationstheoretische Zusammenhänge im sozialpsychologischen Erkenntnisraum.

Entscheidend für die weitere Entwicklung und Anwendung des dialogischen Prinzips von Buber wird sein, inwiefern es gelingt, diese ethischen Kategorien, die Buber implizit voraussetzt, explizit zu machen. Des Weiteren ist die Frage zu stellen, wie solche ethischen Kategorien im psychopädagogischen, psychoedukativen, psychosozialen und psychotherapeutischen Bereich vermittelt und in der Praxis angewendet werden können.

8.5 Humanik: Verknüpfung von Wissenschaft mit der Conditio humana

Hier nun setzen aktuelle, oben in Kapitel 8.3 schon detaillierter geschilderte Entwicklungen ein. Ziel ist es, den Inhalt der Menschlichkeit, den Inhalt des Humanen wissenschaftlich zu untersuchen und dem gesellschaftlichen Diskurs zur Verfügung zu stellen. Das hieraus resultierende übergreifende Fachgebiet wird nach Janssen wie oben in Kapitel 8.3 genannt als Humanik bezeichnet:

> „Die Humanik ist das Gebiet – sowohl wissenschaftlich wie praktisch (man denke an Physik oder Technik) – auf dem man sich mit allem, was das Humane betrifft, auseinandersetzt, beschäftigt (hat). ‚Humaniker' (man denke an Techniker, Physiker) untersuchen, erforschen, studieren Bereiche, verwenden Wissenschaft, Sprache, Kunst, auf und mit denen sie dem *Anderen* Respekt zollen. In ihrer Wissenschaft, Kunst, Philosophie, Politik, Ästhetik, Pädagogik, Therapeutik … steht die ‚humanische' (nicht humanistische) Einstellung im Mittelpunkt. Alles wird aus dieser Warte betrachtet und entsprechend behandelt oder ausgeführt" (Janssen, 2022).

Humanik befasst sich also in erster Linie mit der Frage, wie das *Ich* dem Aufbau und der Herstellung einer personalen Beziehung zum *Du* dient. Diese Frage wird in den verschiedensten Kontexten menschlichen Wirkens betrachtet. Die Konkretisierung dieser humanen Personalität in den verschiedensten Lebenskontexten bedarf der Untersuchung. Hierbei wird entscheidend sein, ob die Formulierung von differentiellen Humanwerten gelingt, die als objektiv gültig anerkannt werden können.

Anders als „Systemmoralogie", die Wertvorstellungen auferlegt, ist es die Aufgabe der Humanik, in einsichtiger Weise Humanwerte zu erkennen, zu begründen und zu erklären. Es sollen Humanwerte differenziert werden, die für das Wesen Mensch grundsätzlich gelten und im Sinne einer gelungenen personalen und transpersonalen Beziehung zur Welt (dialogisches Prinzip) von Menschen erkannt, eingesehen und umgesetzt werden können. In diesem Zusammenhang kann Humanik bezüglich der Wissensvermittlung auf Erkenntnisse der Pädagogik zurückgreifen. Ebenfalls kann sich die Humanik der Erkenntnisse psychotherapeutischer Forschung bedienen, wenn es um die Diagnostik und Überwindung pathologischer Seinszustände geht, die sich wesentlich konkretisieren als erlebnisbedingte Einschränkungen der Zukunftsbewältigungsfähigkeit.

Maio stellt für den Bereich der Medizinethik hierzu beispielhaft fest:

> „Aber damit Ethik in der Medizin wirklich das leisten kann, was von ihr erwartet wird, muss sie sich ihren Aufgaben in einer ebenso tiefgreifenden wie nachhaltigen Weise stellen. Eine reine Aufzählung von Nutzen und Risiken neuer Technologien oder die Suche nach pragmatischen Lösungen hat mit Ethik nur wenig zu tun. Das gilt vor allem dann, wenn sich die Medizin, der es ja um den Menschen und nicht nur um seinen Körper gehen sollte, in den Fängen einer so grundsätzlichen anthropologischen Verunsicherung befindet, wie es gegenwärtig der Fall ist. Nicht nur werfen die Biowissenschaften einen Blick auf den Menschen, der ihn zunehmend aus seinen lebensweltlichen Bezügen herauslöst; auch die Zersplitterung in medizinisch-naturwissenschaftliche Einzeldisziplinen führt im Verbund mit den neuen technologischen Errungenschaften immer mehr von der Frage nach dem Menschen als Ganzem ab" (Maio, 2017, S. 1–8).

Als einer der profiliertesten Ethiker im deutschsprachigen Raum formuliert Maio hiermit aktuell für den Bereich der Medizin die Notwendigkeit zur systematischen Fokussierung auf den Menschen in einer ganzheitlichen Sicht, die somit ausdrücklich über die Betrachtung des rein Körperlichen hinausgeht.

Maio führt hierzu dezidiert in einem Beispiel aus:

> „Dass jedes Handeln in der Medizin mehr voraussetzt als ein rein naturwissenschaftliches Wissen, sei an einem alltäglichen klinischen Beispiel verdeutlicht, etwa der Frage nach der Behandlung einer Lungenentzündung. Natürlich lernt man im Medizinstudium, wie Lungenentzündungen effektiv behandelt werden können, dazu gibt es verschiedene medizinisch-naturwissenschaftliche Disziplinen. Nun kann man alle Lehrinhalte dieser Disziplinen perfekt beherrschen, doch von dem Moment an, da wir es mit einem konkreten Patienten zu tun haben, können wir aus diesem Wissen nicht automatisch ableiten, was wir tun sollen. Zwar läge es nahe, eine Lungenentzündung nach all dem Gelernten mit diesem oder jenem Antibiotikum zu behandeln. Doch die Antwort auf die Frage, ob diese Behandlung tatsächlich sinnvoll ist, lässt sich nicht aus der Mikrobiologie oder der Pharmakologie ableiten [...], weil diese Frage letzten Endes ein moralisches Urteil erfordert. Sie lässt sich allein mit Bezug auf den konkreten Patienten beantworten: seine lebensgeschichtlich gewachsenen Bezüge, seinen sozialen Kontext und sein individuelles Selbstverständnis auch und gerade bezüglich des Krankwerdens, Alterns und je eigenen Sterbens. Zur Beantwortung der Indikationsfrage [...] bedarf es damit zugleich einer grundlegenden Reflexion auf den Sinnhorizont ärztlichen Tuns und damit auch auf das Selbstverständnis der Medizin. In welchem Kontext agiert das spezifisch medizinische Können, auf wen richtet sie es, 'wer' ist dieser Angesprochene über die vorliegenden Fakten seines biologischen Funktionszusammenhangs hinaus, und was müsste eine ihm in seiner spezifischen Not zur Seite stehende 'Heilkunst' alles umfassen? Ein Handeln am Menschen durch einen anderen Menschen, in unserem Fall den Arzt, setzt moralische Urteile voraus, und zwar aus dem einfachen Grund, weil Arzt und Patient nicht im wissenschaftlichen Schema von (beobachtendem) Subjekt und (beobachtetem) Objekt aufgehen, sondern sich als Menschen mit einer eigenen Geschichte, einer eigenen Konzeption des guten Lebens und im Angesicht einer gemeinsamen und verbindenden Conditio humana gegenüberstehen" (Maio, 2017, S. 4ff).

Maio führt damit als entscheidende Größe für den naturwissenschaftlich-medizinisch einwandfreien Umgang mit dem Patienten die Conditio humana ein, die den Grundgedanken der Humanik für den Bereich der Medizin hier konkretisiert. Für andere Wissenschaftsgebiete ist eine entsprechende Differenzierung der Conditio Humana möglich und notwendig. Dies ist das zentrale Verständnis und Aufgabengebiet der Humanik.

8.6 Humanik und Zeitwahrnehmung

Da sich menschliches Leben innerhalb von Zeit abspielt, sind Betrachtungen menschlicher Phänomene im Rahmen der Humanik nicht losgelöst zu sehen von der Konzeptualisierung der Zeit. Das Verständnis des Phänomens der Zeit ist insofern von ganz besonderer Bedeutung im Rahmen von humanischen Betrachtungen.

So ist beispielsweise Respekt eine Haltung gegenüber einer aus der Zukunft auf uns zukommenden Begegnung mit dem Anderen. Der oder das Andere kommt nicht aus der Vergangenheit, sondern aus der Zukunft auf uns zu – und sei es auch nur in Form einer Erinnerung! Da also der oder das Andere als etwas aus der Zukunft Kommendes in Wirklichkeit neu ist für den jeweiligen Menschen, will der oder das Andere von diesem Menschen in erster Linie verstanden werden als Phänomen.

Da alle aus der Zukunft kommenden Phänomene bestimmter und nicht unbestimmter Natur sind, ist es die Aufgabe der menschlichen Wahrnehmung zu versuchen, die Bestimmung des Phänomens zu begreifen, also den Informationsgehalt zu begreifen. Aus der Sicht der Entomik vollzieht sich die gelungene Informationsverarbeitung der Zukunftswahrnehmung immer unter dem Primat der Forderung nach Sinn. Eine Haltung gegenüber der Zukunft, die der Zukunft selbst eine Unbestimmtheit und insofern eine Zufälligkeit unterstellt, ist eine – oder führt zu einer – inadäquaten Wahrnehmung der Zukunft. Welche Rolle der Begriff des Respekts in der adäquaten Wahrnehung der Zukunft spielt, soll im Folgenden behandelt werden.

8.7 Respekt, Individualität und Gleichheit in der Humanik

Respekt auf Basis einer Motivation, den Sinn zu verstehen, wer oder was das Andere ist und bedeutet, dem das Ich im Jetzt begegnet, ist die einzig effektive Antwort des Ichs auf die Wahrnehmung des Augenblicks.

Respekt kann nur der Mensch entwickeln, der sich dem Anderen gegenüber sieht. Solange man den Anderen nicht wahrnimmt in seiner Andersartigkeit, ist es unmöglich, Respekt vor ihm zu entwickeln. Allein der Umstand, dass der Andere außerhalb vom Ich lebt, lässt das Ich noch nicht wahrnehmen, dass das Ich bzw. der Andere tatsächlich anders ist.

Am Beispiel der Gläubigkeit innerhalb einer Religion lässt sich dieses Phänomen zeigen. Innerhalb der Religion befindet sich das Ich unter Gleichgläubigen. Hier fühlt sich der Mensch nicht aufgefordert zum Respekt, da er die Anderen als Gleichgläubige empfindet.

Erst dann, wenn sich einer aus der Gruppe löst, da er zum Beispiel innerhalb dieser Religion aufgrund individueller Reflexionen die Identifikation mit gewissen Religionsinhalten aufgibt, zeigt sich, ob Respekt tatsächlich vorliegt. Erst in diesem Moment nämlich, wo sich eine Andersartigkeit hervortut, wird durch die deutlich werdende Andersartigkeit der Respekt erforderlich. Nun wird sichtbar, ob auch zuvor der Kontakt auf Respekt basierte, oder ob der Respekt erst in der Konfliktsituation entwickelt werden muss. Also erst in dieser Situation, die den Respekt anfordert, wird deutlich, ob die beteiligten Personen zum Aufbringen von Respekt in der Lage sind.

Warum aber fällt es Menschen so schwer, Respekt aufzubringen, respektierend zu leben und zu handeln? Es ist zunächst einmal gar nicht klar, warum die Andersartigkeit des Anderen der Leistung des Respekts bedarf und welche Schwierigkeiten im Inneren des Menschen dem Aufbringen von Respekt entgegenstehen.

Dieses Phänomen basiert aus entomischer Sicht auf dem Phänomen der Orientierung. Das biologische System Mensch lebt immer in einer geistig-seelischen Orientierung (DSMC), wobei diese durchaus in Teilen unbewusst sein kann. Durch die Orientierung ist der Mensch in seinem Handeln zielgerichtet, was bedeutet, dass er die bewusste oder unbewusste Absicht in sich trägt, an einem gewissen Ziel anzukommen. Er extrapoliert seine Handlungskonsequenzen aufgrund eines wie auch immer gearteten Wissens oder einer Vorstellung in die Zukunft und geht davon aus, dass seine jetzigen Schritte ihn nach Verlauf einer gewissen Zeit zu diesem Ziel bringen. Der Begriff des Lebensstils wurde von Adler (Ansbacher und Ansbacher, 2004) hierzu auch in der therapeutischen Anwendung der Lebensstilanalyse ausführlich bearbeitet.

Verdeutlichen wir uns dies an einer Wandergruppe und der hier wichtigen räumlich-zeitlichen Orientierung. Die Wandergruppe ist unterwegs von A nach B. die Wanderer sind in ihrem Ziel gleich, sodass sie ohne bewussten Respekt voreinander als Gruppe in dieselbe Richtung marschieren. Nun ergibt sich, dass einer innerhalb der Gruppe zu bemerken glaubt, dass der aktuell beschrittene Weg nicht zu dem vereinbarten Ziel führt und er deswegen dieses Ziel nicht mehr erreichen möchte, da er es als ein falsches Ziel ansieht.

Sobald er nun deutlich wird in der Andersartigkeit seiner Meinung hinsichtlich der richtigen Orientierung, bedeutet dies nicht nur für ihn selbst eine Richtungsänderung, sondern gegebenenfalls für die ganze Gruppe. Es entsteht ein Konflikt. Was ist die richtige Richtung bzw. das richtige Ziel, und wie gelangt man am besten zum richtigen Ziel?

Dasjenige Individuum, welches in sich durch bestimmte innere Prozesse die Identifikation mit der Gruppenorientierung verliert oder aufgibt, würde mit zunehmendem Mitmarschieren in einen immer stärkeren inneren Spannungszustand gelangen. Umgekehrt gelangt die gesamte Gruppe in einen Spannungszustand, wenn ein einzelnes Individuum die Richtung, die Geschwindigkeit und den Weg der Gruppe anzweifelt. Der Konflikt wird erst dadurch energetisch aufgeladen, dass es offensichtlich nicht beliebig ist, welches Ziel angesteuert wird. Das Ziel hat offensichtlich eine vital-existenzielle Valenz. Darüber hinaus wird durch die Andersartigkeit der Meinung das Moment der inneren Gleichheit der Individuen aufgehoben. Die Übereinstimmung in der Meinung des einzelnen Individuums mit der Meinung der anderen Individuen ist verbunden mit einem Sicherheitsgefühl bezüglich der Richtigkeit der Orientierung.

Es sind diese beiden Komponenten der vital-existenziellen Valenz und der Sicherheit spendenden Übereinstimmung der Individuen in ihrer Orientierung, die die Energie freisetzen, die im Respekt beherrscht werden möchte, wenn sich Unterschiede ergeben in der Auffassung der richtigen Orientierung und der damit zusammenhängenden eventuellen Abspaltung eines Individuums oder mehrerer Individuen aus der Gruppe. Dies stellt infrage, ob gegebenenfalls die gesamte Gruppe falsch unterwegs ist, was dementsprechend massive Verunsicherung hervorrufen kann.

Der Respekt ist also eine Haltung, die sich erst entwickeln muss, da sie an die Auseinandersetzung über eine Orientierung gebunden ist. Ob der Mensch zu Respekt in der Lage ist, stellt sich erst heraus, wenn er seine eigene Meinung innerhalb seiner sozialen Umgebung profiliert. Die Entscheidung des Individuums, sich an einer individuell erworbenen Erkenntnis zu orientieren und deswegen eine andere Wegrichtung einzuschlagen, ist der Moment, in dem sich die Bekennung zur Richtung vollzieht. Genau in diesem Moment vollzieht sich das Phänomen: richtig oder falsch? Dieses Phänomen ist immer ein digitales Phänomen, da es auf „0 oder 1", „Ja oder Nein", „Schwarz oder Weiß" Basiert.

Da Ausgangspunkt, Weg und Ziel über die Zeit miteinander verbunden sind, also eine unausweichliche Zukunft im Sinne der Resonanz mit dem Einschlagen eines Weges verbunden ist, kann es in der Zielorientierung keine Zwischentöne geben. Jeder Zwischenton bedeutet ein anderes Ziel und somit gegebenenfalls die Verfehlung des tatsächlichen Ziels. Um also eine gemeinsame Richtung einzuschlagen, ist es unausweichlich, eine Einigung darüber zu erzielen, was und wie das Ziel in der Zukunft erreicht werden möchte.

Das Aufgeben einer gemeinsamen Richtung konfrontiert die Gruppe damit, dass es einem einzelnen Individuum möglich ist, unabhängig von der Richtung der Gruppe ein anderes, möglicherweise tatsächlich richtiges Ziel zu entdecken. Hierin liegt die autonome Kraft des Individuums. Jedes Individuum ist mit einer eigenen Instanz, einem eigenen Kompass ausgestattet, welches zur Zielwahrnehmung prinzipiell befähigt. Die Entscheidung über die einzuschlagende Richtung bleibt immer in der individuellen Verantwortung, die letztlich auch die notwendige Freiheit des Individuums auf Basis seiner autonomen Orientierungsmöglichkeit garantiert.

In der entomischen Sicht auf wissenschaftlich effektives und objektives Vorgehen wird deswegen dem einzelnen Menschen – also dem Subjekt Mensch – prinzipiell die Fähigkeit zugeschrieben, Objektives erkennen zu können. Die Richtigkeit einer Erkenntnis wird in der Entomik nicht allein bestimmt durch experimentelle Objektivität, sondern auch durch die Möglichkeit einer Überlagerung einer individuellen Erkenntnis mit der Wirklichkeit im weiter oben in Kapitel 7.9 beschriebenen Sinn.

Die Gleichheit der Menschen liegt in der unbewussten Beauftragung zur Entdeckung des gemeinsamen Ziels des Humanen, der Menschlichkeit, also der den Menschen möglichen Verwirklichung der Liebe. Hieraus resultiert gleichzeitig auch der interindividuelle Konflikt, aber auch der intraindividuelle Konflikt als mögliche Gegensätzlichkeit von primärem und sekundärem Gewissen. Der US-amerikanische Whistleblower und ehemalig noch unbekannte Edward Snowden dürfte gegenwärtig eine der bekanntesten Personen sein, die diesen Konflikt in einer globalen Öffentlichkeit ausgetragen und dafür den Friedensnobelpreis erhalten hat.

Doch wie gestaltet sich nun der Zusammenhang zwischen dem notwendigen Respekt und einer objektiv humanen Entwicklung des Individuums?

8.8 Die Objektivität des humanen Evolutionsziels

Zunächst verweise ich darauf, dass die Schwierigkeit, in der Wahrnehmung der Andersartigkeit des Anderen den Respekt zu wahren, der eigentliche Beweis dafür ist, dass das Phänomen der Orientierung auf die Möglichkeit eines objektiven sozialen Ziels der Menschheit verweist. Gäbe es keine tatsächlich objektiv richtige Orientierung des Menschen, wäre es gleichgültig, welche Richtung jeder Einzelne einschlägt.

Das Individuum hätte somit auch gar kein Problem damit, die Richtung des Anderen hinzunehmen, da sie mit der eigenen Richtung keine Verbindung hat. Tatsächlich liegt jedoch aufgrund der Objektivität des Humanen als Evolutionsziel jeder Richtung eine bewusste oder unbewusste Bewertung der Zuträglichkeit zu diesem attraktiven, bedeutungsvollen Ziel zugrunde. Hieraus ergibt sich, dass sich Individuen in ihrer Werteorientierung miteinander abgleichen, da jedes einzelne Individuum bewusst oder unbewusst am Humanen ausgerichtet und interessiert ist.

8.9 Frieden als Ergebnis dialogischer Einigung

Frieden ist ein Zustand, dessen Erreichen zeitlich nur nach der Auseinandersetzung mit der Andersartigkeit des Anderen errungen werden kann. Die Auseinandersetzung ist die notwendige Phase zur Vorbereitung der Einigung in einer bewussten Orientierung hinsichtlich dessen, was der Inhalt des Humanen ist.

Die Vernunft des Menschen kann ihn davor bewahren, angesichts der Unterschiedlichkeit der Auffassungen bezüglich des Inhalts des Humanen den Respekt zu verlieren. Der Verlust des Respekts ist das Synonym von beginnender destruktiver Zersetzung, die schlimmstenfalls bis zur Zerstörung des Anderen vorangetrieben werden kann.

Im Respekt bewahrt der Mensch die Freiheit zum dialogischen Austausch von Meinungen hinsichtlich des Inhalts des Humanen. In der Destruktion verliert der Mensch die Freiheit zum dialogischen Austausch von Meinungen. Frieden ist dem Menschen nicht a priori geschenkt, sondern er liegt in der Auswirkung der bewussten Anwendung der Vernunft auf die Wahrnehmung der Andersartigkeit individuellen Werdens.

8.10 Entomik und Humanik

Im Folgenden möchte ich kurz auf die Verwandtschaft und den Zusammenhang entomischer und humanischer wissenschaftlicher Forschung eingehen. Eine ganzheitlich-wissenschaftliche Betrachtung unter Bezugnahme ihrer zeitlichen Dimension hat immer das Entom im Fokus. Die Entomik erforscht die immaterielle und materielle Realität hinsichtlich ihrer zeitlich-gesetzmäßigen Strukturierung und deren Anwendbarkeit. In der Entomik wird in Bezug auf das Entom Mensch davon ausgegangen, dass dieser eine Einheit von Geist, Seele und Körper ist, durch welche er eine ganzheitliche Verknüpfung mit der immateriellen und materiellen Realität besitzt. Der Zeitfluss von der immateriellen in die materielle Realität, welcher das Weltgeschehen ausmacht, ist dem Menschen durch seine besondere Sensibilität als DSMC für den Zeitfluss grundsätzlich zugänglich. Die entomische Sichtweise auf den Menschen sieht diesen im Zeitverlauf des entomischen Zeitpfeils.

Auch in der Humanik ist der Mensch und die Schöpfung Gegenstand einer teleologischen Betrachtung, die vor allem humane Entwicklungsmöglichkeiten durch wissenschaftliche Erforschung zu nutzen trachtet. Der Mensch ist in seiner Individualität einerseits einzigartig, verschieden von jedem anderen Menschen, jedoch gleich in der sinngerichteten Bestimmtheit des Zeitverlaufs. Die Humanik erforscht den Sinnzusammenhang menschlichen Handelns, dessen Basis im Begriff des Respekts gesehen wird. Die Entwicklung des individuellen Lebenssinns ergibt sich in der Humanik aus dem respektvollen Umgang mit jedem neu hinzukommenden Moment.

Die Entomik sieht die Zukunft als einen Raum sinnvoller Information, der dem Menschen mit seiner Erkenntnisfähigkeit zugänglich ist. Der Verlauf des individuellen Lebens, aber auch der Verlauf der menschlichen Entwicklung in ihrer Gesamtheit, ist aus entomischer Sicht frei von jeglicher Zufälligkeit und bestimmt durch die Wohl- oder Nichterfüllung eines respektvollen Umgangs mit dem Anderen in jedem Moment. Entomik und Humanik haben deswegen in ihrer teleologischen Ausrichtung sowie in ihrem Verständnis der Gegenwart bezogen auf den Menschen und seine Beziehung zur Welt einen sehr hohen Grad an Übereinstimmung.

8.11 Resonanz und Reinkarnation aus entomischer Sicht

Der Mensch als Einheit von Geist, Seele und Körper ist in der Entomik somit immer mehr als nur seine materielle Konkretisierung in diesem Leben. Er ist in der Zukunft als Idee schon vorhanden, wird in der Geburt durch die Eltern empfangen, empfängt von dort an auch körperlich einen Sinnzusammenhang und scheidet letztendlich nach einem je respektvollen Umgang mit diesem Sinnzusammenhang aus der Phase der individuellen Leiblichkeit wieder aus, um einem neuen Reifungszustand, neuen Verbundenheiten und Bindungen zugeführt zu werden. Die in der Entomik angenommene Reinkarnation impliziert einen Zusammenhang des Vergangenen mit dem Zukünftigen, dessen Fügung dem Primat der Forderung nach Sinn folgt. Sinnwahrnehmung vollzieht sich in der Wahrnehmung von Resonanz. Entomik versteht den Menschen insofern als einen Unterwegsseienden in einem von Resonanz bestimmten, sinnvollen Zeit- und Ereignisfluss.

Die Empfängnis der Mutter, die im positiven Falle eingebettet in ein durch Liebe gekennzeichnetes Verhältnis der Eltern zueinander geschieht, ist ein Ereignis, welches zur Folge hat, dass ein Kind aus der Zukunft auf die empfangenden Eltern zukommt. Das Kind kommt nicht aus der Vergangenheit, sondern es ist ein in Wirklichkeit sich in der Zukunft langsam konkretisierendes Wesen, was am Tage X zur Stunde der Geburt als Baby auf die Welt kommt und von dort an eingesetzt ist in die Synchronizität menschlicher Bewusstseine. Von da an nimmt es die Spur seiner Individuation auf in der Bewältigung aller in diesem individuellen Leben geschehenden Ereignisse. Diese kennzeichnen seine absolute Einzigartigkeit im Sinne einer „position unique". Hierbei realisiert seine Individualität den Aspekt der Diversität (Diversity), aber seine Begabung als DSMC stimuliert auch die Entwicklung seiner Begabung hin zu einer Universalität (Universality), also einer allgemein human gültigen Persönlichkeit.

8.12 Entomisches Handeln

Das, was wir augenblicklich sehen, können wir nur sehen, weil es eine Zukunft hat. Selbst die Vergangenheit, das schon Gewordene, können wir nur sehen, weil es durch den Augenblick verbunden ist mit der Zukunft. Unabhängig aber von unserer Wahrnehmung ist die Existenz aller Dinge gebunden an den Zufluss von Zeit durch die Zukunft.

Der Begriff der Existenz – der Existenz als solcher – ist somit primär nicht materiell, sondern immateriell. Alles existiert schon außerhalb des substanziierten Raums. Alles existiert schon innerhalb der Zeit auf der Ebene der Information. Substanz (Masse, Materie) ist die materielle Konkretisierung der Idee. Materielle Konkretisierung ist die Folge einer willentlichen Ausrichtung. Materie ist insofern Zeugnis eines bildenden Willens. Bildender Wille seinerseits ist Zeugnis einer lebendigen Existenz. Hinter jedem bildenden Willen vollzieht sich ein Bewusstsein.

Am Beispiel einer Tasse Kaffee ist zu verdeutlichen, dass sehr viele bildende Willen in der Vergangenheit tätig waren, die es ermöglichen, im Jetzt eine Tasse Kaffee zu trinken. Man denke an die Erfindung des Porzellans und allem, was mit dieser Erfindung zusammenhing. Man denke an die Kräfte, die eine Kaffeepflanze hervorbrachten und bis zur Reife wachsen ließen. Man denke an den Kaffeeanbau, die Pflege der Pflanzen, die Arbeitshandlungen der Kaffeebauern. Man denke an die Röstverfahren, die Entwicklung der Rösttechniken, die Möglichkeiten der Geschmacksmarkierungen durch Kaffeemischungen und Röstverfahren. Man denke an die vielen Kilometer, die die Kaffeebohnen über die Kontinente hinweg zurücklegen. Man denke an die Entwicklung der Verfahren bis hin zur ausgefeilten Espressomaschine. Letztendlich denke man an die eigene Zunge, deren Geschmackspapillen sich entwickeln, durften und die Gesichtsmuskeln, die sich beim Genuss dieses Kaffees zu einem entspannten Lächeln hin strecken dürfen, um dem Leben gegenüber die Freude über das Wunder einer Tasse Kaffee zu äußern.

Der Mensch kann seinen bildenden Willen zwar zur Verfügung stellen im Umsetzen einer Idee, die er bekommt. Er dürfte sich aber sehr schwer damit tun, eine Idee selber zu erzeugen. Er ist also angewiesen auf eine Inspiration, um diese mit seinem bewussten Bewusstsein zu verarbeiten.

Ganz anders versuchen neuere, moderne, neurobiologische Ansätze die sinnsensible Informationsverarbeitungsfähigkeit des Menschen als eine Fähigkeit des Gehirns eo ipso zu erklären. In seinem aktuellen Werk mit dem hierzu leitenden Titel: „Wie das Gehirn die Seele macht" stellt der Neurobiologe Roth stellvertretend für diese sehr verbreitete neuromaterialistische Richtung seine dezidierte Forschungsmeinung dar (Roth, 2017). Wo und wie das Psychische im Gehirn entstehe, wie sich dabei unsere Gefühlswelt, unsere Persönlichkeit und unser Ich formen, könne mithilfe der modernen Verfahren der Hirnforschung jetzt erforscht werden. Die jüngsten Fortschritte der Neurowissenschaften in Kombination mit modernen Forschungsmethoden – so Roth – würden es ermöglichen zu zeigen, wo im Gehirn die Seele zu verorten sei, wie der Aufbau der Persönlichkeit verlaufe, worauf psychische Erkrankungen beruhen würden und wie man im Rahmen der Psychotherapie oder mit Medikamenten auf die Entwicklung der Psyche einwirken könne.

Diese neuromaterialistische Richtung der Betrachtung des Menschen ist ein weiteres Beispiel dafür, wie die im Forschergeist vorformulierten Annahmen über neurosystemisch gebundene Informationsverarbeitung die Fragestellung fokussieren und damit den notwendigen Erkenntnisgewinn darüber, wie beispielsweise Sinnwahrnehmung funktioniert, verhindern. Auch hier führt ein nicht vorhandenes entomisches Bewusstsein zu fehlerhaften Annahmen über die Neurosensibilität des menschlichen Gehirns. Die Leugnung der Immaterialität des Zeitpfeils im Abschnitt der Zukunft, die fehlende Erkenntnis und Anerkennung der Hybridität der Zeit und der in der Zeit informations- und sinnsensitiven hybriden Spezies Mensch als DSMC führen zum Übersehen wesentlicher Qualitäten der Spezies Mensch, aber auch zum Übersehen von evolutionären Anforderungen an diese Spezies.

Die Schöpfung ist in äquivalenter Weise Zeugnis eines bildenden Willens, dessen Dimension vom Menschen nur als Resonanz wahrgenommen werden kann. Das hinter der und durch die Schöpfung sich vollziehende Bewusstsein zeugt von der Existenz einer kreativen Ebene.

In der Zeit erfährt die Idee ihre materielle Konkretisierung. Zeit ist der Stoff – das Material – aus dem die Zukunft besteht. Das Gute verwendet die Zeit im Sinne der humanen Finalität und folgt somit dem Primat der Forderung nach Sinn. Das Schlechte missbraucht die Zeit mit der Folge einer Notwendigkeit zur Wiederholung. In der Wiederholung taucht die humane Finalität immer wieder solange erneut auf, bis die humane Idee in der Realität des Lebens ihre humane Form angenommen hat. Sigmund Freud (Schilder, 2013, S. 143) sprach in diesem Zusammenhang in weiser analytischer Erfahrung und Erkenntnis der Psyche von der Wiederkehr des Verdrängten. Das Gute und das Böse sind somit basale Formungsqualitäten von Zeitgebrauch. Jede menschliche Formung von Zeit lässt sich der Qualität von Gut oder Böse zuordnen.

Sinnvolles Handeln vermeidet die Notwendigkeit zur Wiederholung. Entomisches Handeln beachtet die Ökonomie im Umgang mit der Zeit unter dem Blickwinkel der Resonanz. Entomische Ökonomie betrachtet die jeweilige Situation und die mit ihr verbundene Handlungsaufforderung im Gesamtzusammenhang einer Humanevolution. Jede einzelne Handlung ist nur dann im entomischen Sinne richtig, wenn sie in ihrer Ausrichtung die Überwindung aller Respektlosigkeit gegenüber der Sinnwahrnehmung überwindet. Entomische Ökonomie ist dem Wesen der Entomik nach insofern immer nachhaltig, als sie alle Ressourcen einsetzt zur Verwirklichung der Humanevolution.

Entomisches Handeln prägt den Augenblick zur Ewigkeit, indem es die Gestaltung des Augenblicks orientiert sein lässt an der Wirklichkeit. Der Augenblick wird somit der Notwendigkeit zur Wiederholung enthoben und kann hierdurch in die Ewigkeit eintreten (vgl. Buber, in Schütz, 1975).

In der Entomik wird dies als Verwirklichung angesehen. Wirklichkeit ist der Seinszustand, der keiner Veränderung mehr bedarf, da er frei ist von jeglicher Respektlosigkeit. Wenn Buber sagt:

> „Der Augenblick stellt das Bindeglied zwischen der Zeit und der Welt der Beziehung dar. Die Wirklichkeit der Beziehung wird als eine außer- und überzeitliche, die Zeit umgreifende Größe verstanden. Die Beziehung ist demnach zeitunabhängig und -überlegen; um in der Zeit Ereignis zu werden, muss zunächst die Zeit im Augenblick überwunden werden" (Buber, in: Schütz, 1975, S. 410),

dann ist hiermit gesagt, dass entomische Ökonomie sich orientiert an der Überwindung des Augenblicks, um in die Welt der Beziehung in Verbundenheit einzutreten durch eine humane, teleologisch ausgerichtete Handlung. So stehen Augenblick und Zukunft in einer letztlich harmonischen Wirklichkeit miteinander in Verbindung.

8.13 Entomik und die Dynamik der Entwicklung zur Menschlichkeit

Menschliches Leben vollzieht sich in der Zeit. Es unterliegt insofern auch den Gesetzen der Entomik. In der Entomik sind Zeit und Zeitlosigkeit bzw. Zeitfülle in einer Ewigkeit von Vergangenheit und Zukunft miteinander verbunden. Ebenfalls sind in der Entomik die Dimensionen der Immaterialität und der Materialität miteinander verbunden. Die Verbundenheit dieser Dimensionen vollzieht sich in einer Bewegung, die einer Richtung unterliegt und die als human im Sinne der Universalität einer objektiven ethischen Ordnung wahrgenommen werden kann bzw. sollte.

Erst in der bewussten Wahrnehmung dieser unumkehrbaren Richtung gelingt es dem Menschen, sich entomisch zu orientieren und hierüber auf seine Verwirklichung hinzuzuleben.

Die Entomik ist in ihrer Dynamik vergleichbar mit einem magnetischen Kraftfeld, in dem sich die Späne zu den beiden Polen positiver oder negativer Ladung in Richtung von „human" und „inhuman" ausrichten. Erst unter dem Einfluss dieser digitalen Polarisierung entwickelt der Mensch die für ihn notwendige innere Dynamik zur Entwicklung seiner Menschlichkeit – bzw. die Menschheit ihre Dynamik hin zum Humanen.

Während Schwarz-Weiß-Denken oftmals als bedenklich angesehen wird, verweist die Entomik darauf, dass eine Finalität in der Ethik in ihrer letztlichen Vertiefung zum Ausschluss inhumaner Verhaltensweisen führen, also zu einer Eindeutigkeit der humanen Entwicklungsrichtung beitragen muss. Wie würde man sonst anders einem Ethnozid gegenüberstehen wollen? Es gibt also ein „Schwarz-Weiß", dem sich die menschliche Spezies evolutionär widmen muss, aber auch kann, da sie als DSMC hierzu geschaffen ist.

8.14 Die Verbindung zwischen der Ethischen Idee des Humanen und ihrer Realisierung

Zeit ist die Verbindung zwischen der Ethik des Humanen und ihrer Realisierung. Das Humane ist zunächst eine Idee, dann eine Information und für den Menschen als DSMC in umsetzender Aktivität dessen Realität. Zeit ist die Strecke von der Idee des Humanen zu ihrer Realisierung (vgl. Abb. 5.2). Der Zeitfluss, der hier für das biologische System Mensch rein human bezogen interpretiert wird, stellt darüber hinaus durch die Resonanz eine Verbindung her zwischen der Vergangenheit und der Zukunft, in der die Ebene der Kreativität des göttlichen Agens die Realisierung des Humanen fördert durch eine neue Bereitstellung des nicht bewältigten Humanen (Wiederkehr des Verdrängten).

> Menschliches Leben ist die individuelle, jedem einzelnen zur Verfügung gestellte Zeit zur Transformation des menschlichen Potenzials in realisierten Respekt vor der Sinnhaftigkeit der Schöpfung.

Jede neue Situation, die aus der Zukunft auf den Menschen zukommt, ist ein Moment möglicher Transformation – insbesondere auch genau jener Transformationen, die in der Vergangenheit noch nicht gelungen sind. Hier vollzieht sich die Entwicklung menschlichen Bewusstseins hin zur Sinnwahrnehmung humanen Handelns.

9 Ein entomisches Modell der menschlichen Informationsverarbeitung

Im Folgenden soll ein entomisches Modell der Informationsverarbeitung vorgestellt werden, welches die bisher vorgestellten Aspekte der Zeit und des Zeitpfeils berücksichtigt. Insbesondere wird hierbei auch berücksichtigt, dass das Wesen Mensch immer eine „mitlaufende Sensibilität" für den ethischen Gehalt einer Situation bzw. eines Ereignisses hat.

Formuliert man dies noch einmal unter dem Begriff der Verantwortung, so bedeutet dies, dass sich der Mensch immer in einem Verantwortungsfluss bewegt, dem er sich nicht entziehen kann. Dies unterscheidet ihn ganz wesentlich von dem biologischen System „Tier" und „Pflanze".

Der Fluss der Verantwortung beinhaltet neben der Aufrechterhaltung der eigenen Lebensfunktionen die soziale Bezogenheit zum Anderen und die Bezogenheit auf die Umwelt als Natur und Kultur im Allgemeinen.

Es ist dies wahrscheinlich das am meisten herausstechende Merkmal der Zeit, dass sie dem Menschen eine unablässige Ereignisfolge bringt, in der er im Sinne der Verantwortung eine Stellungnahme gestalten muss. Dies ist die spirituelle Dimension des Zeitflusses, die über die physikalischen Aspekte der Zeit hinaus einen Informations- und Sinngehalt bietet, der den Wahrheitswert des Ereignisses erkennen und begreifen lassen muss. Aus diesem Grunde ist in der Entomik die äußerste Schale des Kugelmodells als Ebene der Wahrheit beschrieben (vgl. Abb. 5.1 und 5.2). Es gibt demnach keine Ereignisfolge für den Menschen, die ihn nicht in einer Weise zu einer verantwortlichen Stellungnahme auffordert.

Der Mensch hat für die Beurteilung des Wahrheitsgehalts einer Situation eine Sensibilität, die als Wahrheitsempfindsamkeit bezeichnet werden kann. Diese Wahrheitsempfindsamkeit und Resonanzsensibiltät ist nicht zwangsläufig Teil einer bewussten Informationsverarbeitung, jedoch immer anwesend und schreibt gegebenenfalls auch im Unterbewusstsein des Menschen wie ein Seismograph mit, wenn sich das Verhalten des Menschen selbst, oder dasjenige der sozialen Umgebung nicht sinnvoll, d. h. unethisch oder inhuman, gestaltet.

Im Modell der entomischen Informationsverarbeitung (vgl. Abb. 9.2) wird deswegen im Sinne der Ergebnisse einer Informationsverarbeitung zwischen roten und grünen Informationen sowie Verarbeitungsprozessen und Verarbeitungsprodukten unterschieden.

Für die menschliche Informationsverarbeitung haben Ereignisse in der äußeren Umgebung einen Wahrheitswert. Der Wahrheitswert unterscheidet Verhalten in humanes oder inhumanes Verhalten. Hieraus ergibt sich ein Aufforderungsimpuls, sich in Form von Kongruenz oder Inkongruenz mit diesem Wahrheitswert zu positionieren. Handelt es sich um ein positives Ereignis, das über den Zeitstrom als Transponder hereinkommt, dann hat der Mensch immer nur eine duale Reaktionsmöglichkeit im Sinne

https://doi.org/10.1515/9783110789355-009

von Übereinstimmung oder Nichtübereinstimmung, Identifikation oder Nichtidentifikation, Kongruenz oder Inkongruenz. Dies gilt genauso für ein negatives Ereignis, welches sich über den Zeitstrom offenbart.

Es ist nicht zwangsläufig so, dass positive Ereignisse auch als solche wahrgenommen werden. Das biologische System Mensch kann durch eine innere Polung beispielsweise im Sinne einer negativen Vorurteilshaltung ein eigentlich positives Ereignis als negativ wahrnehmen.

In dieser Art sind nun verschiedene Zustände modellierbar, die in dem nachfolgend dargestellten Modell der Informationsverarbeitung (vgl. Abb. 9.2) durch unterschiedliche Kombinationen der grünen und roten Punkte entstehen.

9.1 Vier verschiedene Fälle der Informationsverarbeitung

Am Beispiel des respektvollen Verhaltens eines Anderen gegenüber dem situativen Empfänger dieses Verhaltens sind folgende Zustände denkbar:

A   Zustand der positiven Identifikation (Liebeserfahrung, Humanerfahrung):
Der Empfänger nimmt das respektvolle Verhalten adäquat wahr, weil er Respekt ausreichend gut von Respektlosigkeit unterscheiden kann und mit dem Wert des Respekts positiv identifiziert ist. Er wertschätzt das Verhalten, weil er es aufgrund seiner inneren Ausrichtung als liebevoll, bzw. human wertvoll erkennen kann.

B   Zustand der Nichtidentifikation trotz einer Positiverfahrung (Bevorurteiltheit):
Der Empfänger nimmt das respektvolle Verhalten nicht adäquat wahr, weil er Respekt von Respektlosigkeit nicht ausreichend gut unterscheiden kann. Es kommt zu keiner Identifikation mit dem Sender des respektvollen Verhaltens. Das positive Verhalten des Senders prallt beim Empfänger ab.

C   Zustand der Nichtidentifikation (Resilienz gegenüber der Negativerfahrung):
Dem Empfänger begegnet ein respektloses Verhalten. Der Empfänger ist ausreichend gut dazu in der Lage zwischen Respekt und Respektlosigkeit zu unterscheiden. Er identifiziert sich nicht mit der Werthaltung des Senders unter gleichzeitiger Aufrechterhaltung seiner eigenen positiven Werthaltungen. Es kommt zu keiner negativen, inneren, psychischen Kontamination durch die negative externe Impulsierung. Der Empfänger des negativen Verhaltens hat eine hohe Resilienz und erleidet keine negativen Auswirkungen der äußeren Situation auf die innere Situation.

D   Zustand der negativen Identifikation (Negative Permeabilität):
Dem Empfänger begegnet ein respektloses Verhalten. Er ist nicht ausreichend gut in der Lage zwischen Respekt und Respektlosigkeit zu unterscheiden. Es kommt nicht zur Nichtidentifikation. Er verweist das respektlose Verhalten also nicht zurück. Es kommt zur Erlaubnis des Eindringens der Respektlosigkeit in den Empfänger mit der entsprechend destruktiven Wirkung. Der Empfänger des Verhaltens wird negativ kontaminiert durch den externen negativen Impuls. Es liegt folglich

eine Identifikation mit dem negativen Verhalten vor. Dieser Modus dürfte in der Regel unbewusst ablaufen.

Auf Seiten des Empfängers gelten nur die Zustände der Humanerfahrung (A) und der Resilienz (C) als adäquates Bewältigungsverhalten. Die Reaktionen der Bevorurteilt-heit (B) und der Negativen Permeabilität (D) sind als nicht gelungene Stellungnahmen zur Situation zu bezeichnen. Sie etablieren insofern ein inadäquates Verhalten und führen zu einer negativen Verfestigung der Charakterstruktur.

Jeder der vier Zustände hinterlässt somit im Informationsverarbeitungssystem des Empfängers eine Verfestigung im Sinne einer Internalisierung. Die bewältigten Zustände A und C wirken identitätsfördernd. Die nicht bewältigten Zustände B und D wirken im negativen Sinn charakterbildend.

Zur Klärung der Begriffe sei aufgeführt, dass Identität im entomischen Verständnis immer auf einem Prozess der bewussten Identifikation basiert, somit auch einer bewussten Situationswahrnehmung. Charakter wird im entomischen Verständnis als Folge nicht bewusster Internalisierungen angesehen, so dass aufgrund der fehlenden Bewusstheit von einer Vulnerabilität gegenüber dem Informationseinfluss auf den Empfänger ausgegangen werden muss. Im folgenden Kapitel werden Grundzüge der entomischen Sichtweise der Persönlichkeitsentwicklung kurz dargestellt.

9.2 Die Entwicklung der Persönlichkeit aus entomischer Sicht: Charakter und Identität

Wie beginnt die menschliche Entwicklung in diesem Leben? Das menschliche Wesen entspringt einem Urvertrauen und macht eine Realitätserfahrung in der folgenden kindlichen Entwicklung: Die hieraus erwachsende Dynamik bezeichne ich als den Elementarkonflikt aus humanpsychologischer bzw. entomischer Sicht. Buber beschreibt die Sicht des Urvertrauens in seiner Sprache wie folgt:

> „Das vorgeburtliche Leben des Kindes ist eine reine naturhafte Verbundenheit, Zueinanderflie-ßen, leibliche Wechselwirkung; wobei der Lebenshorizont des werdenden Wesens in einzigar-tiger Weise in den des tragenden eingezeichnet und doch auch wieder nicht eingezeichnet er-scheint; denn es ruht nicht im Schoß der Mutter allein. Diese Verbundenheit ist so welthaft, dass es wie das Ablesen einer urzeitlichen Inschrift anmutet, wenn es in der jüdischen Mythensprache heißt, im Mutterleib wisse der Mensch das All, in der Geburt vergesse er es. Und sie bleibt ihm ja als geheimes Wunschbild eingetan ... die Sehnsucht geht nach der welthaften Verbundenheit des zum Geiste aufgebrochenen Wesens mit seinem wahren Du" (Buber, 1974, S. 33).

Der Beginn des menschlichen Lebens in einer aktuellen Physis kann heute nicht mehr mit dem Zeitpunkt der Geburt allein übereingebracht werden. Auch intrauterin setzt eine Entwicklung ein, die über die rein physisch-biologische, strukturelle Reifung hin-ausgeht. Während noch im vergangenen zwanzigsten Jahrhundert davon ausgegan-gen wurde, dass erst mit der Bildung eines postnatalen Gedächtnisses, das an entsprechende neuronale Ausreifungen gebunden ist, auch die Entwicklung der Persönlichkeit beginnt, ist die vorgeburtliche Erforschung der menschlichen Entwicklung heute soweit, dass es aus wissenschaftlicher Sicht als sicher gelten darf, dass auch schon der menschliche Embryo emotional sensitiv und lernfähig ist.

Der Begriff der „Traumatisierung" ist insofern nicht nur auf die postnatale Zeit anzuwenden, sondern gilt auch schon pränatal. „Traumatisierung" als eine Form der Kontakterfahrung mit einer äußeren Realität, die eine Schmerzerfahrung beinhaltet mit prägendem Charakter, ist also eine Sonderform der Kontaktierung des Kindes mit der äußeren Realität, die als Erfahrungsqualität emotional negativ besetzt ist. Die nicht traumatische Erfahrung wäre im Gegensatz hierzu die positive Erfahrung des Humanen, also der Menschlichkeit.

Menschlichkeit als positive Erfahrungsqualität im zwischenmenschlichen Kontakt ist hier zu verstehen als Erfahrungen der Liebe, beispielsweise im Kontakt mit der Mutter oder dem Vater und der weiteren familiären Umgebung. Die prä- und postnatale Fähigkeit zur Einordnung einer solchen Liebeserfahrung setzt eine entsprechende Sensitivität des heranreifenden menschlichen Wesens voraus, die somit eine mitgebrachte Begabung im Sinne einer noch unbewussten, aber erlebten „Liebessensitivität", aber auch „Liebesreaktivität" darstellt. Ein Stein würde durch Streicheln auf Dauer zwar auch eine rundere, sanftere Oberfläche entwickeln. Das menschliche Wesen aber reagiert auf das Streicheln im Sinne einer Bestätigung des Sinns seines Daseins und erlebt hierdurch seine ersten wesentlichen Entwicklungsimpulse. Es wird sich seiner selbst bewusst. Es entwickelt Selbstbewusstsein.

In dieser Fähigkeit der Entwicklung des Selbstbewusstseins kommt die eigentlich besondere Qualität des menschlichen Wesens zum Vorschein. Im Gegensatz zum Tier, das das Streicheln ebenso im Sinne einer positiven Erfahrung zu erleben vermag, bildet das menschliche Wesen darüber hinaus – wie weiter oben in Kapitel 4 schon erklärt – das hyperkomplexe Bewusstsein aus: Das menschliche Wesen weiß bewusst: Es weiß, dass es weiß. In dieser hyperkomplexen Bewusstseinsbegabung (DSMC) entwickelt sich eine wesentliche, den Menschen kennzeichnende und von da an interindividuell variierende innerpsychische Struktur aus, die von mir als sekundäres Gewissen bezeichnet wird. Das entwickelte individuelle sekundäre Gewissen bezeichnet die bewusste individuelle Gedächtnisbildung bezogen auf Humanerfahrungen. Es befähigt zunehmend in der kindlichen und weiteren Entwicklung die Differenzierung zwischen humanen und inhumanen Verhaltensweisen, Verhaltensmotivationen und Verhaltenszielen – und dies unabhängig vom primären Gewissen, in welchem die sozial vorgegebenen Moralorientierungen erlernt und abgespeichert sind. Das sekundäre Gewissen ist eine wesentliche Quelle für die Entwicklung der Autonomie einer souveränen Persönlichkeit.

Urvertrauen im humanpsychologischen Sinn stellt sich dar in der unbewussten Haltung des Neugeborenen, die gekennzeichnet ist durch das sich absolut Überlassenkönnen an den Anderen, in diesem frühen Fall an die Mutter oder dann auch den

Vater. Es liegt nicht im Bereich der Erfahrungswelt des Neugeborenen, dass der Ur-grund seiner Entwicklung sich extrauterin unterscheidet vom intrauterinen Urgrund. Dieses Urvertrauen ist in einer idealen Umgebung durch die Entwicklung der Eltern zu gereiften Menschen hin soweit gewährleistet, dass der vorgesehenen Entwicklung des Kindes in dessen Humanität nicht durch die Eltern entgegengewirkt, sondern die-se durch die Eltern gefördert wird.

Faktisch werden Eltern in der Regel diese Idealität einer vollkommenen Liebe nicht gewährleisten können, da sie selbst sich entwickelnde Individuen sind. Sie sind zum Zeitpunkt der Zeugung, der Geburt und der familiären Versorgung besten-falls selbstreflektiv. Sie sind also selber Selbstbewusstsein entwickelnde menschliche Wesen. Dasselbe gilt für die ausserfamiläre, regionale und überregionale soziale Umgebung, die durch unterschiedliche Stadien der Entwicklung in der Humanität gekennzeichnet sind. Wesentliche Folge hiervon ist für das Neugeborene – das sich jetzt entwickelnde Kind –, dass in den psychischen Bereichen, die durch die äuße-re Umgebung nicht im Sinne einer humanen Entwicklung positiv gespiegelt werden können, Verhärtungen oder Traumen entstehen können. Diese sich unbewusst re-aktiv auf negative Erfahrungen in der Psyche des Kindes hin bildenden, verhärteten Strukturen nenne ich Charakter.

Die Nichtausschöpfung des humanen Potentials des Kindes ist insofern der Nor-malfall in einer sozialen Umgebung, die gekennzeichnet ist durch eine Realität, die ei-ne vollkommene Humanität noch nicht abzubilden vermag. Hier entsteht also die Ba-sis des grundsätzlichen Konflikts in der psychischen Entwicklung des menschlichen Individuums, der fortan die Genese der Persönlichkeit in der Lebensperiode bestimmt.

9.3 Der Elementarkonflikt

Der grundsätzliche Konflikt, der auch von mir als Elementarkonflikt bezeichnet wird, entsteht dort, wo es einerseits eine ideale humane Entwicklung im Sinne einer geistig-seelischen Vorwegnahme einer sozialen Evolution gibt, wie es durch Novalis ausge-drückt wurde:

> „Die Liebe ist der Endzweck der Weltgeschichte, das Amen des Universums!" (Novalis, in: Gruy-ter, 2018).

Andererseits aber erfährt das in dieses Leben hineingeborene menschliche Wesen, dass diese Liebe durch die individuelle Entwicklung beispielsweise der Eltern oder auch supraindividuelle Entwicklung menschlicher Bezugsgruppen nicht oder noch nicht erreicht wird.

Erst auf der Basis der Humanphilosophie, der Humanpsychologie und der Hu-manik wird dieser Elementarkonflikt deutlich, da eben gerade hier das Humane als ursprüngliche, dem menschlichen Wesen immanente Entwicklungsrichtung wahrge-nommen wird. Diese Anerkennung des Humanen als Entwicklungsziel setzt andererseits gerade den Zustand des Nochnichtentwickeltseins in das Bewusstsein, hiermit konkludierend auch den Begriff der Verantwortung, aber auch den Begriff einer möglichen Schuld.

Kehren wir zurück zum Ausgangspunkt des Urvertrauens, so ergibt sich auf Basis der geschilderten humanphilosophischen und humanpsychologischen Überlegungen zur Entwicklung eine grundsätzliche Konflikthaftigkeit des menschlichen Wesens, wenn es sein Dasein in diesem Körper, in dieser Familie und in dieser näheren und weiteren sozialen Umgebung beginnen darf.

Im Grundsatz ist es aus humanpsychologischer Sicht also nicht möglich, diesem Konflikt zu entkommen. Er ist unentrinnbar und somit schicksalhaft. Im Rahmen reinkarnationsphilosophischer Betrachtungen ergibt sich der Reinkarnationsauftrag. Es wird keinen Menschen geben, der sich den prägenden Einflüssen des jeweilig Humanen oder auch Inhumanen seiner menschlichen Umgebung entziehen kann. In der supraindividuellen Entwicklung einer Gruppe ist die Identifikation beispielsweise gebunden an einen Propheten als beispielhaften Menschen.

In der selbstreflektiven Phase der Individuation werden kulturunabhängige, somit allgemeingültige Humanwerte vom Vorbild abstrahiert und in Form universal gültiger Verhaltensorientierungen internalisiert. Am Beispiel der christlichen Religion ist die Vorbildfunktion von Jesus als ein Beispiel für das Ideal der Nächstenliebe zunächst gebunden an konkrete beispielhafte Handlungen von Jesus, so wie sie in der Bibel geschildert werden. In einem weiteren Schritt, einer nächsten Entwicklungsstufe, ist im Sinne einer Abstraktion der Werthaltung eine Ablösung von der Physis des spezifischen Vorbildes Jesus möglich. Die „Wahrheit" hat dann nicht mehr das Gesicht einer materiellen Repräsentanz in Form der Person Jesus, sondern ist über die bewusste Wahrnehmung des Humanwerts der Nächstenliebe unmittelbar einsichtig und konstant existent.

Im vorangegangenen Abschnitt wurde der Elementarkonflikt aus humanpsychologischer Sicht eingeführt. In diesen Elementarkonflikt gerät das Kind zwangsläufig dort, wo es also nicht idealen, sondern realen Eltern zugehörig ist, die somit immer nur einen Teil des humanen Entwicklungspotentials, also der Talente oder Begabungen des Kindes fördern können. Darüber hinaus sind die weiteren sozialen Verhältnisse der gesellschaftlichen Umgebung dann wiederum auch limitierend, so dass zwar innerfamiliär ein hoher Grad an Menschlichkeit verwirklicht werden kann durch die Eltern, ohne dass hiermit außerfamiliär beispielsweise Kriegsumstände verhindert werden können, die dann das innerfamiliäre Klima massiv kontrastieren können.

Während die Kinderjahre beginnen mit einer eher unbewussten Übernahme oder auch Abwehr der Realpersönlichkeit der Eltern und der Persönlichkeit weiterer Personen der sozialen Umgebung, bilden sich sicherlich beginnend mit der Sprachentwicklung zunehmend stärker selbstreflektive Momente der Persönlichkeit heraus. Die unbewusste Übernahme oder Abwehr von Einstellungen, Haltungen, Gewohnheiten führen zur Charakterbildung. Die bewussten, selbstreflektiven Momente führen zur

Identitätsbildung. Der Charakter bildet sich also primär unbewusst, die Identität bildet sich sekundär bewusst.

Identität basiert auf dem psychischen Prozess der Identifikation, der eine bewusste Wahrnehmung einer positiven humanen Erfahrung vorausgeht. In einer Zwischenstufe der Identitätsentwicklung ist diese Identifikation gebunden an die Person, beispielsweise die Mutter oder den Vater, deren menschlich positives Beispiel verstanden und dem dann gefolgt wird. In der vollständigen, endgültigen Identitätsentwicklung ist die Positivität nicht mehr gebunden an die Person, sondern es wird wahrgenommen und verstanden, dass die Positivität der Person kausal mit deren eigenen Identifikation mit einem Humanwert verbunden war. Der Humanwert besteht dann unabhängig von der Person im Sinne einer geistig-seelischen Wahrnehmung einer Idealität, die auch dann noch Glück und Zufriedenheit spendet, wenn die Person, die beispielhafter Träger dieses Humanwertes war, unerreichbar oder verstorben ist.

Letzteres hat beispielsweise weitreichende Konsequenzen für die Trauerarbeit und das Verständnis pathologischer Trauerreaktionen in der psychotherapeutischen Praxis. Stirbt beispielsweise mit dem Tod der Mutter in der Psyche des Kindes auch die Quelle der Liebeserfahrung, so kann es nicht weiterleben, ohne eine massive Verlusterfahrung oder sogar Lebensunfähigkeitserfahrung zu machen, beispielsweise mit konsequenter Abschottung gegenüber dem Weiterleben nach dem Tod des geliebten Menschen oder sogar im schlimmsten Fall mit eigener Suizidalität.

Identitätsbildung ist somit auch die Grundlage der individuellen Autonomie. Je mehr der Heranwachsende innerliche Gewissheit entwickelt über das humane Zutreffen seiner eigenen Persönlichkeitsentwicklung, umso stärker ist er geschützt gegen beispielsweise Gefahren der Abhängigkeit von nur scheinbar identitätsstiftenden Dingen oder Gruppen, die nur durch den Besitz oder eine Zugehörigkeitserklärung die Bedeutung der eigenen Person gegenüber den Anderen repräsentieren sollen.

9.4 Humane Identitätsentwicklung: Eigenwürde, Selbstrespekt und Selbstvertrauen

Kern der Identitätsbildung ist also die Fähigkeit des Menschen, ein sozial dienliches Verhalten als ein ebensolches zu erkennen, sich des dahinter liegenden Humanwertes bewusst zu werden, diesen zu verinnerlichen durch bewusste Anerkennung desselben und nachfolgend das eigene Verhalten an diesem Humanwert auszurichten.

> „Das Es ist die Puppe, das Du der Falter. Nur daß es nicht immer Zustände sind, die einander reinlich ablösen, sondern oft ein in tiefer Zwiefalt wirr verschlungenes Geschehen" (Buber, 1974, S. 25).

Dieser Prozess der Identitätsbildung geschieht folglich in verschiedenen Abschnitten und setzt jeweilig zu durchlaufende Stadien voraus.

Das erste Stadium ist das Stadium der Begegnung mit dem Humanwert. Diese Begegnung kann sich sehr unterschiedlich vollziehen, beispielsweise in dem Lesen eines Buches, dem Betrachten eines Filmes, oder eben in der direkten vorbildlichen menschlichen Begegnung. Die Begegnung mit einem menschlichen Vorbild ist sicherlich die stärkste aller prägenden Erfahrungen, da sie nahezu jeden Zweifel an der Umsetzbarkeit des Humanwertes ausschließt. Dargestellte menschliche Phantasie einer idealen Welt und die Begegnung mit einer vorbildlichen Persönlichkeit unterscheiden sich somit in der Kraft ihrer Impulsierung der Persönlichkeitsentwicklung.

Nach der Begegnung mit einem Humanwert entsteht ein wichtiger Prozess. Der Humanwert hat eine hohe psychologische Relevanz für die Persönlichkeit. Da er noch nicht Teil war von der bewussten Persönlichkeit, also neu auftaucht am Bewusstseinshorizont, ist er nicht nur prinzipiell bereichernd, sondern gegebenenfalls vor allen Dingen auch konfrontierend. Er zeigt dem sich Entwickelnden, dass er in einem Aspekt seiner Menschlichkeitsentwicklung noch nicht entwickelt war. Hier setzen solche psychologischen Prozesse ein, die sich im Sinne der Abwehr konstituieren können.

Einsicht im Sinne des Hinnehmens, das man noch nicht am Ziel der eigenen Menschlichkeitsentwicklung angekommen war, setzt zum einen voraus, dass man eine solche Entwicklungsnotwendigkeit an sich grundsätzlich bewusst anerkennt als Lebensausrichtung. In diesem Fall würde der Einsehende sich nachfolgend unterwerfen unter die Notwendigkeit der Änderung seiner Selbst, die sich durchaus schwierig darstellen kann.

Der Einsichtige ist noch nicht anders. Er anerkennt nur, dass er anders werden sollte im Sinne einer humaneren Ausrichtung seines Verhaltens an dem neu erkannten Humanwert. Dies kann einhergehen mit Verzichtsleistungen, mit Formen der Selbstdisziplinierung, mit Erfahrungen des Rückfalls in das alte, nicht mehr gewollte Verhaltensmuster oder mit Scham gegenüber Anderen, gesehen zu werden in einer Schwäche der Umsetzung des Erkannten, gegebenenfalls auch mit Angst vor Ächtung und Ausstoßung aus der Gruppe der Menschen, die diesen Humanwert für ihn repräsentieren. Es kann auch Angst bereiten, die Menschen zu verlieren, die diesen Humanwert nicht als solchen anerkennen. Beispielhaft sei hier genannt ein drogenabhängig gewordener Mensch, der die Destruktivität seines Drogengebrauchs bewusst einsieht, jedoch noch lange nicht ohne die Drogen zu leben gelernt hat, und deswegen bisweilen noch lange in seiner durch Drogenabusus gekennzeichneten sozialen Bezugsgruppe verbleibt.

In diesem Prozess um die Erhaltung der innerlichen Identifikation mit dem Humanwert, der sich in aller Regel als ein innerlicher Kampf darstellen wird, verinnerlicht der Einsichtige diesen Humanwert und macht ihn sich zu eigen. Ein Stück Würde, das er zunächst nur intellektuell als wertvoll für seine menschliche Entwicklung zu sehen vermochte, aber noch nicht leben konnte, wird ihm mehr und mehr zu eigen. Er entwickelt Eigenwürde; also Würde, die er sich zu eigen machen lernte über ein

sich Halten an einen Humanwert. Diesen musste er erst einsehen lernen unter Inkauf-
nahme einer vielleicht ihn auch beschämenden Selbstwahrnehmung einer bis dahin
inhumanen Einstellung mit den Folgen einer Symptomatik, bestehend zum Beispiel
in einer Autodestruktivität einer Drogenabhängigkeit.

In der Überwindung dieser bis dahin auftauchenden Schwierigkeiten, der Mensch
zu sein, der er idealerweise sein möchte, entsteht im Weiteren der Selbstrespekt als
wesentliche psychische Errungenschaft. Der Selbstrespekt respektiert also das eigene humane Potential, die eigenen menschlichen Talente, Begabungen und sozialen
Fähigkeiten. Er entwickelt eine bewusste Beziehung zu sich selbst, über die er Verantwortung trägt. Er ist also zum einen er selbst und im selben Moment auch derjenige,
der dieses Selbst respektiert in seinen originären menschlichen Entwicklungsbedürf-
nissen. Er ist ein seiner selbst bewusster Mensch, der sich in seiner bewusst gewähl-
ten Identität erlebt und an deren positiver Ausrichtung demzufolge auch innerlich beginnt, Freude zu empfinden.

In diesem Selbstrespekt und aus der damit verbundenen Freude heraus gewinnt
der sich entwickelnde Mensch immer mehr Kontakt zu seinen Fähigkeiten. Er be-
merkt, dass er die Kompetenz entwickelt, sich selber zu führen. Er macht die Erfahrung der Selbstbeherrschung, sowie die Erfahrung der damit verbundenen, ihm
eigenen Kraft, seine Lebensführung seinem bewussten Willen gemäß zu gestalten.
Hieraus entwickelt sich somit in der Verlängerung das so wichtige und dringend benötigte Selbstvertrauen. Er kann das, was er will. Er kann sich selbst hinsichtlich
der Verwirklichung seiner eigenen menschlichen Entwicklungsziele, seinem human
selbstbewussten Ichvertrauen.

Er weiß bewusst um die Errungenschaften seiner eigenen Persönlichkeit, den damit verbundenen inneren Kampf, die eigene Schwäche, die Niedrigkeit und Schwäche
seiner vorangegangenen Lebensperiode und die Schwierigkeit der Überwindung dieser Erniedrigung, die sein Leben bis zu der jeweiligen Einsicht gekennzeichnet hat.

Somit sind die drei Säulen der menschlichen Identität in ihrer Entwicklung geschildert: Eigenwürde, der davor entstehende Selbstrespekt und das daraus wiederum
resultierende Selbstvertrauen.

Diese Stufen sind hier beispielhaft beschrieben. Sie sind nicht nur einmal im Laufe eines Lebens zu durchlaufen. Sie sind ein sehr langer Prozess, der vielleicht ein
ganzes Menschenleben lang andauern kann. Das Resultat in der Persönlichkeit ist
menschliche Souveränität. In dieser Souveränität weiß der Mensch um die Schwierigkeiten der menschlichen Entwicklung und hier erwächst gleichzeitig auch die Fähigkeit zum Verständnis und zur Begleitung des Anderen in dessen eigener Entwicklung.

„Der freie Mensch ist der ohne Willkür wollende. Er glaubt an die Wirklichkeit; das heißt: er
glaubt an die reale Verbundenheit der realen Zweiheit Ich und Du. Er glaubt an die Bestimmung
und daran, dass sie seiner bedarf: sie gängelt ihn nicht, sie erwartet ihn, er muss auf sie zugehen,
und weiß doch nicht, wo sie steht; er muss mit dem ganzen Wesen ausgehen, das weiß er. Es wird
nicht so kommen, wie sein Entschluss es meint; aber was kommen will, wird nur kommen, wenn
er sich zu dem entschließt, was er wollen kann. Er muss seinen kleinen Willen, den unfreien, von

großen Dingen und Trieben regierten, seinem großen opfern, der von Bestimmtsein weg und auf die Bestimmung zu geht. Da greift er nicht mehr ein, und er lässt doch auch nicht bloß geschehen. Er lauscht dem aus sich Werdenden, dem Weg des Wesens in der Welt, nicht um von ihm getragen zu werden; um es selber zu verwirklichen, wie es von ihm, dessen es bedarf, verwirklicht werden will, mit Menschengeist und Menschentat, mit Menschenleben und Menschentod. Er glaubt, sage ich: damit ist aber gesagt; er begegnet" (Buber, in: Schütz, 1975, S. 72ff).

Diese bis hierhin beschriebenen Entwicklungsstufen haben das Merkmal menschlicher Generalität. Sie sind im Kern das Wesen der Humanpsychologie, basierend auf einer Humanphilosophie. Sie sind unabhängig von jedweder Kultur. Sie sind auch unabhängig vom jeweiligen Geschlecht, der Hautfarbe oder anderen Unterscheidungen von Menschen. Sie sind sozusagen die Stadien der menschlichen Individualentwicklung, aber auch einer menschlichen Gesellschaft auf dem Weg hin zum Humanen.

Kehren wir aber noch einmal zurück zum Ausgangspunkt der Entwicklung, dem menschlichen Charakter. Aus humanpsychologischer Sicht spreche ich dem Charakter zunächst die Eigenschaft der Unbewusstheit zu. In der Entwicklung übernimmt das Kind ohne bewusste Identifikation eine ganze Menge an Vorgaben. Es lernt unbewusst, sich als geschlechtsspezifisches Wesen wahrzunehmen, realisiert sozusagen als Junge oder Mädchen seine familiäre Position, dies jeweils auch in Bezug zum männlichen oder weibliche Elternteil. In dieser geschlechtsspezifischen unbewussten Selbstwahrnehmung prägen sich erste Eigenschaftsmuster ein, die sich später nach und nach zu ausgearbeiteten Geschlechtsrollenkonzepten entwickeln.

Der Charakter hat auch eine Richtung der Entwicklung, die im Wesentlichen beschrieben ist durch Ziele der Mann- oder der Frauwerdung. Hierdurch sind jeweils nur bestimmte Aspekte des Humanpotentials – der Talente und Begabungen – angesprochen. Die Eigenschaften der Frau feminisieren das männliche Kind, und umgekehrt androgynisieren die Eigenschaften des Mannes das weibliche Kind. Insofern werden die jeweiligen geschlechtskonträren Eigenschaften gefährlich für die Selbstsicherheit in der eigenen Geschlechtsrolle. Das Kind lernt die gegengeschlechtlichen Eigenschaften in sich abzuwehren, um in der eigenen Geschlechtsrolle sicher zu werden. Es passt sich an die gesellschaftlichen Stereotypen männlichen und weiblichen Verhaltens an, um als Mann oder Frau Sicherheit in der sozialen Struktur der Umgebung zu finden. Auch die Psychodynamik des diversen Kindes ist prinzipiell von denselben männlichen oder weiblichen Identifikationswünschen und Abwehrmechanismen bestimmt. Die Besonderheit der Minderheitszugehörigkeit akzentuiert neben der unklaren Geschlechtsrolle die Schwierigkeit der individuellen Entwicklung.

> „Der willkürliche Mensch glaubt nicht und begegnet nicht. Er kennt die Verbundenheit nicht, er kennt nur die fiebrige Welt da draußen und seine fiebrige Lust, sie zu gebrauchen ... In Wahrheit hat er keine Bestimmung, nur sein Bestimmtsein von Dingen und Trieben, das er mit dem Gefühl der Selbstherrlichkeit, das heißt eben in Willkür vollzieht" (Buber, 1974).

Die Gefahr dieser Form der Charakterbildung sollte also aus humanpsychologischer Sicht sobald wie möglich bewusst werden und in der Erziehung und Begleitung Beachtung finden, so dass die Entwicklung des männlichen und weiblichen Kindes in die universale menschliche Entwicklung einmünden kann und nicht im Sinne einer Geschlechtsrollenfixierung an der Entwicklung wesentlicher genereller menschlicher Fähigkeiten vorbeigeht.

Das Liebeskonzept der Ergänzung von Mann und Frau, welches oftmals im allgemeinen Sprachgebrauch auftaucht, ist hier ebenfalls kritisch zu reflektieren. Der Mann liebt in der Frau das, was diese entwickelt hat an femininen Komponenten des eigentlich geschlechtsneutralen Humanitätspotentials. Dasselbe gilt umgekehrt für die Liebe der Frau zum Mann. Die jeweils gegengeschlechtlich entwickelten Aspekte des Humanpotentials verbleiben in der eigenen Entwicklung unbewusst. Sie dürfen nur am Anderen, dem Gegengeschlecht, geliebt und geachtet werden. Er oder sie dürfen diese jeweils gegengeschlechtlichen Aspekte der Persönlichkeitsentwicklung nicht selber verkörpern, weil dadurch gerade die Attraktivität, die auf der Bewunderung des gegengeschlechtlich verwirklichten Humanpotentials basiert, verloren gehen würde. Der Mann wäre nicht mehr „männlich", die Frau wäre nicht mehr „weiblich".

Hier liegt ein Teil der wahrscheinlich globalen, kulturellen Basisneurotisierung begründet, in der die Menschlichkeitsentwicklung nicht universal-ganzheitlich für das Wesen Mann und Frau, sondern immer nur geschlechtsspezifisch-halbiert betrieben wird. Das Weibliche im Mann verbleibt unbewusst, das Männliche in der Frau verbleibt unbewusst.

9.5 Humansensibilität auf Basis einer geistigen Wahrnehmungsbegabung (DSMC)

„Es ist nicht mehr die Macht des Karma und nicht mehr die Sternenmacht, was unabwendbar das Menschenlos regiert; vielerlei Gewalten beanspruchen die Herrschaft, aber wenn mans recht betrachtet, glauben die meisten Zeitgenossen an ein Gemisch von ihnen wie die späten Römer an ein Gemisch von Göttern" (Buber, 1974, S. 68ff).

Eine schon weiter oben in Kapitel 7.3 aus entomischer Sicht kritisch beleuchtete biologistische Sicht auf den Begriff „Mensch" sieht das Wesen „Mensch" erschöpfend in seiner biologisch strukturellen materiellen Existenz. In dieser Sichtweise ist der Mensch prinzipiell eine komplexe materielle Struktur, deren evolutionärer Vorteil derzeit in der Entwicklung einer hyperkomplexen (der Mensch kann über sich selbst denken!) Bewusstseinsmöglichkeit liegt. Im Sinne der „Artificial Intelligence" ist diese Struktur zumindest theoretisch nachbaubar, sofern durch den Menschen ein ausreichendes technisches Verständnis der biologisch-strukturellen, materiellen Komplexität erreicht werden würde. Leben ist hierin eine energetisch in biologischen Strukturen abbildbare Aktivität, die ausschließlich gebunden ist an die einwandfreie Funktionalität dieser Strukturen. Leben endet mit der Zerstörung oder Auflösung dieser Strukturen. Ebenso beginnt Leben mit der Enervierung, also der Energetisierung dieser Strukturen. Für den Menschen bedeutet dies, dass sein Leben einen definierten Anfang und ein definiertes Ende hat, was nur bestimmt ist durch die funktionierende Energetisierung seiner Physis.

Die Entomik wendet sich von dieser Begrenzung des Menschen ab und erweitert das Verständnis des menschlichen Wesens um den Aspekt des Geistig-Seelischen, also der Realität seiner immateriellen Existenz.

> „Der Mischgötze duldet keinen Glauben an Befreiung. Es gilt als töricht, sich eine Freiheit zu imaginieren ... Das Dogma des Ablaufs aber lässt keinen Raum für die Freiheit, keinen für ihre allerrealste Offenbarung, deren gelassene Kraft das Angesicht der Erde ändert: Die Umkehr. Das Dogma kennt den Menschen nicht, der den Allkampf durch die Umkehr überwindet; der das Gespinst des Gebrauchstriebs durch die Umkehr zerreißt; der sich dem Bann der Klasse durch die Umkehr enthebt; – der durch die Umkehr die sicheren Geschichtsgebilde aufrührt, verjüngt, verwandelt. Das Dogma des Ablaufs lässt dir vor seinem Brettspiel nur die Wahl: die Regeln beobachten oder ausscheiden; aber der Umkehrende wirft die Figuren um" (Buber, 1974, S. 69ff).

Im Gegenpol zum materiell-biologistischen Verständnis des Menschen bietet der entomische Ansatz deswegen an, das Wesen Mensch als eine Einheit von Geist, Seele und Körper zu verstehen.

Wissenschaftstheoretisch impliziert dies über die materiell wahrnehmbare Körperlichkeit der menschlichen Physis hinaus die Anerkennung einer immateriellen Realität einer geistbegabten Seele des Menschen. Hierin ist die Psyche die Verbindung der Physis mit der geistbegabten menschlichen Seele (vgl. Abb. 9.2). Die rein naturwissenschaftliche Betrachtung des Menschen wird hier ergänzt um geisteswissenschaftliche Aspekte. In der Entomik ist die immaterielle Realität die Ebene der Information, die durch die Zukunft in Reinform vorangestellt wird.

Träger des Lebens ist in diesem Ansatz die geistbegabte menschliche Seele, die unabhängig von der Physis eine Existenz hat. Sie ist somit nicht endlich gebunden an die Physis. Die Physis ist eine endliche Periode der geistbegabten menschlichen Seele, deren Sinn und Zweck in dieser Periode erfahrbar wird im Sinne einer Entwicklung hin zum Humanen. Analog zum grundsätzlichen entomischen Verständnis der Materie und Körperlichkeit, das davon ausgeht, dass Materie ein spezifischer Aggregatzustand der Information im Zeitfluss ist, ist der menschliche Körper ein spezifischer Aggregatzustand der Information, die diese spezifische Seele beschreibt, im Zeitfluss. Die Sinneinheit der Seele – somit auch ihre spezifische kohärente Information – ist unabhängig von deren Aggregatzustand als solche existent – und gegebenenfalls deswegen auch potentiell emergent, so wie ein zukünftiger Prozess die Information des alten, zerbrochenen Glases in der Neuformung eines Glases einsetzen kann.

Die prä- und postphysische Existenz und Entwicklung der geistbegabten menschlichen Seele kann Gegenstand weiterer humantheologischer und humanphilosophischer Betrachtungen sein. Von Bedeutung für die Entomik ist gegenwärtig allein die Feststellung, dass das „Hier und Jetzt" des menschlichen Wesens im Sinne einer geistig-seelischen Einbettung in eine Entwicklung der Humanität gerichtet ist .

> „Aber die Welt des Du ist nicht verschlossen. Wer mit gesammeltem Wesen, mit auferstandener Beziehungskraft zu ihr ausgeht, wird der Freiheit inne. Und vom Glauben an die Unfreiheit frei werden heißt frei werden" (Buber, 1974, S. 71).

Das entomische Verständnis des Menschen ist insofern unzertrennlich verbunden mit der Fähigkeit des Menschen, dem Zeitstrom humanrelevante Informationen zu entnehmen. Dies ist die Zukunfts- und Humansensibilität des biologischen Systems Mensch, welcher die Frage nach dem Wesen der Zeit ursprünglich entspringt.

9.6 Physiologische und ethische (geistig-seelische) Informationsverarbeitung

Im entomischen Verständnis wird von einem Rückkopplungseffekt (Resonanz) identitäts- oder charakterbildender Reaktionen auf das nächste, zukünftige Ereignis ausgegangen. Diese Rückkopplung ist nicht vollständig determinierend für die unmittelbare Zukunft, jedoch mitbestimmend. Hierdurch wird dem Umstand Rechnung getragen, dass die Wahrscheinlichkeit zukünftiger Ereignisse durch eigenes Verhalten zwar beeinflusst werden kann, ohne jedoch zukunftsdeterminierend zu sein.

Es scheint so zu sein, dass für eine innerliche psychische Positionierung nicht unendlich viel Zeit zur Verfügung steht, sondern dass sich das biologische System Mensch in sehr kleinen neurophysiologisch begrenzten Intervallen von ca. 3 Sekunden positionieren können muss, d. h. eine Bewertung der Information und eine entsprechende, damit verbundene physiologisch-psychologische Haltung (Orientierung) auswählen muss. Wird es nicht geschafft, sich innerhalb von ca. 3 Sekunden zu positionieren, dann gerät das System in einen Stresszustand, denn es kann die neuen Informationen nicht mehr zeitadäquat verarbeiten. Der Stresszustand kann versuchsweise überwunden werden, indem das System die äußere Situation zu beeinflussen und die nächsten Ereignisfolgen zu verlangsamen versucht. In einem Gespräch könnte das beispielsweise bedeuten, um eine Unterbrechung zu bitten, um nachfragen oder kurz nachdenken zu können.

Entscheidend für das entomische Modell der Informationsverarbeitung (vergl. S. 143, Abb. 9.1) ist, dass eine zweiwertige Information aus der Zukunft mit einem zweiwertigen Beurteilungssystem verarbeitet werden muss. Unter dem Gesichtspunkt der Konvergenz jedes Verhaltens hinsichtlich einer teleologischen Bindung und Orientierung ist jedwedes Verhalten entweder teleologisch funktionabel oder nicht. Mit anderen Worten leitet dies zu einer basal digitalen Orientierung im Sinne „zielführend" oder „nicht zielführend".

Eine gelungene Verarbeitung ist eine solche Verarbeitung, die es schafft, auf die zweiwertigen Zustände der Außenwelt konstant positiv zu reagieren. Eine solche Verarbeitung lässt sich von außen nicht kontaminieren. Sie ist stabil und bleibt im Rahmen einer konstruktiven sozialen Reaktion (vgl. Kap. 9.1, Zustand A und C). Sie bleibt also im „grünen Bereich", und das Ergebnis wird als gelungene Kongruenz mit dem Wahrheitswert „wahr" in der Persönlichkeit als Identität verfestigt. Dieser Verarbeitungsschritt, die Situationslösung, kann „bestehen" bleiben: Sie ist innerlich gültig und fortan zeitbeständig: Sie gilt also immer!

Eine misslungene Verarbeitung ist eine solche Verarbeitung, die es nicht schafft, auf die zweiwertigen Zustände der Außenwelt adäquat zu reagieren (vgl. Kap. 9.1, Zustand B und D). Eine solche Verarbeitung lässt sich von der Außenwelt trotz eines positiven Ereignisses nicht positiv stimulieren, und sie reagiert auf ein negatives Ereignis beispielsweise im Sinne der Zurückverweisung des negativen Stimulus ebenfalls nicht konstruktiv. Das Ergebnis der Situationsverarbeitung ist also ein negatives. Es hat den Wahrheitswert: „unwahr". Es kann nicht als gültige Situationslösung verbucht werden. Das Ergebnis führt bei fehlender Reflexion zur Charakterbildung und bestimmt zukünftige Verarbeitungen ebenfalls in negativer Hinsicht.

Zur Erläuterung der Begriffe Identität und Charakter, so wie sie in der Entomik verwendet werden, ist nochmals wie oben in Kapitel 9.4 ausgeführt zu sagen, dass Identität aus dem Prozess einer bewussten Identifikation entsteht. In der bewussten Identifikation wird immer die Kongruenz mit dem Wahrheitswert „wahr" gesucht. Sie geht also von der Möglichkeit der wahren situativen Bewältigung aus und kann diese aufgrund des bewussten Gestaltens auch explizieren. Es ist also ein transparentes Geschehen sowohl für den Gestalter als gegebenenfalls auf Anfrage auch für das Gegenüber.

Charakter ist im Gegensatz hierzu, wie oben in Kapitel 9.2 schon ausgeführt, eine nicht bewusste Reaktion, die aufgrund ebenfalls nicht bewusster früherer Lernprozesse als Reaktionsbasis verwendet wird. Sie läuft vom Empfinden her quasi automatisch ab, ist von der Person nur schwer zu steuern und bewirkt ein Gefühl innerer Unfreiheit, weil der Reagierende sich an die Situation bzw. die Ereignisabfolgen ausgeliefert fühlt. Das innerliche Empfinden ist demzufolge eher negativ gefärbt.

Die entomische Informationsverarbeitung sieht den Menschen also als eine Einheit von Geist, Seele und Körper, wobei der Körper zwar die Funktion einer neuronalen und in der Folge einer komplexen körperlichen Verarbeitung ausbildet. Jedoch wird dem Menschen in seiner unauslöschlichen Verbindung mit dem Informationsstrom der Zukunft auch die Fähigkeit zugeschrieben, den Wahrheitswert einer Ereignisabfolge zu erfassen, sich innerlich zu positionieren und insofern die Ereignisabfolge auch geistig und seelisch zu verarbeiten. Das Modell erlaubt also, den Zeitstrom als eine Informationskomplexität aufzufassen, die neben physikalischen Reizen auch soziale Informationen bezüglich wahrheitsrelevanter Wertbezüge zu erfassen vermag. Es sind also nicht nur materiell manifeste Informationen, die ausgelesen werden möchten, sondern auch immaterielle geistige Informationen.

Die Befähigung hierzu wird in der Entomik der geistbegabten menschlichen Seele zugesprochen, die sogar noch vor der eigentlichen physikalischen Reaktion des Körpers den geistig-seelischen Impuls auffangen kann, da sie aufgrund ihrer nicht materiellen Beschaffenheit mit der Ebene der Information in einem zeitlich unmittelbar kontingenten Zusammenhang steht. Diese Fähigkeit wurde weiter oben in Kapitel 4.4 bereits als Wahrheitsempfindsamkeit benannt.

Das menschliche Informationsverarbeitungssystem ist aus der Sicht der Entomik ein hybrides Informationsverarbeitungssystem, welches dual reagieren kann und den Informationsgehalt der Zeit sowohl materiell als auch immateriell abbildet. Diese duale Informationsverarbeitung spiegelt also eine Offenheit des biologischen Systems Mensch wider, die geistig-seelische Impulse wahrzunehmen und darüber hinaus auch eine geistig-seelisch orientierte Reaktion zu etablieren vermag – neben der physikalisch gebundenen, zeitimmanenten neurologischen Reaktion. Diese der Situation inhärenten, also dem Zeitfluss unterworfenen Impulse sind die für den Menschen primär überlebensrelevanten Informationen. Sie ermöglichen es dem Menschen, vorbereitet auf die Zukunft zu reagieren.

Zukunftswahrnehmung bzw. Zukunftssensibilität und die damit verbundene Humansensibilität beinhalten daher, zu „begreifen, wohin die Reise geht" und dementsprechend Richtungskorrekturen vornehmen zu können. Humanität gefährdendes Verhalten kann somit abgewehrt oder verhindert werden. Diese Abwehrfunktion ist sowohl für das Individuum als auch für die Menschheit überlebenswichtig.

> Das Prinzip „survival of the fittest" bedeutet in der Entomik die Optimalisierung der Abwehr von Inhumanität.

Es ist also diese tertiäre Orientierung, die Wahrheitsempfindsamkeit, die es dem Menschen im Gegensatz zum Tier ermöglicht, die besondere Informationsqualität human relevanter Wertinformationen aus dem Zeitstrom auszulesen und für sein Überleben zu gebrauchen.

Da es bei dieser Information nicht nur um eine physikalische Dimension des Lebens geht, sondern auch um ein Überleben des Systems auf der Ebene der Information, ist die geistig-seelische Information relevant für das geistig-seelische Überleben des Menschen. Mit diesem Überleben ist die Perspektive auf ein Überleben auf der Ebene der Information, der nicht materiellen Ebene verbunden. In diesem Sinne bedeutet also ein Überleben, über das substanzielle physikalische Leben hinaus weiterzuleben.

> Die Wahrheitsempfindsamkeit des Menschen hat reinkarnative Valenz, so dass die Reifung der individuellen Seele in Lebenszyklen ermöglicht wird bis hin zum vollständigen Respekt vor der Liebe bzw. dem Humanen.

Das entomische Modell erlaubt also neben der physiologischen eine geistig-seelische Informationsverarbeitung, wobei diese duale Verarbeitung (vgl. Abb. 9.2) des Menschen die Realität der menschlich bewussten Innenschau (Qualia) adäquat abbildet. Der Mensch wird also in der Entomik nicht mehr verkürzt auf einen intelligenten Biocomputer, auch nicht auf einen Quantencomputer, sondern er wird in der Welt positioniert als das, was er ist, nämlich ein Wesen, welches eine Aufgabe zu lösen hat, die ihm über die Zukunft gestellt wird. Es ist nicht irgendeine Aufgabe, sondern eine individuelle Aufgabe, die der Mensch in seiner Entwicklung benötigt, um zu einem konstant positiv reagierenden Wesen zu evolvieren.

In hervorhebender Weise möchte ich hier auf den Begriff der Psyche hinweisen, den ich in der Entomik trenne vom Aspekt der Seele und der Neuronalität (vgl. Abb. 9.2). Die Psyche erhält ihren Input einerseits aus der Seele und dem Geist. Andererseits erhält sie ihren Input aus der Neuronalität, die hier sowohl die Sinnesreizung als auch die gedächtnisbasierte Kognition umfasst. Psychische Phänomene spielen sich also ab als Folge der Information, die einerseits aus der Umwelt und andererseits aus der Erinnerung in den Bewusstseinsraum hereinkommen. Darüber hinaus werden die psychischen Phänomene verursacht durch Wahrnehmungen des seelischen Inputs der Innerlichkeit und deren Erkenntnis durch den Geist.

Letztere Wahrnehmung eröffnet den Spielraum für die visionäre Wahrnehmung der Zukunft, Inspiration und Kreativität. Sie beinhaltet insbesondere auch die Resonanzsensibilität. Auch eine Idee zu bekommen im Sinne eines Empfangens aus einer geistig-seelischen Dimension, spiegelt das Phänomen einer Wirklichkeitswahrnehmung wider, die ansonsten durch den an anderer Stelle beschriebenen Neurodeterminismus verlorengeht.

Zurückkehrend zur Wahrheitsempfindsamkeit muss selbstverständlich letztendlich expliziert werden, was denn diesen Wahrheitswert im Zeitfluss bestimmt und welcher Art dieser Wert wäre. Aus theologischer Sicht wäre dies vielleicht die göttliche Wahrheit, aus biologischer Sicht eventuell die Information, die das Überleben der Art sichert. Aus psychologischer Sicht wäre es möglicherweise die „Liebe". Die entomische Betrachtung ermöglicht eine grundlegend integrative Betrachtung solcher an verschiedenen Punkten ansetzenden geistes- oder naturwissenschaftlichen Erklärungsmodelle bzw. -konzepte.

In der Entomik wird der Wahrheitswert bestimmt durch die Frage, ob ein Verhalten dem Humanen entspricht oder nicht. Das Humane ist der in der Entomik zugrunde liegende inhaltliche Orientierungswert, an dem sich alle Verhaltensweisen messen lassen müssen.

Unter Menschlichkeit ist aus entomischer Sicht nicht gemeint, dass alles, was menschliche Wesen tun, auch menschlich ist. Menschlichkeit drückt sich also im philosophischen Sinn in einer Handlungsmöglichkeit aus, die im Gegensatz zu derjenigen Handlungsmöglichkeit steht, in der sich Unmenschlichkeit ausdrückt. In der Entomik ist der Mensch aufgrund seiner Wahrheitsempfindsamkeit nicht in unentrinnbarer Weise möglichen destruktiven Prägungen ausgeliefert. Wahrheitsempfindsamkeit befähigt zur Reflexion sowie daraus folgend zum respektvollen Umgang mit der Möglichkeit zu einer liebevollen Situationsgestaltung.

Das reflektierte Verhalten ist ein prüfendes Verhalten, welches im Menschen ein Potential vermutet, das sich entwickeln kann. Deswegen prüft es die Information der Zukunft auf ihre Entwicklungsanforderung. Eine positive Ereignisfolge bedarf der positiven Wertschätzung. Eine negative Ereignisabfolge bedarf der Entwicklung einer innerlichen Fähigkeit, für das Negative positive Veränderungsmöglichkeiten zu suchen. Es ist vom Grundsatz her ein optimistischer Blick in die Zukunft, von der angenommen wird, dass sie einmal ein humanes Gesicht wird haben können.

Die Entomik geht davon aus, dass das Humane eine finale Bestimmung menschlichen Werdens ist. In der Entomik wird die Spiritualität der Menschen ermöglicht und einbezogen, wobei der biologischen Notwendigkeit genüge getan wird. Denn auch aus biologischer Sicht dürfte es mittlerweile klar sein, dass das Überleben des Einzelnen, aber auch der Spezies Mensch am erfolgreichsten gesichert wird, wenn sie sich human stabilisiert. Menschen müssen Verhaltensweisen etablieren lernen, die es dem Einzelnen, aber auch der Gruppe ermöglichen, ein menschenwürdiges Leben zu leben. Auch der Wissenschaft der Psychologie ist mit dem Humanen als finaler Orientierung zur Bemessung sozial nützlichen Verhaltens zentral gedient.

Eine Psychologie unter Berücksichtigung der Entomik leistet die notwendige entwicklungspsychologische Forschung auf Basis der bewussten Wahrnehmung des Zeitpfeils und seiner dualen physikalischen und geistig-seelischen Informativität und Normativität.

Aufgrund der wahrheitswertig geprägten Informationen, die über den Zeitstrom auf das Individuum zukommen, ist es notwendig, das Informationsverarbeitungssystem aus entomischer Sicht so zu modellieren, dass neben der primären und sekundären Orientierungsreaktion auch die tertiäre Orientierungsreaktion stets mit angefordert wird. Diese tertiäre, ethische, geistig-seelische Orientierung ist von besonderer Qualität. Sie begreift das ethische Involviertsein des Menschen und bewirkt Entspannungs- und Anspannungszustände je nach der ethischen Bewältigung der Situation.

Das biologische System Mensch nimmt somit nicht nur sinnlich wahr über seine Sinnesorgane, sondern es nimmt auch geistig-seelisch wahr über das in der Resonanzsensibilität entwickelte Wahrheitsempfinden. Dieses ist über die geistbegabte Seele des Menschen (DSMC) mit der Ebene der Information in direkter unmittelbarer Weise verbunden.

Die Konzeptualisierung des biologischen Systems Mensch führt in der Entomik dazu, dass nicht nur physikalische Impulse aufgenommen werden, sondern auch geistig-seelische Impulse, wie sie beispielsweise im Begriff der Inspiration und Kreativität konzeptualisiert sind.

Somit ist nicht zwangsläufig die gesamte Informationsverarbeitung neuronal repräsentiert, sondern zum gesamtheitlichen Verständnis des Menschen sehr wesentlich sind dessen Fähigkeiten als DSMC. Sie beinhalten ausdrücklich und im Gegensatz zu vielen, aktuell neuromaterialistisch fokussierten Informationsverarbeitungsvorstellungen die Möglichkeit einer präneuronalen, immateriellen Wahrnehmungs- und Rezeptionsleistung sowie auch konstanten Besusstseinsdimension, die die „Qualia", also das bewusste Selbsterleben hervorbringt und sich des gesamten organischen Apparates durch Vitalität (Beseelung) bedient, solange dieser organische Apparat Mindestvoraussetzungen zur Impulsierung durch die Seele erfüllt.

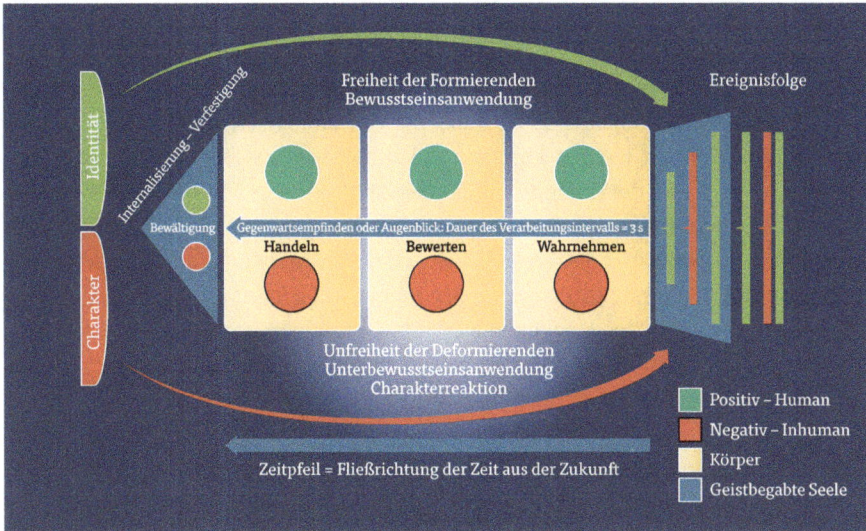

Abb. 9.1: Informationsverarbeitung DSMC im Entomischen Zeitpfeil. Quelle: Eigene Darstellung.

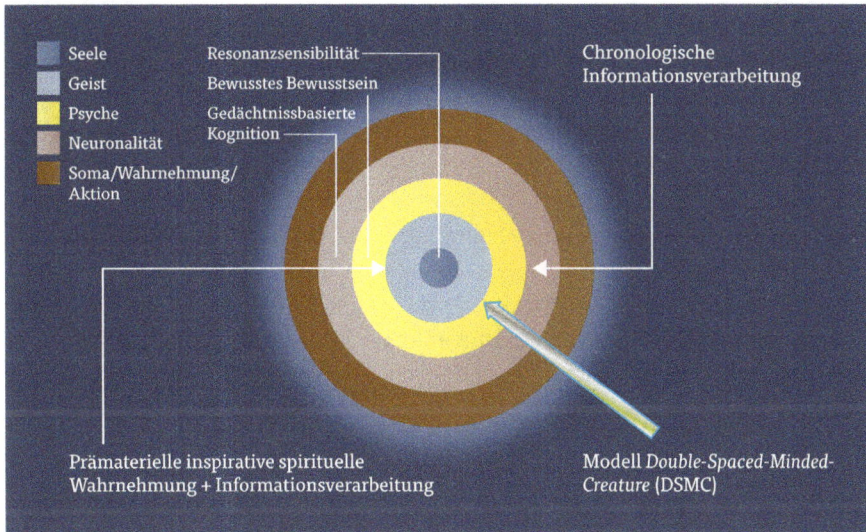

Abb. 9.2: Modell der menschlichen Psyche als DSMC in der Entomik. Quelle: Eigene Darstellung.

Außerhalb der neuronalen Repräsentation werden impulshafte Einflüsse über die geistbegabte, menschliche Seele wahrgenommen und verarbeitet, die erst nachfolgend dann auch in die Neuronalität gelangen. Diese doppelte Bewusstseinsqualität (DSMC) ist das eigentliche, zentrale Erkennungsmerkmal der Spezies Mensch, die diese hinsichtlich der Möglichkeit der Verarbeitung von Komplexität gegenüber allen anderen bekannten biologischen Systemen potenziert.

Aus entomischer Sicht ist Neuronalität nicht als Synonym für „Lebendigkeit" zu sehen.

Der Zeitpfeils enthält neben physikalischen Signalen auch geistig-seelisch relevante, soziale Informationsobjekte als Impulse, die von biologischen Systemen wie dem Menschen entschlüsselt werden können. Es kann davon ausgegangen werden, dass durch die Anerkennung der dualen Qualität des Zeitpfeils eine Modellierung des Menschen und der menschlichen Informationsverarbeitung notwendig und möglich ist, die dem Ausgesetztsein an diesen dualen Informationsstrom der Zukunft gerecht wird.

Das entomische Verständnis der menschlichen Informationsverarbeitung gründet auf dieser Fähigkeit des Menschen zur Entschlüsselung der in der Zeit transportierten dualen Information. Die Humanik dient in diesem Zusammenhang zur weiteren Erforschung des durch die Entomik in den Vordergrund gestellten sozialen Evolutionsziels des Humanen.

Im Folgenden sollen einige Bezüge zu bekannten Begriffen hergestellt werden, die die jeweils entomische Sicht auf den jeweiligen Begriff näher erläutert.

9.7 Identität, Charakter und Entropie

In der Entomik unterscheide ich zwischen einerseits dem Charakter als einer primär unbewussten, also auch unreflektierten Übernahme sozialer Verhaltensmuster im Rahmen von Prägungsvorgängen, die eher die frühe menschliche Entwicklung betreffen und andererseits der Identität als einer durch das Individuum bewusst gesteuerten Selbstformung seiner Persönlichkeit.

Charakterlich festgelegte Verhaltensmuster sind vom Menschen schwer zu steuern und dürften in der Regel problematisch sein, da der Mensch keinen bewussten zutreffenden Grund für seine Verhaltensgestaltung angeben kann. Deswegen kann der Persönlichkeitsanteil des Charakters nur sehr schwierig sinnvolle Information aufnehmen und sich in Richtung des Humanen umstrukturieren. Die mnestische Repräsentation des Charakters ist unter anderem wiedergegeben im primären sozialen Gewissen, dass ich weiter oben in Kapitel 4.7 schon eingeführt habe als psychische Instanz.

Charakter kann sinnvolle Information nicht wirklich adäquat aufnehmen, da er sehr stark auf soziale Konformität hin strukturiert ist. Er erlaubt dem Anteil des Potentials der Kreatur Mensch nur insofern eine Realisierung, als es die normative Struktur der sozialen Umgebung vorgibt. Der gesamte Anteil der Individuationsmöglichkeiten, die der normativen Struktur der Umgebung nicht entspricht, bedarf im weiteren Entwicklungsverlauf der menschlichen Psyche eines Individuationsprozesses, der sich in der Bildung des sekundären individuellen Gewissens niederschlägt. In ihm sind die Gegebenheiten der eigenen Identität mnestisch hinterlegt als Produkte der Reflektion (nach Janssen, 2022: „Reflektiva"), die nachfolgend dazu befähigen, Verhaltensweisen zu entwickeln, die als universal gültige, kulturunabhängige humane soziale Operatoren verstanden werden können (nach Janssen, 2022: „Humanika").

Das auf Anpassung hin orientierte primäre Gewissen wehrt quasi automatisch alle nicht konformen, eigenen Anteile des individuellen Potentials ab, so dass sich das Verhalten aufgrund der solchen Vorgängen zugrunde liegenden primären Ängstlichkeit vor sozialem Ausschluss nicht entsprechend der notwendigen Individuation strukturieren kann. Das auf Charakter basierende Verhalten wirkt deswegen der Individuation entgegen. Es destrukturiert tendentiell immer die sinnvolle Ordnung der Information und die auf dieser sinnvollen Ordnung basierende Möglichkeit humanen Verhaltens.

Identität jedoch nimmt sinnvolle Information auf und strukturiert sich entsprechend den Notwendigkeiten der Individuation und damit verbunden des Humanen, der humanen Ethik. In der entomischen Entwicklung gibt es deswegen keinen wirklichen Gegensatz zwischen Individuation und dem Humanen. Die Umsetzung der Individuation ist immer auch gleichzeitig die Umsetzung des Humanen, das dem Anderen, dem Mitmensch oder der Umwelt und Umgebung dient.

Die sinnvolle Strukturierung entsprechend den Gegebenheiten des Humanen ist die konstruktive Formierung des Verhaltens. Konstruktives Verhalten übernimmt insofern die Ordnung der humanen Ethik. Es schafft Ordnung in humaner Verantwortung, ist also definitiv nicht entropisch.

Versteht man Entropie als Tendenz zur Gleichverteilung aller Dinge, wäre dies im Endzustand der Verlust jeglicher Information (Wärmetod). Die Verbreitung von Information im Sinne des Humanen ist die Gegenkraft zur entropischen Tendenz.

Identität formt willentlich die Dinge, so dass sie sich nicht entsprechend der entropischen Tendenz zur Formlosigkeit und damit zusammenhängenden Sinnlosigkeit hin nivellieren kann. Die Zeit selbst enthält Informationen, die der Nivellierungstendenz der Entropie entgegenwirken. Nur in einer pessimistischen Weltsicht wäre dieser Schöpfungswille von Beliebigkeit getragen. Die optimistische Sicht der Entomik anerkennt a priori den uneingeschränkten Sinn des Schöpfungswillens.

> Es gibt keine sinnlosen Situationen an sich, also aus der Zukunft im Jetzt sich offenbarende Information, sondern nur den menschlich sinnlosen – also individuell die Verantwortung für die humane Strukturierung aktiv nicht übernehmenden – Umgang mit einer Situation.

9.8 Zeitfluss, Liebe und Aggression

Damit der Fluss der Zeit wahrgenommen werden kann, muss der Sensor für die Zeitwahrnehmung unbeweglich sein. Er kann insofern nicht Teil der Zeit selbst sein. Würde sich der Sensor für die Zeitwahrnehmung mit der Zeit bewegen, könnte er diese Bewegung nicht wahrnehmen.

Das Unbewegliche in der Zeit ist die ethisch humane Ordnung, die universal gültige Orientierungen für die Spezies Mensch zur Verfügung stellt. Die ethisch humane Ordnung selbst unterliegt keiner Veränderung in jeglicher Zeit. Sie ist wie die Naturgesetze der Physik und die Logik der Mathematik immer da – in absoluter Ruhe sowie in zeit- und raumunabhängiger Gültigkeit.

Die Sinnwahrnehmung vollzieht sich in der Bewegung des menschlichen Lebens über die Resonanzsensibiltiät der Wahrheitsempfindsamkeit. Diese nimmt wahr, ob sich die Bewegung des menschlichen Lebens entsprechend human sinnvoll vollzieht. Der Sinn selber liegt in der Verwirklichung der Liebe im individuellen Beziehungskontext bzw. in der Verwirklichung des Humanen im sozialgeschichtlichen Geokontext des Individuums.

Verläuft die Bewegung im Sinne der Liebe, ist sie wahr. Eine solche Bewegung kann als sinnvoll wahrgenommen werden. Weicht die Reaktion des Menschen vom zeitinhärenten Sinn ab, nimmt sie also den Sinn der Zeit nicht wahr, der in der Möglichkeit zur Verwirklichung der Liebe liegt, wird die Bewegung bzw. die Reaktion des Menschen – oder einer Gesellschaft bzw. gesellschaftlichen Gruppierung – sinnlos.

Die Zeitenergie, die der Lebensenergie des Menschen entspricht, dient dann nicht der Verwirklichung des Humanen und ist deswegen verschwendet. Einer solchen Bewegung, die nicht entsprechend dem der Zeit inhärenten Sinn verläuft, liegt in der Regel eine Anpassungsreaktion sowie darunter liegende Ängstlichkeit vor sozialer Sanktion zugrunde. Sie führt zur Auflehnung, leistet Widerstand und wirkt als Aggression gegen die Individuation des Humanen. Aggression in diesem destruktiven Sinne ist deswegen eine der Liebe abhandengekommene Lebensenergie.

Nie kann eine Destruktion gleichzeitig auch gut sein. Es handelt sich auch hierbei um ein zweiwertiges – digitales – Phänomen. Verflossene Energie ist in der Zeit nicht rückholbar. Die destruktiv verbrauchte Energie kann zur Gestaltung der Liebe oder des Humanen nicht mehr zur Verfügung stehen. Die Energie ist vergangen und verbraucht. Die Aufgabe aber ist nicht gelöst und bleibt deswegen eine Zukünftige, sie verschwindet nicht. Sie kann also nur mit einer neuen aus der Zukunft hinzukommenden Energie zu einem dann späteren Zeitpunkt gelöst werden. Eine positive Resonanz der Lösung kann deswegen auch erst dann eintreten. Einige Menschen sagen dazu: Besser spät als nie! Andere sagen: Besser jetzt als gleich!

9.9 Erkenntnis, Bewegung und Zeit

Erkenntnis vollzieht sich über Bewegung als Veränderungswahrnehmung. Die primäre Bewegung ist die Bewegung der Zeit als kontinuierliche und unablässige Bewegungsform. Auf dem Zeitband ist die Bewegung gerichtet in der Form, dass diese aus der Zukunft über die Gegenwart in die Vergangenheit fließt. Die Zeit ist ein Fließband, ein Transponder, wobei der Anteil der Zukunft sich im Tor der Gegenwart ständig vorstellt als das Neue an sich: Das Neueste vom Neuen!

Das menschliche Bewusstsein (DSMC) hat hier die Unidirektionalität der Zeit wahrzunehmen, die sich räumlich als eine Bewegung von rechts nach links darstellt oder aber von links nach rechts. Die zeitliche Bewegung kann auch gesehen werden von vorn nach hinten bzw. von hinten nach vorn. Sie kann auch natürlich gesehen werden als von oben nach unten bzw. von unten nach oben.

Für das menschliche Gefühl liegt in der subjektiven Vorstellung die Zukunft beispielsweise rechts bzw. die Vergangenheit links. Oder die Zukunft liegt vorn, die Vergangenheit hinten. Oder die Göttlichkeit liegt oben und die Realität des Menschen unten. Dies sind jedoch allesamt subjektive Orientierungsempfindungen, die Menschen beim Zeitfluss erleben, denen lediglich ihre Unidirektionalität als objektive Grundlage gemeinsam ist.

Tatsächlich findet der Zeitfluss überörtlich gleichzeitig statt, so dass die Jetztscheibe ortsunabhängig das gesamte Universum durchzieht. Es gibt also einen universal identischen Zuwachs an Zeit und eine damit zusammenhängende, andauernde, weitere Existenz.

9.10 Das entomische Schicksal des Universums: Komplexitätszuwachs

Soweit Zuwachs an Zeit zu assoziieren ist mit Zunahme an substanziiertem Raum, wäre die Zeit als solche eine kausale energetische Quelle der wahrnehmbaren, räumlich zunehmenden und sich beschleunigenden Expansion des Universums.

Die verschiedenen depressiven Untergangsszenarien des Universums, die durch eine zeitinverse Interpretation des Zeitpfeils entstehen, wären damit hinfällig. Das Universum sinkt weder in sich zusammen in einem gravitativen Schwere- und Masseverdichtungsszenario. Auch beschleunigt es sich nicht hinein in einen dunklen Kältetod der maximalen Distanz aller Teile von allen.

Erkenntnis vollzieht sich als Änderungswahrnehmung innerhalb der unumkehrbaren Gerichtetheit des Zeitpfeils. Dies bedeutet, dass der Mensch Erkenntnis erlangt, indem er die Bewegung entweder aus der Vergangenheit in die Zukunft (Resonanz) oder aus der Zukunft in die Vergangenheit (Kausalität) wahrnimmt. Beide Bewegungsbzw. Änderungswahrnehmungen führen zu Erkenntnissen.

Entscheidend für das Zutreffen der Erkenntnis bleibt allerdings, dass die Richtung der Bewegung der Zeit in jedem Falle eindeutig ist, nämlich im Sinne der Flussrichtung des entomischen Zeitpfeils. Prozesswahrnehmungen, wie sie beispielsweise der entropischen Betrachtung zugrunde liegen, können als Prozessbeschreibung durchaus zutreffend sein. Zu beachten ist hierbei nur, dass der Prozess als solcher nicht gleichzeitig auch das Phänomen der Zeit beschreibt, sondern zunächst nur eine durch den Mensch wahrgenommene Veränderung in der Zeit. Die Richtung des Zeitpfeils ist durch einen solchen Prozess vollkommen unberührt.

Bewegungsinterpretation basierend auf einer Bewegung aus der Vergangenheit in die Zukunft hat also zu berücksichtigen, dass es sich hierbei um eine inverse Sicht des Zeitflusses handelt. Umgekehrt handelt es sich bei der Bewegungswahrnehmung von der Zukunft in die Vergangenheit um eine richtungskonforme Wahrnehmung des Zeitflusses.

Schlüsse, die während der Bewegung aus der Veränderung gezogen werden, müssen insofern die Abfolge der Zustände entsprechend der Richtung des Zeitpfeils ordnen. Dies spielt vor allen Dingen bei der Interpretation physikalischer Experimente eine große Rolle. Das Kausalitätsprinzip ist physikalisch gebunden an den Verlauf der Zeit von der Zukunft über die Gegenwart in die Vergangenheit, welcher nicht umkehrbar ist.

Kausale Beziehungen
liegen nur in folgenden Relationen vor:

Zukunft > Gegenwart
Gegenwart > Vergangenheit
Zukunft > Vergangenheit

Resonanzbeziehungen
liegen nur in folgenden Relationen vor:

Vergangenheit > Gegenwart
Gegenwart > Zukunft
Vergangenheit > Zukunft

Resonanzbeziehungen sind wahrscheinlichkeitsbasiert. Kausalbeziehungen sind eindeutig determiert.

Aufgrund des immensen Zuwachses an Information aus der Zukunft sowie den hyperkomplexen Eigenschaften des Hyperversums nimmt die Entomik für die Zukunft des Universums eine Zunahme an Komplexität an – dies sowohl für die Abschnitte der unbelebten Materie als auch für die der belebten Materie.

9.11 Materialisierung von Information und die Irreversibilität aller Prozessrichtungen

Materie kann dem Zeitpfeil immer nur in einer Richtung „entfließen". Ansonsten würde sie „kollidieren". Eine Kollision von Partikeln auf dem Zeitpfeil durch gegenzeitliche Bewegung ist unmöglich. Auch die Materie ist eine strömende Energie, deren Flussrichtung der Flussrichtung des Zeitpfeils unterworfen ist. Diese Eindeutigkeit der Vermaterialisierungsrichtung bestimmt auch die eigentliche und tatsächliche Unumkehrbarkeit aller physikalischen Prozesse.

In Wirklichkeit ist kein realer Prozess jeglicher Art umkehrbar, da er dem Zeitfluss des gesamten Universums auf makro- und mikrokosmischer Ebene unterliegt. In der Wirklichkeit des Zeitflusses handelt es sich stets um einen neuen, anderen Prozess, der lediglich in Teilaspekten einem vorangegangenen Prozess ähneln kann. Prozessuale Umkehrbarkeit ist eine intellektuelle, theoretische Konstruktion und Idealisierung unter Ausklammerung des Zeitflusses.

Erwähnt werden soll in diesem Zusammenhang, dass die Vermaterialisierung im Übergang von der Ebene der Information in die Ebene der materiellen Konkretisierung auch als Sedimentierung bezeichnet werden kann. Frankl gebraucht diesen Begriff bei der Beschreibung des Zeitgeschehens:

> „In der Vergangenheit reichert sich das Geschehene fortwährend an, in ihr sedimentiert sich das Vergangene, im Schoße der Vergangenheit sinkt das Vergangene ständig zu Boden und bleibt dort aufbewahrt. Die Zeit verfließt, aber das Geschehene gerinnt zur Geschichte. Nichts Geschehenes lässt sich ungeschehen machen – nichts Geschaffenes lässt sich aus der Welt schaffen. In der Vergangenheit ist nichts unwiederbringlich verloren: im Vergangensein ist alles unverlierbar geborgen. Um es wieder im Jargon der Liebe zu sagen: Wir leben in einem ewigen Alluvium" (Frankl, 2011, S. 259).

Aus entomischer Sicht ist davon auszugehen, dass das subjektiv erlebte Fortbestehen der Materie Folge einer ununterbrochen langanhaltenden Sedimentierung ist . Menschen unterliegen hierbei der Täuschung einer Wahrnehmung, wenn sie den Fortbestand der Materie zugleich als eine Entwicklungsrichtung aus der Vergangenheit in die Zukunft deuten. Tatsächlich vermaterialisiert sich im Zeitfluss ständig die Ebene der Information in das augenblicklich Wahrnehmbare. Anders ausgedrückt ist das Jetzt immer das letzte sichtbare Gesicht der Vergangenheit. Auch die Vergangenheit ist also nicht mehr unmittelbar wahrnehmbar, sondern nur das, was sie im Jetzt noch von sich offenbart.

9.12 Lokaler Realismus in der Gegenwart/Vergangenheit und Superposition in der Zukunft

Lange Zeit erschien die Frage ungeklärt, ob Informationsübertragung jenseits der Lichtgeschwindigkeit möglich ist oder ob Einsteins Überlegungen basierend auf der Annahme der Lichtgeschwindigkeit als höchster Informationsübertragungsgeschwindigkeit zutreffend sind.

Neuere Untersuchungen wandten sich in der Bearbeitung dieser Fragestellung der Ausschaltung „versteckter Variablen" zu, die es bis dato noch möglich erscheinen ließen, an Einsteins Theoremen festzuhalten. Mittlerweile zeigen die Experimente zur Erforschung quantenmechanischer Phänomene, dass die folgenden beiden Bedingungen der Sicht Einsteins nicht mehr als geltend akzeptiert werden können.

Die erste Bedingung betrifft die Forderung nach der Realität eines Teilchens. Beispielsweise sollte ein Lichtteilchen feste Eigenschaften haben. Diese Eigenschaften sollten also unabhängig sein von der Messung dieses Teilchens durch einen Forscher. Die zweite Bedingung betrifft die Lokalität eines Teilchens. Diese Bedingung besagt nämlich, dass sich voneinander getrennte Teilchen unabhängig von der Messung des einen oder anderen Teilchens verhalten.

In der Vergangenheit benannte man diese Annahmen als lokalen Realismus. Beide Bedingungen sind jedoch in quantenmechanischen Experimenten mittlerweile eindeutig widerlegt (vgl. Handsteiner et al., 2017).

Bevor ein Teilchen gemessen wird, hat es keine festen, sondern nur wahrscheinliche Eigenschaften. Darüber hinaus verhalten sich verschränkte Teilchen trotz räumlicher Distanz abhängig. Es kommt also zu Zustandsänderungen des Teilchens B, welches sich im selben Moment in räumlicher Distanz zu Teilchen A befindet – also instantan –, wenn Teilchen A einer Messung unterliegt. Dieses schon lange bekannte und von Einstein als „spukhafte Fernwirkung" bezeichnete Phänomen konnte jüngst erneut nachgewiesen werden – aber nun auch unter Ausschluss der von Einstein noch postulierten „versteckten Variablen".

Hierzu wurde 600 Jahre altes Sternenlicht zur Generierung von Zufallszahlen verwendet, um die Möglichkeit einer Wirkung der von Einstein angenommenen versteckten Variablen auszuschließen (vgl. Handsteiner et al., 2017). Die Ergebnisse zeigten, dass der lokale Realismus als grundsätzliche Eigenschaft der Wirklichkeit als nicht mehr zutreffend angesehen werden muss. Die Differenzen zwischen der Wirklichkeitsbeschreibung der Einsteinschen Theoreme und der quantenmechanischen Feststellung hinsichtlich Lokalität und Realität von Teilchen basieren aus der Sicht der Entomik darauf, dass die Einsteinschen Theoreme Phänomene beschreiben, die der Ebene der Ungleichzeitigkeit zuzuordnen sind. Sie unterliegen somit also einer materiellen Manifestation und einer damit verbundenen Notwendigkeit zur räumlichen Distanzüberwindung.

Die quantenmechanischen Feststellungen betreffen jedoch aus der Sicht der Entomik und der in der Entomik angenommenen Gerichtetheit des Zeitpfeils Phänomene des Bereichs der Zukunft. Das gemessene Teilchen ist durch den Messvorgang im Jetzt in den Bereich der Ungleichzeitigkeit bzw. Materialisierung oder, wie weiter oben in Kapitel 2.5 ausgedrückt, in den Bereich der Sedimentierung eingegangen. Durch die Verschränkung bildet das gemessene Teilchen ein Informationsobjekt – ein informationstheoretisches Elementar-Cluster –, so dass auf der Ebene der Information mit der Messung von Teilchen A die gleichzeitige Zustandsbeeinflussung von Teilchen B eintrifft.

Die Annahme des lokalen Realismus trifft insofern ausschließlich auf den Bereich des Jetzt und dem auf dem Zeitpfeil danach folgendem Bereich der Vergangenheit zu. Die quantenmechanischen Feststellungen betreffen jedoch im Sinne der Zustandsvorhersage den Bereich des Jetzt und des nächsten in der Zukunft liegenden Moments. Da der Bereich der Zukunft noch nicht konkretisiert ist, also ausschließlich als Ebene der Information vorliegt, ist die Zukunft mit der Eigenschaft der Potenzialität behaftet. Hieraus folgt, dass in der Zukunft jeglicher Zustand nur als Wahrscheinlichkeit vorliegen kann, nicht aber als Konkretisierung.

Diese grundsätzliche Differenz der Eigenschaft von Zukunft und Vergangenheit, sich ausdrückend in Potenzialität versus Konkretheit, liegt aus Sicht der Entomik den unterschiedlichen Feststellungen der Einsteinschen und der quantenmechanischen Betrachtung und Experimentalphysik zugrunde.

Hieraus folgt, dass es keine eindeutige Kausalität in Richtung der Zukunft gibt. Das Vergangene kann das noch Kommende nicht eindeutig bewirken. Ein Kausalitätsprinzip, welches aufgrund eines jetzigen Zustandes einen zukünftigen Zustand zu 100 % vorhersagt, beruht auf einer Fiktion.

> Wir können immer nur rückblickend auf Konkretisiertes (Vergangenheitsperspektive) feststellen, dass eine Handlung eine andere bewirkt hat (Kausalität). Wir können nur vorausschauend auf Kommendes (Zukunftsperspektive) mit einer Wahrscheinlichkeit vorhersagen, dass eine Handlung einen spezifischen anderen Zustand bewirken wird (Resonanz).

Im Umkehrschluss bedeutet dies, dass die Gestalt der Zukunft einer von der Vergangenheit unabhängigen Wirkkraft unterliegt. Diese Wirkkraft muss demzufolge eine Wirkkraft aus der Zukunft selbst bzw. einer vor der Zukunft liegenden Quelle sein, aus der der Fluss der Zeit selbst entsteht. Diese Wirkkraft ist somit zwangsläufig immaterieller Natur. Trotz ihrer Immaterialität hat sie aber einen Einfluss auf die Konkretisierung der Information zum Zeitpunkt des Eintritts der Information in die Ebene der Ungleichzeitigkeit. Dieses Phänomen wird von mir in der Entomik als Zukunftsursächlichkeit bezeichnet: „Causa in Futura".

> Die Zukunft unterliegt einer vom Menschen unabhängigen Wirkkraft. Diese Wirkkraft verhindert, dass der Mensch die Zukunft gänzlich vorhersehen kann. Durch sie wird im menschlichen Bewusstsein bewirkt, dass sich der Mensch immer wieder neu orientieren und einstellen muss. Die Zukunftsursächlichkeit unterwirft den menschlichen Willen dem in der Zukunft wirkenden überzeitlichen Einfluss der Resonanz.

Entscheidend ist hierbei allerdings die Frage, wo genau die Zukunft beginnt. Die Entomik behauptet aufgrund der Richtungsqualität des entomischen Zeitpfeils, dass die Zukunft ihre Grenze zur Gegenwart genau dort hat, wo sich mit Lichtgeschwindigkeit Materialisierung vollzieht. Dies bedeutet, dass sich Prozesse unterhalb der Lichtgeschwindigkeit im schon materialisierten Raum abspielen. Der materialisierte Raum aber gehört schon der Vergangenheit an. Hier vollzieht das physikalische Experiment nach, was sich schon vollzogen hat. Dies sind also Vergangenheit-Gegenwarts-Relationen. Sobald aber die zu untersuchenden Prozesse den Bereich der Lichtgeschwindigkeit betreffen, zielen sie auf den Abschnitt der Zeit, der Gegenwart-Zukunfts-Relationen betrifft. Und genau hier beginnen die spezifischen Phänomene der Quantenmechanik, die sich in der Aufhebung des lokalen Realismus widerspiegeln.

9.13 Der Transponder Zeit: Informative Energie

In den vorangegangenen Kapiteln wurde schon verschiedentlich dargestellt, dass aus der Ebene der Gleichzeitigkeit in die Ebene der Ungleichzeitigkeit hinein eine Wirkung vorliegt, die zuletzt als Zukunftsursächlichkeit (Causa in Futura) bezeichnet wurde.

Da sich die Information als Ereignisfolge entsprechend der Gerichtetheit des Zeitpfeils von der Zukunft hinein in die Gegenwart konkretisiert, muss die damit verbundene Fließkraft als Energieform betrachtet werden. Informationsfluss ist Bewegung und insofern energiebasiert. Da die Information – wie oben in Kapitel 7.12 geschildert – Bewegung in der physikalischen Welt zu initiieren vermag, ist eine konkretisierende, gestaltende, formende und gerichtete Energieform begründet anzunehmen.

Diese Energie trifft auf zwei Weisen in das Jetzt ein. Die erste Form des Eintritts vollzieht sich außerhalb des menschlichen Bewusstseins und somit jenseits der menschlichen Einflussnahme. Hierunter fallen sämtliche materiellen Formungs- und Bewegungsprozesse des Universums.

Die zweite Form des Eintritts dieser Energie betrifft unmittelbar den Menschen in seiner bewussten Wahrnehmung und Verarbeitung dieser Wahrnehmung. Die Schnittstelle der zweiten Form des Eintritts von Information ist der Geist des Menschen, der in der Lage ist, geistig-seelische Informationen wahrzunehmen (DSMC), also dem Zeitfluss zu entnehmen und darauf folgend diese im Sinne individueller, interner Informationsverarbeitung zu gestalten.

Insbesondere die Schnittstelle der Informationsebene zum biologischen System Mensch zeigt, dass ein geistiger Impuls, der aus der Ebene der Information stammt, energetisch wirkt, so dass der Mensch situativ gestaltend im Sinne einer räumlichen und geistigen Orientierung reagiert. Der geistige Impuls bewirkt, dass der Mensch Stellung beziehen muss, um den nächsten Moment adäquat verarbeiten zu können.

Der Zeitfluss impulsiert den Menschen im Sinne einer stets neuen, sinngerichteten Orientierung. Hieraus folgt, dass dem Zeitfluss eine Information innewohnt, die energetisch ihre Auswirkung auf die Orientierung des Menschen hat.

> Die Entomik betrachtet Information als eine Energieform.

Die aus der Zukunft in das Jetzt eintretende Energie gestaltet jedoch auch außerhalb des menschlichen Bewusstseins in jedem Moment das Jetzt des Universums. Diese Einflussnahme der Zukunft auf jedes neue Jetzt spielt sich sowohl makro- wie mikrokosmisch ab.

> Das augenblickliche Gesicht allen Seins wird durch die formende Kraft der hinzukommenden (zukünftigen) Information geprägt.

Wie weiter oben in Kapitel 4 dargestellt, hat der menschliche Geist Teil an der Ebene der Information, also an der Ebene der Gleichzeitigkeit. Die Entomik sieht das biologische System Mensch insofern als zweiteilig – hybrid – teilhabend. Der Mensch ist zum einen konkretisiert im Jetzt und seiner Vergangenheit, er ist zum anderen potenzialisiert in Bezug auf sein Jetzt und auf seine Zukunft. Sofern der Mensch als intelligentes Informationsverarbeitungssystem (DSMC) in der Entomik beschrieben wird, nimmt die Entomik somit an, dass auch noch nicht materiell konkretisierte Prozesse – die also geistig-seelischer Natur sind – das Wesen Mensch und seine Informationsverarbeitung beeinflussen. Die Entomik geht also in der Betrachtung der menschlichen Informationsverarbeitung weiter als die physikalisch, biochemisch, betrachtenden Neurowissenschaften der Neurologie, Neuropsychologie, Neurobiologie und andere. Letztere definieren sich unter der Annahme, dass jegliche Bewusstseins- und Informationsverarbeitungsprozesse des Menschen neuronal und somit schon konkretisiert zu sein haben.

In der Entomik wird zusätzlich die Möglichkeit der Impulsierung der menschlichen Informationsverarbeitung über die Geistfunktion als zeitflusssensible Wahrnehmungsfähigkeit des Menschen postuliert. Die Begründung hierfür entspringt zum einen der Konzeption und dem Verständnis des entomischen Zeitpfeils. Zum anderen bietet sie auch ein Verständnis für die Fähigkeit des Menschen zur Sinnwahrnehmung sowie für die Phänomene der Inspiration und des visionären Bewusstseins. Sinn und Funktion sind auch vorhanden, ohne dass der Mensch sie wahrnimmt. Sie liegen also vor als eine immaterielle Dimension möglicher Wahrnehmungsobjekte (vgl. Platon: Höhlengleichnis und die Welt der Ideen), ohne dass sie sich im neuronalen Ich des Menschen konkretisiert haben. Immaterielles wahrnehmen zu können setzt voraus, Immaterialität als Dimension erkennen zu können. Die Konzeption der Psyche als eine hybride zeitsensible Wahrnehmungs- und Informationsverarbeitungsleistung umfasst auch die Qualia als selbstbewusste, hyperkomplexe, emotionell reagible Erlebnisqualität des Menschen.

Diese Auffassung der Entomik widerspricht damit der heute oft verbreiteten Vorstellung, dass der vollständige Prozess der menschlichen Informationsverarbeitung neuronal repräsentiert ist.

Muller beschreibt dieses Problem so:

> „Some people seemed to know what I mean; others dismissed it as a nonsense question. I now know that many of the world great philosophers were bothered by the same issue. The problem could be summarized by the distinction between the brain (the physical object, that does the thinking) and the mind (the more abstract concept of spirit that uses the brain as its tool). The brain-mind distinction was one of a class of problems labeled dualism that dates back at least to the ancient greeks" (Muller, 2016, S. 259).

Menschliche Informationsverarbeitung (DSMC) setzt sich aus Sicht der Entomik aus einer primär geistig-seelischen Wahrnehmung und einer darauf basierenden sekundären neuronalen Repräsentation (vgl. Abb. 9.2) zusammen.

9.14 Determiniertheit menschlicher Informationsverarbeitung: Geistbegabte Seele und Psyche

Aus der Sicht der Entomik wird in der Beschreibung des menschlichen Informationsverarbeitungssystems deswegen einerseits unterschieden zwischen dem Teil, der an der Ebene der Gleichzeitigkeit Teil hat – dieser Teil wird traditionell als geistbegabte Seele beschrieben – und andererseits dem zweiten Teil der Informationsverarbeitung, der als Psyche bezeichnet wird und die neuronal repräsentierte Informationsverarbeitung umfasst, die der Impulsierung durch die geistbegabte Seele unterliegt. Eine Information gelangt somit zunächst via der geistbegabten Seele aus der Zukunft in das Jetzt der Psyche. Die Verarbeitungsmöglichkeiten des Jetzt der Psyche unterliegen Formungsqualitäten, die durch vorangegangene Informationsverarbeitungen, sogenannte Prägungen, eingeschränkt sind bzw. gebahnt werden. Die Psyche selbst ist also Teil eines schon in der Vergangenheit materiell fixierten Körpers im Zustand des Augenblicks.

Menschliche Informationsverarbeitung ist insofern durch zwei Faktoren determiniert. Zum einen bestimmt die geistbegabte Seele über ihre sensible Impulsierung den Informationsverarbeitungsprozess hinsichtlich des Inputs, der als ständige Zukunftswahrnehmung vorliegt. Zum anderen wird die Informationsverarbeitung bestimmt durch Grenzen der Informationsaufnahme- und -verarbeitungsmöglichkeiten der durch die Vergangenheit schon fixierten Psyche.

Die Psyche wird gesehen als eine Funktion der zerebral repräsentierten Strukturkomponenten von kognitiver und emotional-sozialer Intelligenz, Mnestik und attentionaler Potenz. Die Mnestik umfasst hierbei neben allen autobiographischen Informationen der primären und sekundären Gedächtnis- und Gewissensbildung auch alles individuelle Weltwissen des Menschen. Ausbildungsgrad und Entwicklungsstand der Psyche bestimmen, inwieweit die Impulsierung der Zukunft eine adäquate Orientierungsreaktion im jeweiligen Jetzt ermöglicht – also die humane Sensibilisierung und Souveränität.

Sofern das Humane als Ziel durch den menschlichen Geist in der Zukunft wahrgenommen werden kann und die Psyche humane Gestaltung des Verhaltens – abwehrfrei – erlaubt, kann dieser Mensch als aufgeklärt gelten. Der Grad der Durchlässigkeit und der Grad der Gestaltungskraft der Psyche für den geistig-seelischen Impuls der Humanität entspricht dem Grad der Aufgeklärtheit des Individuums.

> Auf soziologischer Ebene entsprechen die Durchlässigkeit und Gestaltungskraft einer Gesellschaft bezüglich der Verwirklichung von Humanität dem Grad der Aufgeklärtheit und dem damit zusammenhängenden evolutionären Reifegrad einer Gesellschaft. Sozialgeschichtlich im Humanen aufgeklärte und dementsprechend entomisch-zukunftsbewusst gestaltete Geokontexte menschlicher Gesellschaften unterstützen die humane Individuation ihrer Bewohner sowie deren generativ verantwortliche Fortpflanzungsbewusstheit.

Die entomisch sensible Ausübung von Wissenschaft zieht immer die verantwortliche Folge von Wissensbildung im Sinne des Nutzens für die Menschheit und das einzelne Individumm mit in Betracht.

10 Globale Ethik im entomischen Zeitverständnis

10.1 Die Idealogie: Ein entomischer Dialog

Die Entomik geht davon aus, dass es dem Menschen möglich ist, humane Erkenntnisse zu erlangen. Humane Erkenntnisse repräsentieren Teilstücke einer durch den Geist des Menschen wahrzunehmenden Vollendung des Ideals des Humanen. Keinesfalls wird an dieser Stelle davon ausgegangen, dass das Ideal des Humanen jetzt schon in seiner Allumfassendheit bekannt wäre. Jedoch wird andererseits sehr wohl davon ausgegangen, dass es einen realen Unterschied zwischen humanem und inhumanem Verhalten gibt.

Würde man diesen Unterschied verneinen, gäbe man im selben Moment jegliche Form ethischer Entwicklung auf: Es wäre letztendlich egal, wie sich der Mensch verhält. Dies jedoch widerspricht der realen, wahrnehmbaren Bewusstseinsleistungsfähigkeit des Menschen. Anders als das biologische System Tier und Pflanze ist die Bewusstseinsleistungsfähigkeit des Menschen potenziert um die Ebene ethischen Verständnisses. Mit anderen Worten: Der Mensch weiß, dass er weiß. Ihm ist also die Begrifflichkeit der Verantwortung im Sinne des richtigen Antwortens auf jeden Moment wesensmäßig eingraviert.

Die präzise Analyse von Maio am Beispiel der Präimplantationsdiagnostik (PID) gibt eine eindeutige Antwort auf die Frage nach der notwendigen Entwicklung des Verantwortungsbewusstseins im Bereich der Medizin:

> „Das Grundproblem der Präimplantationsdiagnostik liegt darin, dass de facto ein Embryo zwar gezeugt, aber erst unter der Bedingung, dass er nicht Träger eines bestimmten Gendefekts ist, am Leben erhalten wird. Der Embryo wird also unter Vorbehalt gezeugt und seine Annahme nicht von seiner Existenz, sondern von der genetischen Qualitätsprüfung abhängig gemacht. Der Embryo darf nur leben, wenn er eine Prüfung besteht. Das Problematische dieser Handlung liegt nicht allein darin begründet, dass das Lebensrecht des Embryos in Frage gestellt wird, sondern darüber hinaus auch darin, dass menschliches Leben in diesem Fall auf Probe gezeugt und hinsichtlich seiner genetischen Ausstattung nicht bedingungslos angenommen wird. [...] Im Zuge einer solchen Denkweise verändern sich unsere Einstellung zu den ungeborenen Kindern und damit zugleich unsere Einstellung zu uns selbst. Kinder werden immer mehr als Produkte begriffen, die man bestellt, nach Qualitätskriterien abklopft und wieder abbestellt, wenn sie nicht gefallen. Verloren geht das Gefühl der Dankbarkeit für das entstandene und verborgene Kind. Sie wird ersetzt durch die Angst, die Angst der nicht ausreichenden Kontrolle. [...] Hier werden Embryonen nur auf Probe gezeugt, und erst die Qualitätsprüfung in Form des Gentests entscheidet darüber, ob man das Produkt annimmt oder bei mangelnder Qualität eben zurückgibt. [...] Mit den Entscheidungsmöglichkeiten wird dem bzw. der Einzelnen eine enorme Verantwortung aufgebürdet – eine Verantwortung dafür, dass dieses nicht gewollte Kind ausgesondert wird, eine Verantwortung dafür, dass nun jenes Kind ist und nicht ein anderes. Mehr noch: Technische Errungenschaften werden immer als neue Freiheiten gepriesen und vermarktet, aber es wird versäumt zu erkennen, dass dies Freiheiten sind, die auf Kosten eines anderen erobert wurden. Echte Freiheit kann nur eine sein, die mit dem anderen und nicht auf Kosten eines anderen Menschen erworben wird" (vgl. Maio, 2014, S. 66ff).

https://doi.org/10.1515/9783110789355-010

An einem solchen Beispiel wie der PID in der Medizin, die darauf abzielt, die Zukunft eines Menschen zu bestimmen durch den Einsatz der PID, zeigt Maio, dass es – so wie ich aus der Entomik heraus sagen würde – der Entwicklung eines sekundären Gewissens bedarf, welches humansensibel die Zukunft abtastet und untersucht, welche der medizinischen Möglichkeiten in Wirklichkeit dem Menschen dient. Welche Perspektive eröffnet sich in der Zukunft, je nachdem, welche Entscheidung heute aufgrund der in der Gegenwart sich offerierenden Medizintechniken getroffen wird? Die Verwobenheit des technisch-naturwissenschaftlich Machbaren mit dem human-ethisch Verantwortbaren wird an diesem Beispiel der PID von Maio exemplarisch verdeutlicht. Hierbei ist die Fähigkeit zur Entwicklung einer Besonnenheit eine Potenz der in der Entomik von mir benannten hyperkomplexen Bewusstseinsleistung der DSMC – also des Menschen. Solche Leistungen der ethischen Ausdifferenzierung sind geistig-seelischer Natur, und sie entstehen nicht, wenn man den Menschen neuromaterialistisch determiniert, definiert und dementsprechend behandelt.

Die Psyche reagiert also unausweichlich im Sinne des aus der geistbegabten Seele entspringenden Impulses zur Humanausrichtung einerseits, und andererseits reagiert sie im Sinne der Anpassung an die noch nicht human realisierte, materielle Welt.

Ein grundlegendes Werk, in dem Humanerkenntnisse verschiedener Gesellschaftssysteme beschrieben sind, liegt im dem durch die Autorin Brems gesammelten globalen diversen Kodizes der Menschenrechte vor. Sie werden von ihr unter dem Begriffspaar Diversität und Universalität dargestellt (Brems, 2001).

An dieser Stelle geht es nicht darum, verschiedene Kodizes der Humanität bzw. der Menschenrechte als zutreffend darzustellen und abzuwägen. Sie werden hier lediglich angeführt, um das der Menschheit innewohnende Bedürfnis nach einer humanen Ausrichtung der Weltgesellschaften und Weltreligionen zu dokumentieren. Alle diese Kodizes basieren auf einem inneren Dialog von Menschen mit der Ebene der Information und der Ebene der schon materiebasierten Gesellschaft bis zum Zeitpunkt des Jetzt. Die hieraus entspringende Differenzwahrnehmung impulsiert die Konkretisierung weiterer humaner Entwicklungsziele.

Dieser innere Dialog mit der Ebene der Information bzw. der Ebene der Gleichzeitigkeit wird von mir in der Entomik als Idealogie bezeichnet. Es ist der eigentlich entomische Dialog, der das Wesen der Dinge, ihren Sinn und ihre Bestimmung zu erkennen trachtet. Das biologische System Mensch ist dasjenige lebende System, welches zum entomischen Dialog und der hieraus resultierenden Bewusstseinsbildung potenzialisiert ist.

> Die Idealogie ist der Dialog zwischen den Menschen und den Idealen der Menschlichkeit. Dieser Dialog erkennt die Objektivität menschlicher Ideale als Möglichkeit der sozialen Evolution des Menschen an.

Die Idealogie differenziert die verschiedenen Aspekte des Humanen. Das Wesen Mensch kann nur in der Idealogie seine höhere Seinsform erreichen. In dieser höheren Seinsform steht der Mensch ununterbrochen im Dialog mit den Idealen der Menschlichkeit, die er aber zunächst im Zuge seiner Individuation und sekundären Gewissensbildung verinnerlicht haben muss. Erst in diesem Zustand erfährt der Mensch sein wirkliches Leben. Dieses Leben nämlich oszilliert ständig zwischen der Realität und der Wirklichkeit dieser Ideale, die nach Verwirklichung in der Realität streben. In dieser Oszillation nimmt der Mensch eine Fähigkeit wahr, die ihm seine Verbindung mit dem geistig-seelischen Leben – die Ebene der Gleichzeitigkeit – fühlbar macht.

Die Wirklichkeit der Beseelung des eigenen Körpers sowie die geistige Befähigung dieser Beseelung wird hierin für den Menschen wahrnehmbar. In der Idealogie vollzieht sich die Selbstwahrnehmung des Menschen als Einheit von Geist, Seele und Körper. Die Idealogie ist die Basis für die Entwicklung der humanen Gesellschaft bzw. der sozialen Evolution. Die Idealogie sucht dasjenige Humanbewusstsein, welches allen Menschen die Perspektive zur Entwicklung des jedem Menschen innenwohnenden Humanpotenzials – seiner Diversität und seiner Universalität – verhelfen kann. Entomisches Denken schließt in seiner Entwicklung deswegen alle Individuen der biologischen Spezies Mensch ein, dies in einer zeitunabhängigen Form. Das entomische Humanbewusstsein wäre durch seine wissenschaftliche Weiterentwicklung in Zukunft einmal potentiell dazu in der Lage, alle in der Vergangenheit noch fixierten inhumanen Fehlhandlungen zu lösen. Es ist darüber hinaus dazu in der Lage, jedes neue Jetzt im Sinne der Humanverwirklichung zu gestalten.

Im Gegensatz zum Begriff der Idealogie wird der Begriff der Ideologie als eine Fehlhaltung in der Humanausrichtung verstanden. Ideologien sind nicht dazu befähigt, das Wesen Mensch in seinem gesamtheitlichen evolutionären Prozess zu begleiten.

Der idealogische Bewusstseinsprozess vermag die Beschränktheit ideologischer Haltungen dadurch zu überwinden, dass er kein einziges individuelles Werden zu unterdrücken erlaubt. Erst die Ausformulierung des Zielzustandes so wie bei Maio (2014) im Sinne einer für alle Menschen zu ermöglichenden Verwirklichung ihres Humanpotenzials zeigt die tatsächlich der Menschheit gestellte Aufgabe.

> „Echte Freiheit kann nur eine sein, die mit dem anderen und nicht auf Kosten eines anderen Menschen erworben wird" (vgl. Maio, 2014, S. 66ff).

Die Zukunft ist der Raum, dem diese Aufgabenstellung einerseits entspringt und dem andererseits die Möglichkeit der konkreten Realisierung innewohnt. Entomik unterscheidet sich von einer Utopie dadurch, dass sie die Zeit, die dieser Entwicklung zur Verfügung steht, als realen Informationsfluss interpretiert. Außerdem geht die Entomik davon aus, dass aus der Alpha-Omega-Dimension heraus genügend Zeit zur Verfügung steht, bis der Mensch sich selbst begreift. Da die Zukunft keine Utopie ist, sondern als immaterieller Raum von Möglichkeiten eine Existenz auch jenseits der menschlichen Einflusssphäre hat, ist die Wahrscheinlichkeit eine maximal große, dass der Verneinung dieser Existenz genügend Lernzeit zur Verfügung gestellt wird, um sich vom Gegenteil zu überzeugen. Sollte auch die Einsicht der Menschen hinsichtlich der Verantwortung für Menschlichkeit nach menschlichem Ermessen noch lange dauern, so ist die durch den Menschen schon ermessene Existenzdauer des Universums von ca. 13,7 Milliarden Jahren ein Beispiel dafür, wieviel zukünftige Zeit gegebenenfalls noch zu erwarten ist.

Die Idealogie schützt insofern vor der schädlichen Identifikation mit Ideologien, die sich durch ihre ethisch nicht universal für alle Menschen human gültigen Folgen verraten. Jede Ideologie verletzt ein Ideal der Menschlichkeit. Die Idealogie nimmt die Verletzung der Menschlichkeit einer Ideologie wahr.

10.2 Die Allmacht im Zeitbogen

Der Mensch hat keine Möglichkeit, auf die Bewegung der Zeit Einfluss zu nehmen und die Geschwindigkeit des Zeitverlaufs – wie denn auch – zu verändern. Der Mensch hat nur insofern Einfluss auf den Zeitverlauf, als er sicher wissen darf, dass sich seine Zukunft, in dem Maße ändert in dem er den Widerstand gegen eine humane Bewegung aufgibt. Das, was dann auf den Menschen aus der Zukunft zukommt, ist gesetzmäßig anders als das, was auf ihn zukommt, wenn er den Widerstand nicht aufgibt.

Tatsächlich ist es also dem Menschen möglich, seine Zukunft zu verändern, obwohl diese noch nicht eingetreten ist.

Selbstverständlich ist die Idee des Humanen kein eigenständiges Agens – genausowenig, wie es die Natur oder der Geist sein kann. Auch das Humane – genauso wie die Natur, ist selbst ein Geschaffenes. Aus diesem Grunde erkennt die Entomik die Ebene der Kreativität, der Transzendenz, die der Spiritualität und der Existenz des Göttlichen an. Im Kugelschalenmodell 2 der Entomik ist deswegen eine Verbindung in Form der Resonanz über das göttliche Prinzip geschaffen, die die späteste Vergangenheit mit der entferntesten Zukunft verbindet (vgl. Abb. 5.2).

Gehen wir zum besseren Verständnis noch einmal zurück zu dem Begriff der Kausalität, der in der Entomik besagt, dass jede Vergangenheit eindeutig und unwiderruflich definiert wird durch das, was im Jetzt geschehen ist. Umgekehrt finden wir diese eindeutige und unwiderrufliche Wirkung des Jetzt auf die Zukunft nicht. Hier entsteht nur mit einer gewissen Wahrscheinlichkeit – einer Unschärfe – die nächste Situation. Genauer gesagt lässt sich für die Zukunft bei offenbar gleichen Ausgangszuständen nie sicher ein Zukunftszustand vorhersagen. Diese Unschärfe besagt, dass zusätzlich zum sichtbaren, objektivierbaren Impuls ein Faktor X hinzutritt, der die Unsicherheit der Zukunft bewirkt. Es gibt also eine Folge einer Handlung in der Zukunft, aber diese ist nicht einhundertprozentig sicher. Die Zukunft ist also niemals durch menschliches Handeln allein determiniert. Der Faktor X tritt als „Schicksal" immer hinzu.

Wenn die Zeit in die Vergangenheit fließt, wie kann die Gegenwart und die Vergangenheit dann überhaupt eine Wirkung auf die Zukunft haben, die sie ja zweifelsfrei hat! Die Annahme ist folglich die Existenz eines überzeitlichen Prinzips, einer Außerzeitlichkeit, welche dem Göttlichen Prinzip entspricht. In Abb. 5.2 ist deswegen eine Verbindung zwischen der Vergangenheit und der Zukunft eingezeichnet, die dieses überzeitliche Prinzip andeuten soll. Der Faktor X, der die Undeterminiertheit der Zukunft bewirkt, ist demnach dieses göttliche Prinzip. Man könnte sagen, Gott fügt in der Resonanz auf unser Handeln, welches unsere Vergangenheit bestimmt, eine bestimmte Zukunft hinzu, die durch ihn bestimmt wird und nicht durch uns Menschen. Demzufolge bewirkt der Mensch durch sein Handeln ein Faktum, seine Vergangenheit, auf welche Gott in Form das der Zukunft seine Resonanz als Konsequenz bildet auf dieses Handeln des Menschen. Diese Konsequenz unterliegt aber keiner Beliebigkeit, sondern eben dem göttlichen Prinzip, welches die Verwirklichung des Humanen fördert und fordert.

In der Entomik wird davon ausgegangen, dass es ein universal gültiges Verständnis von Menschlichkeit gibt, welches aus theologischer Sicht den göttlichen Willen im Sinne einer göttlichen Struktur und Ordnung ideell repräsentiert.

Religionen haben im evolutionären Prozess der Begleitung in der Entwicklung vom Humanbewusstsein aus entomischer Sicht die Aufgabe, idealogisch zu arbeiten. In der idealogischen Arbeit unterlassen sie nach und nach alle ideologischen Bestandteile ihrer Vergangenheit. Ein zentrales erstes Geschehen hierin könnte sein, den verschiedenen Geschlechtsausprägungen der Spezies Mensch dieselbe Kompetenz als DSMC zu zusprechen.

Religionen könnten über eine adäquate entomische Zukunftswahrnehmung zur Synergie eines humanen Bewusstseins gelangen, indem sie sich auf die universal gültigen Humanica einigen. Erst in dieser Synergie tragen sie zur Verwirklichung eines friedlichen, am Humanen orientierten Lebens der Menschen bei. Religionen transformieren in einem evolutionären, humanorientierten Prozess zu Institutionen, die wie Schulen menschliches Bewusstsein zum höchst möglichen Potenzial an Menschlichkeit hin begleitend entfalten. Hierbei spielen dann weniger die jeweiligen Verkörperungen beispielhafter religiöser Persönlichkeiten eine Rolle, sondern die universal erkennbaren, kultur- und geokontextunabhängig gültigen Reflektiva und Humanika.

Dem entomischen Zeitverständnis liegt der Primat der Forderung nach Sinn zugrunde. Der Sinn wird aus Sicht der Humanik bzw. Entomik in der Möglichkeit einer humanen Entwicklung, somit in einer möglichen sozialen Evolution der Spezies Mensch gesehen.

Die Menschheit bewegt sich auf eine globale Selbstwahrnehmung hinzu, die im Sinne des Informationszuwachses durch Selbstbeobachtung eine Zunahme des kollektiven Bewusstseins des Wahrheitswertes ihrer Handlungen immer wahrscheinlicher macht. Grund hierfür ist, dass die Informationsaustausch- und Teilhabemöglichkeit von Menschen durch das Voranschreiten der technischen Evolution immens ansteigt. Das kollektive Unterbewusstsein, aber auch das kollektive Bewusstsein wird durch diesen Informationsaustausch mit immer mehr Kenntnissen und Wahrnehmungen inhumaner Zustände und Handlungen angereichert.

Da der jetzige Entwicklungsstand weit davon entfernt ist, eine humane Lebensweise für alle Menschen zu ermöglichen, ist es wahrscheinlich, dass die Anforderungen an die die Gesellschaft ordnenden Organe wie z. B. Regierungssysteme und Religionssysteme immer größer werden. Wenn die bestehenden Ordnungssysteme nicht in der Lage sind, humanes Zusammenleben zu generieren, wird das Vertrauen in diese Ordnungssysteme mit anwachsender Information über die Unfähigkeit dieser Ordnungssysteme, humane Lebensbedingungen zu generieren, schwinden und diese ins Wanken bringen.

Hieraus ergibt sich die Notwendigkeit, entsprechende Möglichkeiten der sozialen Evolution noch viel stärker als in der Vergangenheit wahrzunehmen, um mit der Entwicklung der Informationstechnologie und der damit verbundenen wachsenden Konfliktpotentiale der Menschheit Schritt zu halten. Die Entomik und die in ihr enthaltene Humanik liefern den wissenschaftlichen Rahmen zum Erkenntnisgewinn, den die gesellschaftlichen Organe, aber auch die einzelnen Individuen einer Gesellschaft benötigen, um ihre Teilsysteme (Staaten, Glaubensgemeinschaften, Kulturgemeinschaften) zu harmonisieren. Die Perspektive zur Harmonisierung liegt in dem in der Entomik entwickelten Zeitverständnis und Zeitbewusstsein.

10.3 Die Vision einer entomischen Gesellschaft

Die Ursache der Existenz liegt – wie weiter oben in Kapitel 4.6 schon aufgeführt – in der Zukunft. Die Zukunft „erlaubt" und „schenkt" das weitere Existieren. Alles Existierende hat seinen Ursprung in der Zukunft. Der Grund hierfür ist, dass der Zeitfluss in der Zukunft beginnt, zur Gegenwart wird und von dort aus zur Vergangenheit gerinnt. Die Vergangenheit ist das Sediment der Zukunft. Die Gegenwart ist der Moment der Formung dieser Sedimentierung.

Ein Teil dieser Formung wird – wie bereits ausgeführt – durch das menschliche Bewusstsein mitbestimmt. Ein anderer Teil der Formung findet außerhalb des menschlichen Bewusstseins statt. Der durch das menschliche Bewusstsein mitbestimmte Sedimentierungsprozess ist das, was der Mensch Kultur nennt. Der außerhalb des menschlichen Bewusstseins stattfindende Formungsprozess ist die Natur.

Der in der menschlichen Verantwortung liegende Teil des Formungsprozesses von Zukunft zu Vergangenheit vollzieht sich im Rahmen entomischer Gesetzmäßigkeiten, die die geistig-seelische und materielle Formung bestimmen.

Auf institutioneller Ebene sind für die Begleitung der Menschheit folgende Einrichtungen wesentlich und bestimmend: Politik, Religion, Medien, Kunst und Wissenschaft. Diese fünf Bereiche bestimmen den kulturellen Sedimentierungsvorgang.

Eine noch zu entwickelnde Gesellschaftsform bringt Politik, Religion, Medien, Kunst und Wissenschaft in einen kooperativen Zusammenhang, der es ermöglicht, die entomischen Gesetzmäßigkeiten so umzusetzen, dass sich die Formung der Zukunft im Bewusstsein der finalen Humanität vollziehen kann.

Der entomische Gesellschaftsraum wird erfüllt durch alle Menschen, deren Lebensweg und Lebensmotivation bestimmt ist durch das Ziel, humanes Leben zu verwirklichen.

Im entomischen Gesellschaftsraum wird die Entwicklung bestimmt durch die Kooperation von entomisch bewusster Politik, Religion, Medien, Kunst und Wissenschaft. Entomisch bewusste gesellschaftliche Formung beachtet in dankbarer Weise die in der Zukunft durch das Göttliche vorbereitete Existenz des Menschen. Diese Beachtung der göttlichen Vorbereitung menschlicher Existenz vollzieht sich in Achtung vor der dem Menschen möglichen Würde.

10.4 Das Soll der Menschheit: Meinungsbildung und Bewusstseinsbildung

Nur der Dialog in Offenheit für die Vernunft führt in die Ganzheit der Menschheit. Jeder Mensch hat die Fähigkeit zur individuellen Meinungsbildung. Jeder Mensch hat die Pflicht, diese Fähigkeit zur Meinungsbildung anzuwenden. Der Dialog ergänzt die Meinung des Einen um die Meinung des Anderen. Dieser Dialog soll so lange fortgesetzt werden, bis alle Meinungen aller Menschen sich zur Meinung der Menschheit zur Menschlichkeit ergänzen. Die Meinung und der Meinungsaustausch im Dialog ist die Bahnung der Menschlichkeit. Meinungsbildung ist eine Form der menschlichen Bildung. Meinungsbildung orientiert sich an den umfassenden Bedürfnissen und Notwendigkeiten einer menschlichen Gesellschaft. Eine menschliche Gesellschaft versteht sich als Ausdruck von Menschlichkeit, also einer Gesellschaft jenseits der Unmenschlichkeit.

10.5 Der Schutz der Meinungsfreiheit

Der Begriff Meinung verweist auf die Bahnung für etwas Gemeinsames. Die Meinung soll eine Lösung darstellen für ein Problem. Deswegen ist an den Begriff Meinung die Forderung zu stellen, dass sie sich primär richtet auf eine Lösung eines Problems.

Die Meinung wird erst zur Meinung dadurch, dass sie die Reflektionen (Reflekta) eines Problems widerzuspiegeln vermag. Deswegen hat die Meinung die Aufgabe, das Problem, zu dem sie etwas meint, darzustellen, damit der andere versteht, zu welcher Frage die Meinung gehört.

Da eine Meinung, damit sie überhaupt eine Meinung ist, auf das Gemeinsame, also auf eine gemeinsame Möglichkeit, auf eine Möglichkeit für das Gemeinsame zielen muss, ist die Meinung an die Pflicht zum Respekt gebunden. Der Respekt ist die unverzichtbare Basis einer Meinungsbildung, da er die Möglichkeit einer anderen Meinung überhaupt erst erlaubt. Eine Meinung kann also immer nur einen Beitrag zur Gemeinsamkeit darstellen. Eine Meinung gehört grundsätzlich zu einer anderen Meinung, so dass der Dialog möglich wird, der dann erst die Essenzen der Meinungen verdichten zu einer Lösung für das Gemeinsame kann, eine Lösung also auch für die Gemeinschaft.

> An den Begriff Meinung ist aus dialogisch-kommunikativer Sicht die Forderung zu knüpfen, das Problem, welches die Meinung zu lösen hofft, einerseits darstellen zu können, sowie andererseits in der Meinung die Möglichkeit einer Erweiterung für das Gemeinsame, die Gemeinschaft, reflektiert zu haben und letztlich die Lösung unter Berücksichtigung des Respekts vor der Gemeinschaft zu formulieren.

Die Meinungsäußerung ist ein sehr wesentlicher Teil der gesellschaftlichen Entwicklungsdynamik. Die Freiheit zur Meinungsäußerung, die sogenannte Meinungsfreiheit ist hierbei Voraussetzung dafür, dass in der Gesellschaft eine Lösung für die Gemeinschaft entsteht, also eine Lösung für alle Mitglieder einer Gesellschaft. Die Meinungsfreiheit ist also in einer sich in Richtung des Humanen entwickeln wollenden Gemeinschaft essenziell. Die Meinungsfreiheit ist allerdings von allen Äußerungsformen streng zu unterscheiden, die die im vorangegangenen Absatz formulierten Bedingungen für eine Meinung nicht erfüllen.

> Eine Meinung ist das Ergebnis eines sehr wertvollen, den Menschen möglichen Reflektionsprozesses, der zum Zustandekommen von menschlicher Verbundenheit beizutragen vermag.

Im gesellschaftlichen Diskurs ist es sehr wichtig, den Begriff der Meinung zu schützen, damit die Meinungsfreiheit ihren Sinn behält. Hierbei kommt den gesellschaftlichen Institutionen eine sehr wesentliche Verantwortung zu. Es gilt, den Sinn von Meinungsäußerung im kommunikativen Prozess, wie sie in den Multiplikatoren, die beispielsweise durch Medien und Schul- und Bildungswesen dargestellt werden, im Sinne einer Humanorientierng zu begleiten. Entomisches Wissen stellt deswegen eine wesentliche Hilfe in der Entfaltung institutioneller Begleitungskompetenz dar.

10.6 Globalisierung von Information und soziale Ausgleichsbewegungen

Die Bedeutung einer Information für den Menschen korreliert mit der Vigilanz des Menschen. Je wichtiger er eine Information erlebt, umso wacher [vigilanter] wird er.

Information ist, wie oben in Kapitel 6.2 dargestellt, selbst eine Form von Energie. Durch die Globalisierung der Informationstechnologie und der mit ihr verbundenen Möglichkeiten der Informationsübertragung wird gegenwärtig Information in nie da gewesener Form der gesamten Menschheit zugänglich gemacht. Die Menschen nehmen diese Information auf und werden dadurch stets wacher. Das bedeutet, dass sich ihre Aufmerksamkeit im Sinne der Humanrelevanz steigert und verständlicherweise stets mehr Ausgleich von Lebensqualität in Richtung regionaler bzw. kontinentaler Wohlfahrt verlangt.

Wenn Armutsgebiete in dieser Welt Informationen darüber erhalten, wo keine Armut herrscht und wie Armut überwunden werden kann, sind diese Informationen für die Menschen, die dort leben, von existenzieller Bedeutung. Hiermit zusammenhängend erklärt sich, dass globale Migrationsströme entstehen, die aufgrund von Informationen, die für Menschen von lebenswichtiger Bedeutung sind, in Bewegung gesetzt werden.

Derartige Migrationsbewegungen, wie sie zurzeit beispielsweise nach Europa oder in andere Wohlfahrtsregionen zu beobachten sind, sind jedoch keine einmaligen, zeitlich begrenzten Erscheinungen, sondern sie sind globale Erscheinungen der Equilibrierung von existenziell förderlichen und existenziell bedrohlichen Gebieten auf dieser Erde. Sie suchen den Ausgleich zwischen Plus- und Minuszonen.

Hiermit ist also gesagt, dass die Dynamik des Ausgleichs von arm und reich, krank und gesund, Frieden und Krieg, Rechtssicherheit und Rechtsunsicherheit ein globales Phänomen ist, welches mit derselben Intensität, mit der Informationen über diese verschiedenen Weltzustände zu den Menschen gelangen, unwiderruflich ebenso intensive Ausgleichsbewegungen initiiert. Die Information ist auch hier auf der makroskopischen, sozialen Ebene der Vorläufer der Bewegung.

10.7 Reformation der Ordnungssysteme

Wenn es so ist, dass auf der Ebene der Information, also auf der nicht materiellen Ebene der Spiritualität, das Humane als Maxime ethischen Verhaltens zu verstehen ist und dies die wesentliche Information ist, die wir Menschen aus dem Zeitstrom auslesen müssen, dann ist es notwendig, dass sich die Ordnungssysteme, die Gruppierungen von Menschen in ihrem sozialen Verhalten strukturieren und mit dieser Information beschäftigen.

Zum gegenwärtigen Zeitpunkt ist der Informationsaustausch innerhalb und zwischen den oben genannten Institutionen von Politik, Religion, Wissenschaft, Medien und Kunst gekennzeichnet durch Uneinigkeit bezüglich des Entwicklungsauftrags der Menschheit. So ist beispielsweise innerhalb der Gesamtheit aller Wissenschaften ein Graben entstanden, der die Wissenschaften in Natur- und Geisteswissenschaften trennt. Weiter oben in Kapitel 7 zeigte die Betrachtung der Entomik, dass diese Trennung der Erkenntnisentwicklung nicht nur im Wege steht, sondern dass diese unter Berücksichtigung des entomischen Zeitpfeils als unzutreffend erscheint.

Die Religionen unterliegen in ähnlicher Weise einer Partialisierung. In dieser Partialisierung wird die Notwendigkeit zur ganzheitlichen Bewältigung aller humanitären Aufgaben aufgegeben. Die Partialisierung von Religionen kann durch Berücksichtigung des sozialen Entwicklungsziels des Humanen überwunden werden. Hierzu ist ebenfalls der Dialog über die Inhalte der Menschlichkeit notwendig.

Wenn Menschlichkeit prinzipiell einen objektivierbaren Inhalt hat – wovon die Entomik ausgeht –, welcher sich der menschlichen Erkenntnis eröffnen kann, sollten sich religiöse Partialisierungen überwinden lassen. Ähnliches gilt in derselben Weise auch für die weiteren Institutionen von Politik, Medien und Kunst.

Darüber hinaus sind die Gräben zwischen Wissenschaft, Religion, Politik, Medien und Kunst gleichermaßen Folge einer fehlenden Anerkenntnis des gemeinsamen Entwicklungsziels des Humanen. Gesetzt den Fall, es bestünde eine objektivierbare Erkenntnis über den Inhalt des Humanen, Kenntnisse über die Werkzeuge der Umsetzung sowie auch Möglichkeiten zur Vermittlung dieser Erkenntnisse im Rahmen von Bildungssystemen, so könnten Wissenschaft, Politik, Religion, Medien und Kunst dialogisch kooperieren.

Smolin (setzt sich in seinem aktuellen, umfassenden Werk zur Thematik der Zeit, die er als die wirklich grundlegende Dimension des Kosmos ansieht, auch mit der gesellschaftlichen Relevanz des Verständnisses von Zeit auseinander:

> „Ebenso wichtig ist jedoch, dass eine Kultur, deren Wissenschaft und Philosophen lehren, dass Zeit eine Illusion ist und die Zukunft feststeht, wahrscheinlich nicht die Einbildungskraft herausfordern kann, um das Zusammenwirken politischer Organisationen, von Technologien und natürlichen Prozessen zu erreichen – ein Zusammenwirken, das unverzichtbar ist, wenn wir über dieses Jahrhundert hinaus nachhaltig prosperieren wollen" (Smolin, 2014, S. 344f).

Wissenschaft, Religion, Politik, Medien und Kunst würden sich jedoch im positiven Fall verstehen können als Mitwirkende in der Realisierung eines objektiven, sozialen Wissens über das Wesen Mensch, das biologische System Mensch sowie das Phänomen Menschheit.

Hierzu stellt Smolin (2014) fest:

> „Wenn unsere Kultur gedeihen soll, wäre es nützlich, unsere Entscheidungen auf ein kohärentes Bild der Welt zu gründen, dem zunächst einmal eine Verständigung zwischen Natur- und Sozialwissenschaften vorausgeht. Die Wirklichkeit der Zeit kann die Grundlage dieser neuen Verständigung sein, der zufolge die Zukunft offen und Neues auf jeder Skala möglich ist – von den fundamentalen Gesetzen der Physik bis zur Organisation von Wirtschaften und Ökologien" (Smolin, 2014, S. 351).

Die fundamentale und zentrale Erkenntnis der Entomik darüber, dass der Zeitpfeil im nicht materialisierten Raum der Zukunft beginnt und von dort aus die Universalscheibe des Jetzt in jedem Moment neu kreiert, führt unweigerlich zu einer Veränderung des menschlichen Denkens.

> Die Einheitlichkeit des Universums hinsichtlich der ihm zugrunde liegenden Gesetzmäßigkeiten führt in der Beschäftigung mit dem Phänomen der Zeit zu der Erkenntnis ihrer Unumkehrbarkeit.

In der aktuellen kosmologischen Debatte kommt der grundsätzliche Irrtum der aktuellen Diskussion in der physikwissenschaftlichen Annäherung an das Zeitpfeilverständnis nochmals eklatant zum Ausdruck, wenn die Beantwortung der folgenden Fragen zusammengefasst wird:

„What is the enigma of time? The nature of time: is time an inherent and intrinsic ingredient of nature or did it emerge only at the big bang? The arrow of time: Why is there a clear direction from past to future, i. e. what breaks the time translation symmetry and sets an arrow of time? Why should the birth of the universe be determined by this direction? The time – summary of physical laws: Why is it that the laws of physics, which describe the universe we live in, cannot distinguish between past and future? How can physical laws respect time translation symmetry when the universe breaks it at the big bang?" (Mersini-Houghton, 2012, S. 1).

Auch in allen vorangegangen gesichteten und geschilderten Ausführungen zum Zeitpfeil und seiner Richtung taucht der Fehlgedanke, dass die Zeit aus der Vergangenheit in die Zukunft fließe, fast wie ein magisches Einverständnis zwischen den sich mit der Fließrichtung der Zeit beschäftigenden Menschen auf. Die Unumkehrbarkeit der Zeit führt jedoch dazu, dass alle Prozesse unumkehrbar sind, – auch die in der Physik vermeintlich unter Ausklammerung der Zeit als umkehrbar postulierten Prozesse.

> Menschliches Handeln ist niemals beliebig, sondern hat immer eine verantwortliche Folge in Form der Vergangenheit des Menschen.

Diese Einsicht entspricht der griechischen Philosophie, wie sie neuerlich von Florentin Smarandache und Feng Liu diskutiert wurde:

„.... Platon: Panta chorei – all is moving
Diogene Laertius: rhein ta hola – all is passing
Aristotle: panta rhei, ouden menei – all is passing, nothing is remaining
..." (Florentin Smarandache, 2004, S. 44).

Nichts ist also umkehrbar, da sich alles innerhalb einer Zeit abspielt. Hieraus folgt aus der Sicht der Entomik, dass die Zeit essenziell verbunden ist mit Sinn, Willen und Verantwortung. Unumkehrbarkeit von Prozessen würde ein Ungeschehenmachen erlauben. Mit der Möglichkeit des Ungeschehenmachens träte der Begriff der Beliebigkeit in den Aktionsspielraum menschlichen Handelns ein. Genau diese Beliebigkeit wäre es, die das Wesen einer menschlichen Handlung konterkarieren würde.

Kommen wir zurück auf die Bedeutung des entomischen Bewusstseins für die Reformation der gesellschaftlichen Ordnungssysteme, so zeigt sich, dass der Dialog über den Sinn dessen, was werden soll, unausweichlich ist. Dieses Soll der Menschheit ist in der Zukunft schon festgelegt, jedoch durch die Entscheidung des Menschen noch nicht fixiert. Die sich offenbarende Zukunft stellt diese Aufgabe zur Bewältigung der Entscheidung für das Humane immer aufs Neue.

> Der Zukunft selber wohnt ein vom Menschen unabhängiger, autonomer, formender Wille maximaler Potentialität inne, der das Jetzt für den Menschen als Resonanz auf seine Handlungen bewirkt.

Dies ergibt sich aus der unumkehrbaren Fließrichtung der Zeit von der Zukunft über das Jetzt in die Vergangenheit. Die Ausrichtung der gesellschaftlichen Ordnungssysteme an diesem aus der Zukunft deutlich werdenden Formungswillen ist möglich. Diese Möglichkeit begründet einen Optimismus, der nicht Utopie ist, sondern auf der nachvollziehbaren tatsächlichen Zeitpfeilrichtung beruht und über die Entomik zur Gestaltungsmöglichkeit von Menschen und ihren Institutionen wird. Die Entomik bietet insofern die Basis einer globalen Equilibrierung und Harmonisierung aller gesellschaftlichen Systeme, da sie die Erkenntnis von Humanwerten ermöglicht, die für alle Menschen gültig sind.

Die Humaninformation kann nur eine Globale sein und muss insofern immer eine für alle Menschen gültige Idealität schildern. Genauso wie 1 + 1 = 2 im ganzen Universum gelten muss, so müssen die ethischen Konkretisierungen des Humanen ihre Gültigkeit nachweisen. Dass dies aber tatsächlich und wirklich möglich ist, lässt sich an vielen Beispielen in der Entwicklung der Menschheit zeigen. So ist beispielsweise die Erkenntnis darüber, dass man einen Menschen nicht besitzen kann, eines der fundamentalsten Beispiele der menschlichen Evolution bzw. der Möglichkeit der objektiv ethischen Ausfüllung des Begriffs des Humanen. Sklaverei wird deswegen heute von einem Großteil der Menschheit als ein objektiv nicht dem Wesen Mensch würdige Umgangsform angesehen. Doch dies ist nur eines von vielen Beispielen. Ein anderes Beispiel ist die eigentlich triviale, doch keineswegs global realisierte Erkenntnis, dass das Leben einer Frau genauso wertvoll ist wie das Leben eines Mannes. Solche Erkenntnisse sind keine individuellen Auffassungen, über die man abstimmen kann. Es sind vielmehr objektive Gegebenheiten einer sozialen Informationsstruktur, die immer schon vorhanden waren, immer schon galten und immer weiter gelten werden.

Es sind also ethische Gesetzmäßigkeiten aus der Ebene der Gleichzeitigkeit oder Ewigkeit analog zu den Gesetzen der Mathematik. Sie gelten im gesamten Universum. Ihre Verletzung sowie die Nichtbefolgung führen zu großem Elend, Unrecht, zu fürchterlichen Aggressionen sowie zu destruktiven Auswirkungen. Das Humane ist also keine Glaubenssache, sondern eine Sache der Erkenntnis wissenschaftlicher Auseinandersetzung mit den strukturellen Gegebenheiten des Universums, die an Objektivität gegenüber der Logik der Mathematik nichts missen lässt. Es ist allerdings wichtig, dass die Erkenntnismethoden erforscht werden, die zu solchen Erkenntnissen und insbesondere zu deren sozialer Streuung und Verbreitung führen. Revolution ist kein humaner Weg der Veränderung, da sie Gewalt in Anspruch nimmt und Opfer fordert, die der Weg der Erkenntnis nicht benötigt. Die Entomik beachtet deswegen die Evolution im Innersten.

Auch die Religionen bedürfen eines Dialoges im Sinne der Idealogie. Sofern eine Religion diesen Dialog im Sinne der Idealogie sucht, wird sie zu denselben Erkenntnissen gelangen, die auch in allen anderen Religionen, sofern sie diesen Dialog der Idealogie suchen, sichtbar werden.

Das einzelne Individuum ist prinzipiell dazu in der Lage, Objektivität zu erkennen, da es prinzipiell durch sein Menschsein befähigt ist, an der nicht materiellen Informationsebene via seiner menschlichen Konstruktion als Einheit von Geist, Seele und Körper Teil zu haben und unmenschliches Verhalten objektiv wahrzunehmen. So kann der Mensch bezüglich seines Verhaltens Züge an sich objektivieren, die im Rahmen seiner Selbstobjekt-Funktionalität destruktiv sind. Er kann dies auch bei anderen Menschen feststellen, genauso wie jeder Mensch als Individuum der Aussagenlogik von $1 + 1 = 2$ folgen kann, hierbei auch den Rechenfehler des anderen entdecken und ihm helfen kann, diesen zu korrigieren.

11 Causa in Futura

Fasse ich die wichtigsten Ergebnisse der vorliegenden Analyse zusammen, so halte ich fest, dass das Phänomen der Zeit und ihrer Flussrichtung – dem Zeitpfeil (arrow of time) – aufs engste verbunden ist mit Feststellungen über die Abschnitte der Zeit. Diese Abschnitte der Zeit, die sich unterteilen in Zukunft, Gegenwart und Vergangenheit stehen über den Zeitpfeil miteinander in Verbindung. In der Vergangenheit wurde die Flussrichtung der Zeit meist als von der Vergangenheit über die Gegenwart in die Zukunft fließend gesehen. Meine aktuelle Analyse der Zeit macht darauf aufmerksam, dass die Flussrichtung der Zeit genau umgekehrt verläuft. Die Zeit kommt aus der Zukunft und fließt über die Gegenwart in die Vergangenheit. Aufgrund dieser dem menschlichen Geist axiomatisch zugänglichen Erkenntnis recherchiert die vorliegende Untersuchung neben der physikalischen Forschung zum Zeitpfeil weitere Forschung zur Zeitwahrnehmung aus dem Bereich der Psychologie, insbesondere auch der Neuropsychologie.

Es werden die relevanten Theorien zu Zeitpfeilen angesprochen und diskutiert, wobei einheitlich festzustellen ist, dass außer in der Arbeit des Kirchenvaters Augustinus nahezu ausnahmslos entweder eine zeitinverse Zeitpfeilrichtung angenommen wird oder sogar der Richtung des Zeitflusses gar keine Bedeutung beigemessen wird. In über 400 Veröffentlichungen zum Zeitpfeil im Bereich der Physik seit ca. 1958 und ca. 150 neuropsychologischen Veröffentlichungen wird die Richtung des Zeitflusses zeitflussinvers interpretiert.

Die in aller Regel auf dem zweiten Gesetz der Thermodynamik beruhenden und sich darauf beziehenden physikalischen Arbeiten entwerfen eine Kosmologie, die unter dem Namen der Big-Bang-Theory oder Urknalltheorie Eingang in das Weltverständnis der Allgemeinbevölkerung gefunden hat. Dies gilt auch für die meisten wissenschaftlichen Forschungen im Sinne eines anerkannten Grundverständnisses der Entstehung des Universums, unter anderem auch für den Darwinismus. Der hierauf basierende Zeitpfeil wird als entropischer Zeitpfeil beschrieben und zeigt von der Vergangenheit in die Zukunft. Unter Berücksichtigung eines Zeitpfeils, dessen Fließrichtung aus der Zukunft über die Gegenwart in die Vergangenheit verläuft, ergeben sich demgegenüber neue Erklärungsansätze, die in der vorliegenden Arbeit angestoßen werden. Der in dieser Arbeit vorgestellte Zeitpfeil wird von mir als entomischer Zeitpfeil bezeichnet. Die hierauf basierende wissenschaftliche Erforschung nenne ich „Entomik".

Für den Bereich der Physik sind folgende Schlussfolgerungen maßgeblich: Der Zeitbereich der Zukunft wird als ein noch nicht materialiserter Raum angesehen, dessen wesentliches Merkmal in Potentialität und Kohärenz besteht. Aufgrund der noch nicht vorliegenden Verfestigung der Zukunft, die diese maßgeblich unterscheidet von den Abschnitten der Gegenwart und der Vergangenheit, sind die Zustände der Zukunft durch Wahrscheinlichkeiten anzugeben.

https://doi.org/10.1515/9783110789355-011

Für das aktuelle Universum liegt somit eine räumliche Grenze vor, die durch das jeweilige Jetzt des Universums gekennzeichnet ist. Das manifeste materialisierte Universum ist räumlich also nicht unendlich, sondern endet in der jeweiligen universalen Jetztscheibe.

Durch den Zeitzufluss aus der Zukunft in die Gegenwart materialisiert und sedimentiert das bestehende Universum stets weiter. Mit der Sedimentierung setzen messbare Eigenschaften von physikalischen Kräften ein wie zum Beispiel die Gravitation.

Die Lichtgeschwindigkeit als höchste Geschwindigkeit der Informationsübermittlung ist aus der entomischen Sicht auf den Zeitpfeil deswegen als Naturkonstante begrenzt, weil sie die Geschwindigkeit der Materialisierung im Übergang der Zukunft in die Gegenwart ist. Eine höhere Geschwindigkeit ist deswegen nicht zu erreichen, weil jenseits der Gegenwart in Richtung der Zukunft noch kein materialisierter Raum existiert. Physikalische Äquivalente oder Analogien zur in der Entomik postulierten Materialisierung im Übergang von der Zukunft zum Jetzt werden dargestellt in Form der Theorie der Dekohärenz und des Higgs-Mechanismus.

Die Gegenwart – die universale Jetztscheibe – stellt aus Sicht der Entomik eine eigene Entität dar, die zu beschreiben ist als das Intervall zwischen Raumbildung und Materialisierung. Raumbildung stellt ein Feld möglicher Lokalisationen zur informativen Konkretisierung der Materie her. Der Abstand zwischen Raum- und Materiebildung ist das kürzeste Ereignis überhaupt. Es beschreibt jedoch eine je unterschiedliche Grenze der Gegenwart zur Vergangenheit und zur Zukunft. An dieses Gegenwartsverständnis anknüpfend ergeben sich für die klassische Physik und für die Quantenphysik neue integrierende Verständnismöglichkeiten, die die jeweils unterschiedlichen Phänomene der beiden Physikbereiche auf die spezifischen Zeitpfeileigenschaften zurückzuführen versteht.

Die Zeitabschnitte der Zukunft und der Vergangenheit entziehen sich der Möglichkeit einer direkten menschlichen Wahrnehmung. Messbar und wahrnehmbar sind immer nur Ereignisse auf der aktuellen Gegenwartsscheibe, dem Jetzt. Physikalische Forschung kann aber die Gegenwart, die allein einer Messung zugänglich ist, in zwei verschiedenen zeitlichen Kontingenzen untersuchen. Die Gegenwart kann untersucht werden an ihrem Übergang zur Vergangenheit und sie kann untersucht werden an ihrem Übergang zur Zukunft.

Dies ist von entscheidender Bedeutung für die Interpretation und das Verständnis physikalischer Experimente: Da die Materialisierung mit Lichtgeschwindigkeit verläuft, sind alle Phänomene unterhalb der Lichtgeschwindigkeit prinzipiell Untersuchungen im schon materialisierten Raum. Sie betrachten die Kontingenz der universalen Jetztscheibe mit der Vergangenheit. Sobald aber physikalische Experimente Prozesse betrachten, die mit Lichtgeschwindigkeit verlaufen, werden Abläufe im Zeitraum des Übergangs von der Zukunft in die Gegenwart fokussiert. Während hier Phänomene der Quantenverschränkung auftreten in Form instantaner Zustandsveränderungen räumlich getrennter Quanten, gilt unterhalb der Lichtgeschwindigkeit der lokale Realismus.

Der Begriff der Einsteinschen Raumzeit wird deswegen aus entomischer Sicht zwar als gültig gesehen, jedoch begrenzt für den Zeitabschnitt des Zeitpfeils von der Gegenwart in die Vergangenheit, weil nur für diesen Zeitpfeilabschnitt Materialisierung und damit auch mit zunehmender Vergangenheitdsbildung Sedimentierung angenommen werden kann.

Die Emergenz der Gegenwart aus der Zukunft heraus führt zu der Annahme, dass Zeit als Transponder von Information zu sehen ist, die die logische Abfolge der Information in der Gegenwart in eine chronlogische Abfolge überführt, die dann nachfolgend kausal abhängig die Vergangenheit bewirkt. Darüber hinaus wird der Begriff der Energie in der entomischen Sichtweise mit dem Begriff der Information verbunden, so dass eine von Materie unabhängige Informationsenergie postuliert bzw. angenommen wird. Information wird deswegen als fundamentale Voraussetzung für Materialisierung angesehen.

Die Zukunft wird als ein immaterieller Raum nicht konkretisierter Möglichkeiten angesehen, der allerdings im Sinne von Informationsobjekten strukturiert ist. Diese Struktur ist eine logische Struktur, die die Qualität der räumlich-zeitlichen Abfolge der substanziellen Ebene vorbereitet als rein logische Abfolge auf der nicht materiellen Ebene der Information.

Bezogen auf den Zeitabschnitt der Vergangenheit wird die Möglichkeit gesehen, dass Effekte der Sedimentierung eine Zeit lang anhalten, so dass die gravitativen Eigenschaften der Vergangenheit bis in das jeweils letzte Jetzt fortdauern. Es wird deswegen ein Vergangenheitsrumpf angenommen, der bis zur ersten Sedimentierung vor ca. 13,7 Milliarden Jahren andauert. Effekte der Dunklen Materie, die bis dato zwar schlussfolgernd nachgewiesen wurden, jedoch nicht im Sinne von Partikeln gezeigt werden konnten, könnten Effekte eines Vergangenheitsrumpfes sein, der nicht mehr in der Jetztscheibe sichtbar ist. Effekte der Dunklen Energie könnten darüber hinaus den Einfluss der Materialisierung abbilden, die durch den Energiezufluss aus der Zukunft in die Gegenwart dargestellt wird. In beiden Fällen würde die Zeit als Energieform zu verstehen sein, worin Materie als ein Aggregatzustand von Information in der Zeit anzusehen wäre.

Der Begriff des Partikels ist aus entomischer Sicht zu sehen als ein poliges Element, wobei ein Partikel gekennzeichnet ist durch seine Berührung mit der Jetzscheibe, die als Informationsebene noch nicht dreidimensional körperlich ist. Dies wäre der innere immaterielle Informationspol des Partikels. Im zweiten äußeren Pol liegt die Konkretisierung der Information im Sinne einer Materialisierung und damit einhergehenden materiellen Umgebungsabhängigkeit vor. Das so definierte Partikel stellt das Entom dar, welches über seine Materie hinaus einen Informationspol hat, der die zeitlich informative Einbindung des Partikels in einen chronologischen Verlauf reguliert und bestimmt. Das Entom ist somit durch die Information im Sinne einer Sinneinheit gekennzeichnet und damit funktional eingebunden in einen Sinnzusammenhang.

Alle Materialisationen haben somit eine Verbindung mit der Zukunft, der Gegenwart und der Vergangenheit und sind hierin als Teilchen einem unaufhörlichen unidirektionalen Zeitfluss unterworfen.

Aus entomischer Sicht wird die Möglichkeit gesehen, dass sich die Gegensätzlichkeit der Phänomene in der klassischen Physik und der Quantenphysik unter Berücksichtigung des entomischen Zeitpfeils möglichweise auflösen lassen, sofern bei der Betrachtung der Untersuchungsausschnitte der Forschung darauf geachtet wird, ob eine Gegenwarts-Vergangenheits-Relation (klassische Physik im materialisierten Raum) oder eine Zukunfts-Gegenwarts-Relation (Quantenphysik im Übergang des nicht materiellen Zukunftsraums zur Gegenwart) fokussiert wird.

Neben diesen Schlussfolgerungen aus dem entomischen Zeitverständnis für den Bereich der Physik ergeben sich darüber hinaus ebenfalls Konsequenzen für das Verständnis der menschlichen Informationsverarbeitung. Wesentlich erscheint zunächst die entomische Sicht auf die menschliche Informationsverarbeitung als zeitflusssensible Informationsverarbeitung. Abgehoben wird auf die besondere Fähigkeit des Menschen zum bewussten Bewusstsein, das wahrscheinlich das komplexeste Bewusstsein aller bekannten biologischen Systeme darstellt. Diese auch als hyperkomplexe Bewusstseinsleistung bezeichnete Fähigkeit des Menschen führt aus entomischer Sicht zur Bezeichnung des Menschen als Double Spaced-Minded Creature (DSMC) im Gegensatz zu den biologischen Systemen Tier als Single Spaced-Minded Creature (SSMC) oder den Pflanzen als Biosensitive Creature (BSC).

Aus philosophisch-psychologischer Perspektive sowie auch aus neuropsychologischer Perspektive weist die entomische Sicht auf den Menschen auf dessen Ganzheitlichkeit hin, wobei die Einheit von Geist, Seele und Körper die Aspekte der Immaterialität und der Materialität, die auch dem Zeitfluss zu eigen sind, widerspiegelt. Damit wird dem neuronalen Determinismus aktueller Konzeptionen menschlichen Lebens widersprochen und eine erneut offene Konzeption des Menschen vorgestellt, dem auch die Wahrnehmungsmöglichkeit aus der Ebene der Zukunft als nicht materieller Ebene zugänglich ist. Inspiration und Kreativität als zukunftssensible geistige Leistungen werden schon außerhalb neuronaler Konkretisierung vorbereitet und stimulieren das neuronale System in der Gegenwart. Somit ist nicht nur ein Input aus der Vergangenheit und der materiellen Realität möglich, sondern auch ein Input aus der immateriellen Realität der informativen Ebene der Zukunft. Beispielhaft wird visionäres Denken an Möglichkeiten einer Humanwahrnehmung konkretisiert, die einen idealogischen Dialog zwischen dem Jetzt und der teleologisch-ethischen Wahrnehmung des Menschen ermöglicht. Die Entwicklung des Forschungsgebietes der Humanik im Rahmen einer Konkretisierung der Entomik für die soziale Evolution der Menschheit wird vorgestellt. Menschliche Informationsverarbeitung muss deswegen sinnvollerweise unter dem Aspekt der Zeitwahrnehmung konzeptualisiert werden (DSMC).

Weiterhin werden wissenschaftstheoretische Probleme erörtert, die den Erkenntnishorizont von Natur- und Geisteswissenschaften wegen unnötiger und falscher Abgrenzungen dieser beiden begrenzen. Objekte werden im Zeitstrom gesehen, die vor der substanziellen Konkretisierung als Information der Substanz gegenüber präpositioniert sind. Die mikro- und makrokosmologische Folge der Ebene der Information wird im entomischen Zeitstrahl konzeptualisiert. Die hierauf basierende wissenschaftliche Vorgehensweise der Entomik überwindet wesentliche konzeptuelle grundsätzliche Probleme der Natur- und Geisteswissenschaft. Es wird die Möglichkeit gesehen, das Humane als wissenschaftliches Objekt der Erkenntnis zu objektivieren und aus der Ebene des Glaubens zu erheben in die Erkenntnis der Humanika.

Bezüglich gesellschaftswissenschaftlicher Relevanz verweist die Entomik zu guter Letzt auf die positive Wirkung eines einheitlichen Verständnisses des Zeitpfeils und der hiemit verbundenen wissenschafltichen und gesellschaftlichen Konsequenzen. Religionen, Wissenschaften, Politik, Medien und Kunst können als Path-Finder-Systeme Erkenntnisse des Humanen entwickeln, vermitteln und die technische Evolution durch eine soziale Evolution unterbauen und in der Entwicklung einer humanen Zusammenlebung unterstützen.

Diese Entwicklung wird unter dem Aspekt spiritueller Wahrnehmung und dem Primat der Forderung nach Sinn als unausweichliche Notwendigkeit gesehen. Frieden bedarf im Zeitalter der Dynamisierung der Menschheit durch die Kommunikations- und Mobilitätstechnologien sozialer Ausgleichsbewegungen in Richtung des Humanen, die allein es ermöglichen, die zunehmende aggressive Aufladung sozialer Systeme entomisch zu equilibrieren.

Weil wir menschlich werden sollen, ist der Zeitstrom aus der Zukunft der Grund für unsere Überlebenschance.

So also sprach die Sphinx:
Die Zukunft ist der Keim des Jetzt.

Causa in Futura.

Epilog

In den letzten Jahren seit meiner ersten Begegnung der Sphinx der Zeit und ihrem entomischen Zeitbewusstsein und dem Zeitpfeil habe ich sehr viel dazugelernt. Die entomische Richtung der Zeit hat mein Leben in einen Zusammenhang gestellt mit einem von mir in der Schulzeit eigentlich nicht sehr geliebten Fach der Physik. Die Mathematik hingegen hatte mich schon immer sehr interessiert. Sie bot eine besondere Form der Objektivität an. Und doch hatte sie auch etwas Philosophisches, wenn sie einfach den Begriff „gegen unendlich" auszusprechen wagte und dabei eine kleine liegende Acht mit Kreide an die Tafel malte. Das konnte man einfach so hinnehmen, und die Unendlichkeit war eigentlich gar kein Problem mehr.

Mein Lebensweg führte mich dann hinein in die Psychologie, in die Psychotherapie, Psychoanalyse und dann in die Neuropsychologie. Hier musste ich meine geliebte Objektivität aufgeben, Nebel der Unklarheit stiegen auf in den Vorlesungen. Unscharfe Begriffe und die Etablierung des Unworts der subjektiven Wahrheit zierten den Weg in die Tiefen des Unbewussten, Unterbewussten, Vorbewussten und Bewussten. Neurobehaviourism versuchte die Wirklichkeit des Erlebens zu verbannen in die Niederungen neuronaler Transmitter und axonaler Stromflüsse. Darwinismus versuchte ähnliches, indem er mir die evolutionäre Abstammung vom Affen suggerierte. Mein naives vorschulisches Bedürfnis, an Gott glauben zu dürfen, erfuhr harsche Desillusionierung durch das Verhalten meiner diesbezüglichen Pädagogen.

Doch tief in meinem Inneren blieb die Erinnerung an einen Moment nach meiner ersten Beichte. Als ich hinaustrat aus der Kirche, den Beichtstuhl hinter mir gelassen, die Buße getan hatte in einem Gebet, blickte ich blinzelnd in die Sonne und den hellblauen Himmel. Ein Glücksgefühl überkam mich, denn ich fühlte mich wieder rein, ganz rein, wie neu geboren. Ich hatte es ernst gemeint mit meiner Beichte, und meine Reue war ehrlich. Etwas von diesem Kind durfte ich mir bewahren, tief innendrin. Aber mein Misstrauen gegenüber all denen, die mir seitdem Wahrheiten erzählten, Lehren offerierten und sich klug hervortaten, war geboren und im Laufe der Jahre sehr gewachsen.

Eines Tages jedoch lernte ich jemand kennen, und ich hatte das Glück, in ihm einen Freund zu bekommen. Älter als ich und bei weitem besser erzogen führte er mich hinein in eine Welt, die er mir erklären konnte. Wie viele Fragen ich gestellt habe und wieviele Antworten er mir gab, ich kann es nicht mehr sagen. Aber wer war es, der da fragte? Es war dieser kleine Junge, der aus seiner Beichte gekommen war, und sich wieder so rein und glücklich fühlen wollte wie damals. Eine der ersten Fragen lautete: Woher kommen die Kriege? Und meine letzte Frage an ihn lautete: Was ist ein Mensch? Seine Antwort lautete: Ein Mensch? Das sind zwei Freunde! Er verstarb 2011 an den Folgen eines Erstickungsunfalls nach siebenwöchigem Koma und schwerer Sauerstoffunterversorgung.

Ich habe einige Zeit gebraucht, bis ich begriff, was geschehen war. Aber eines weiß ich jetzt sicher: Der Mensch ist ein wunderbares Wesen! Ein Geschöpf von unsagbarer

https://doi.org/10.1515/9783110789355-012

Art, tief verwurzelt mit dem Universum, aber noch tiefer mit dem Leben. In uns ist ein Stück von diesem Leben, dem wirklichen Leben, das alles hervorbringt, ein Stück Verbundenheit mit dieser überirdischen Wirklichkeit, ein Stück Jenseits ist von Anfang an mit dabei.

Nun, da ich in einer neuen Gegenwart angekommen war, die es mir abverlangte, einen Blick zurück auf mein Leben zu werfen, begegnete ich einer geistig-seelischen Realität in mir. Ich glaube, dieser geistig-seelischen Realitätswahrnehmung entspringt mein Zeitgefühl, welches ganz anders verläuft, als es mir gelehrt wurde, in der Schule, im Studium, im Berufsweg bis zuletzt auch in den Vorlesungen in den Lindauer Psychotherapiewochen über die Zeit. Mein Freund lachte damals sehr herzlich und intensiv, als ich ihm zu erklären versuchte, dass die Welt aus einem Urknall entstanden sei, denn er schien das nicht zu wissen! Heute weiß ich, warum er damals lachte. Heute lachen wir zusammen, ich diesseits und er jenseits vom Urknall!

Nun, worüber lachen wir? Über die Freude am Leben, dieses einzigartige wunderbare Leben! „Einen Gelehrten erkennt man an seiner Wissenschaft, einen Weisen an seinen Narben!", so sagte er gerne. Meine Erkenntnisreise hat mich durch die Welt der Wissenschaft geführt bis an die Grenze zu meinen Nachbarn, den Physikern. Ich habe mich mit ihren Lehren auseinandergesetzt, mit ihrem Denken, auch mit ihrem Glauben und Hoffen. Was ich festgestellt habe? Sie sind anders, als ich gedacht habe! Wenn sie in das Weltall blicken durch das Hubble-Teleskop oder in die tiefsten Zusammenhänge der Materie im CERN im LHC, dann sehe ich begeisterte Menschen, im tiefsten Inneren faszinierte Wissenschaftler! Sie sind wie ich, nur können sie besser rechnen! Ich habe sie liebgewonnen und schätzen gelernt, diese Physiker, wenn sie erklären, wie groß und wie klein die Dinge sein können. Und dann ihr verrückter Umgang mit der Zeit! Nun aber wurde es Zeit, etwas, was schon sehr lange in der Zukunft vorbereitet dalag, endlich greifbare Gegenwart werden zu lassen! Lassen wir uns miteinander reden über die Zeit! Denn auch dazu haben wir sie! Ich bin ein Psychologe.

In Dank an alle meine wissenschaftlichen Kollegen, die ihren Beruf seriös und in tiefer Faszination ihres Fachgebietes ausüben. Und Dank an meine Freundin, die Sphinx der Zeit, und ihre wunderbaren Rätsel ...

Aachen, den 17.4.2022   Jörg Schmitz-Gielsdorf
nach Fertigstellung dieses Buches

Literaturverzeichnis

Ansbacher, H., & Ansbacher, R.H. (2004). Alfred Adlers Individualpsychologie: Eine systematische Darstellung seiner Lehre in Auszügen aus seinen. Schriften. Reinhardt.

Aurelius, A. (kein Datum). De confessiones.

Bal, K.Y., & Murli, M.V. (2017). Cosmological wheel or the arrow of time: A classical versus quantum perspective of gravity. Department of Physics, University of Lucknow, India.

Barbour, J. (2016). Arrows of time in unconfined systems: General Relativity and Quantum Cosmology. ETH Zürich, Schweiz. arXiv:1602.08019.

Brems, E. (2001). Universality and Diversity. The Hague (Netherlands): Kluwer Law International incorporates the publishing programmes of Graham & Trotman Ltd. Kluwer Law and Taxation Publishers, and Martinus Nijhoff Publishers.

Buber, M. (1974). Ich und Du. Heidelberg: Lambert und Schneider.

Callaway, H.G. (2016). Fundamental Physics, Partial Models and Time's Arrow. Studies in Applied Philosophy, Epistemology and Rational Ethics, S. 601–618.

Davies, P.C. (2013). Cosmological and physical perspectives. In C.H. Lineweaver, & P.C. Davies (Hrsg.) Complexity and the Arrow of Time: Directionality principles from cancer to cosmology (S. 19–41). New York: Cambridge University Press.

Düntgen, C. (1998). Was ist Zeit? Seminararbeit. Universität Dortmund.

Florentin Smarandache, F.L. (2004). Neutrosophic Dialogues. 510E. Townley Ave. Phoenix USA: Xiquam.

Fontes, R., & et al.(2016). Time perception mechanisms at central nervous system. Neurol. Int. 8, 5939.

Frankl, V.E. (2011). Der Mensch vor der Frage nach Sinn. München: Pieper.

Gibson, J. (1973). Events are perceivable but time is not. Paper presented at the International Society for the Study of Time. Japan.

Greene, B. (2008). Der Stoff, aus dem der Kosmos ist – Raum, Zeit und die Beschaffenheit der Wirklichkeit. München: Wilhelm Goldmann.

Gruyter, N.I. (2018). Novalis Schriften. Teil 2, Hälfte 2. Berlin: de Gruyter.

Handsteiner, J., & et al. (2017). Cosmic Bell Test: Measurement Settings from Milky Way Stars. (PrePrint-MIT-CTP-4854, Hrsg.) doi:10.1103/PhysRevLett.118.060401.

Hauret, C., Magain, P., & Biernaux, J. (2017). Cosmological Time, Entropy and Infinity. 19 (7). Université de Liège, Belgien. doi:10.3390/e19070357.

Janssen, W. (2022). Humanik oder die Frage nach dem Humanen. Grundlagen eines anderen Humanismus (Wissenschaftliche und praktische Ausführungen zu Verbundenheit und Glück). Kerkrade: Erebodos-Verlag.

Kelvin, W. (1883). The six Gateways of Knowledge. In Popular Lectures and Adresses (Bd. 1) Birmingham: Popular Lecture and Adresses.

Lineweaver, C., Davies, P., & Ruse, M. (2013). What is complexity? Is it increasing? In Complexity and the arrow of time (S 3–17). New York: Cambridge University Press.

Mahler, G. (2014). Zur Physik des Zeitpfeils. Plenarvortrag 64. LPTW. Lindau.

Maio, G. (2014). Medizin ohne Maß? Vom Diktat des Machbaren zu einer Ethik der Besonnenheit. Trias Verlag.

Maio, G. (2017). Mittelpunkt Mensch – Lehrbuch der Ethik in der Medizin. Freiburg: Schattauer.

Mersini-Houghton, V. (2012). The Arrows of Time – A Debate in Cosmology. Berlin Heidelberg: Springer.

Muller, R.A. (2016). Now – The Physics of Time. New York: W.W. Norton.

Nieuwenhuizen, T.M. (2014). A subquantum arrow of time. Institute for Theoretical Physics, University of Amsterdam, Netherlands. doi:10.1088/1742-6596/504/1/012008.

https://doi.org/10.1515/9783110789355-013

Platon (kein Datum). Politeia. In Bernhart, Beiträge zum Griechischunterricht (S. 77ff). Bad Kreuznach 1983: ALK.

Pöppel, E. (1978). Time Perception. In R. Held, H. Leibowitz, H. Teuber (Hrsg.) Handbook of Sensory Physiology. 8. Perception (S 713–729). Berlin: Springer.

Pöppel, E., & Bao, Y. (2014). Temporal windows as bridge from objective time to subjective time. In E. Pöppel, Y. Bao, V. Arstila, D. Lloyd (Hrsg.) Subjective Time: The Philosophy, Psychology and Neuroscience of Temporality. Cambridge: MIT Press.

Roth, B. (2017). Wie das Gehirn die Seele macht. Klett Cotta.

Schilder, P. (2013). Medizinische Psychologie für Ärzte und Psychologen. Berlin: Springer.

Schütz, C. (1975). Martin Bubers Werk – Eine Gesamtdarstellung. Zürich Einsiedeln Köln: Benziger.

Smolin, L. (2014). Im Universum der Zeit – Auf dem Weg zu einem neuen Verständnis des Kosmos. München: Deutsche Verlags-Anstalt; Random House GmbH.

Stoffel, N. (2011). Wer deutlich spricht, riskiert, verstanden zu werden. Mödling: Bellaprint Verlag.

Wittmann, M. (2014). Gefühlte Zeit (3 Ausg.). München: C.H. Beck.

Zeilinger, A. (2012). Das Loch im Verständnis der Welt. Wiener Zeitung.

Zhou, B., Pöppel, E., & Bao, Y. (2014). The jungle of time: the concept of identity as a way out. Front. Psychol., 5, S. 844.

Verzeichnis der Abbildungen

https://doi.org/10.1515/9783110789355-014

Inspire: Literaturrecherche „Arrow of Time"

1. Algebra of distributions of quantum-field densities and space-time properties
    Leonid Lutsev. Sep 28, 2017. 9 pp.
    e-Print: arXiv:1709.10358 [physics.gen-ph]
2. The arrow of time in open quantum systems and dynamical breaking of the resonance–anti-resonance symmetry
    Gonzalo Ordonez, Naomichi Hatano. 2017. 34 pp.
    Published in J. Phys. A 50 (2017) no. 40, 405304
    DOI: 10.1088/1751-8121/aa85ae
3. The Thermodynamical Arrow and the Historical Arrow; Are They Equivalent?
    Martin Tamm. 2017.
    Published in Entropy 19 (2017) no. 9, 455
    DOI: 10.3390/e19090455
4. Cosmological Time, Entropy and Infinity
    Clémentine Hauret, Pierre Magain, Judith Biernaux. Jul 19, 2017. 11 pp.
    Published in Entropy 19 (2017) no. 7, 357
    DOI: 10.3390/e19070357
    e-Print: arXiv:1707.07542 [gr-qc]
5. Cosmological wheel or the arrow of time: A classical versus quantum perspective of gravity
    Bal Krishna Yadav, Murli Manohar Verma. Jul 8, 2017. 4 pp.
    e-Print: arXiv:1707.03280 [physics.gen-ph]
6. Reversing the irreversible: from limit cycles to emergent time symmetry
    Marina Cortês, Lee Smolin. Mar 27, 2017. 22 pp.
    e-Print: arXiv:1703.09696 [gr-qc]
7. The Arrow of Time in the collapse of collisionless self-gravitating systems: nonvalidity of the Vlasov–Poisson equation during violent relaxation
    Leandro Beraldo e Silva, Walter de Siqueira Pedra, Laerte Sodré, Eder Perico, Marcos Lima. Mar 21, 2017. 20 pp.
    Published in Astrophys. J. 846 (2017) no. 2, 125
    DOI: 10.3847/1538-4357/aa876e
    e-Print: arXiv:1703.07363 [astro-ph.GA]
8. The phylogeny of quasars and the ontogeny of their central black holes
    Didier Fraix-Burnet (U. Grenoble Alpes), Paola Marziani (Padua Observ.), Mauro D'Onofrio (Padua U., Astron. Dept.), Deborah Dultzin (UNAM, Inst. Astron.). Feb 8, 2017.
    Published in Front. Astron. Space Sci. 4 (2017) no. 1, 2017
    DOI: 10.3389/fspas.2017.00001
    e-Print: arXiv:1702.02468 [astro-ph.GA]
9. The second law of thermodynamics from symmetry and unitarity
    Paolo Glorioso (Chicago U.), Hong Liu (MIT, Cambridge, CTP). Dec 22, 2016. 30 pp. MIT-CTP-4859
    e-Print: arXiv:1612.07705 [hep-th]
10. The matter–energy intensity distribution in a quantum gravitational system
    V.E. Kuzmichev, V.V. Kuzmichev (BITP, Kiev). Oct 24, 2016. 13 pp.
    e-Print: arXiv:1610.07325 [gr-qc]
11. A Combinatorial Approach to Time Asymmetry
    Martin Tamm. 2016.
    Published in Symmetry 8 (2016) no. 3, 11
    DOI: 10.3390/sym8030011

https://doi.org/10.1515/9783110789355-015

12. Relativity Theory may not have the last Word on the Nature of Time: Quantum Theory and Probabilism
Nicholas Maxwell. 2016.

13. Fundamental Physics, Partial Models and Time's Arrow
Howard G. Callaway (Temple U. (main)). 2016. 18 pp.
Published in Studies in Applied Philosophy, Epistemology and Rational Ethics 27 (2016) 601–618
DOI: 10.1007/978-3-319-38983-7_34

14. Is the Quilted Multiverse Consistent with a Thermodynamic Arrow of Time?
Yakir Aharonov (Tel Aviv U.), Eliahu Cohen (Bristol U.), Tomer Shushi (Ben Gurion U. of Negev). Aug 31, 2016. 11 pp.
e-Print: arXiv:1608.08798 [gr-qc]

15. Go With the Flow, on Jupiter and Snow. Coherence From Video Data without Trajectories
Abd AlRahman AlMomani, Erik M. Bollt. Aug 25, 2016. 22 pp.
e-Print: arXiv:1610.01857 [physics.data-an]

16. -epistemic quantum cosmology?
Peter W. Evans (Queensland U.), Sean Gryb (Nijmegen U., IMAPP), Karim P.Y. Thébault (Bristol U.). Jun 23, 2016. 12 pp.
Published in Stud. Hist. Phil. Sci. B 56 (2016) 1–12
DOI: 10.1016/j.shpsb.2016.10.005
e-Print: arXiv:1606.07265 [gr-qc]

17. Time Symmetric Quantum Mechanics and Causal Classical Physics ?
Fritz W. Bopp. Apr 14, 2016. 15 pp.
Published in Found. Phys. 47 (2017) no. 4, 490–504
DOI: 10.1007/s10701-017-0074-7
e-Print: arXiv:1604.04231 [quant-ph]

18. Janus Points and Arrows of Time
Julian Barbour, Tim Koslowski, Flavio Mercati. Apr 13, 2016. 3 pp.
e-Print: arXiv:1604.03956 [gr-qc]

19. Curvature correction to vacuum fluctuations and cosmic evolution with cosmological duality
S. Kalita (Gauhati U.). 2016. 6 pp.
Published in Grav. Cosmol. 22 (2016) no. 1, 71–76
DOI: 10.1134/S0202289316010096

20. Arrows of time in unconfined systems
Julian Barbour. Feb 25, 2016. 8 pp.
e-Print: arXiv:1602.08019 [gr-qc]

21. Is the Hypothesis About a Low Entropy Initial State of the Universe Necessary for Explaining the Arrow of Time?
Sheldon Goldstein, Roderich Tumulka, Nino Zanghi. Feb 8, 2016. 13 pp.
Published in Phys. Rev. D 94 (2016) 023520
DOI: 10.1103/PhysRevD.94.023520
e-Print: arXiv:1602.05601 [astro-ph.CO]

22. Comment on the "Janus Point" explanation of the arrow of time
H. Dieter Zeh. Jan 12, 2016. 3 pp.
e-Print: arXiv:1601.02790 [gr-qc]

23. Thermodynamic origin of the arrow of time in f (R) gravity
M.M. Verma, B.K. Yadav. 2016. 5 pp.
Conference: C15-11-02.5, p. 68–72 Proceedings

24. Symmetry and the Arrow of Time in Theoretical Black Hole Astrophysics
    David Garofalo (Lockheed, Marietta). 2015. 5 pp.
    Published in J. Grav. 2015 (2015) 530850
    DOI: 10.1155/2015/530850

25. Entanglement time in the primordial universe
    Eugenio Bianchi, Lucas Hackl, Nelson Yokomizo (Penn State U., University Park, IGC). Dec 30,
    2015. 12 pp.
    Published in Int. J. Mod. Phys. D 24 (2015) no. 12, 1544006
    DOI: 10.1142/S021827181544006X
    e-Print: arXiv:1512.08959 [gr-qc]

26. Holography and quantum states in elliptic de Sitter space
    Illan F. Halpern (UC, Berkeley), Yasha Neiman (Perimeter Inst. Theor. Phys.). Sep 19, 2015. 68 pp.
    Published in JHEP 1512 (2015) 057
    DOI: 10.1007/JHEP12(2015)057
    e-Print: arXiv:1509.05890 [hep-th]

27. On decoherence in quantum gravity
    Dmitriy Podolskiy (Harvard Medical School), Robert Lanza (Wake Forest U.). Aug 21, 2015. 14 pp.
    Published in Annalen Phys. 528 (2016) no. 9–10, 663–676
    DOI: 10.1002/andp.201600011
    e-Print: arXiv:1508.05377 [gr-qc]

28. Entropy and the Typicality of Universes
    Julian Barbour, Tim Koslowski, Flavio Mercati. Jul 23, 2015. 32 pp.
    e-Print: arXiv:1507.06498 [gr-qc]

29. Cosmological black holes and the direction of time
    Daniela Pérez, Gustavo E. Romero, Federico G. Lopez Armengol. Jul 13, 2015. 11 pp.
    DOI: 10.1007/s10699-017-9527-x
    e-Print: arXiv:1507.04683 [gr-qc]

30. Dynamics of the cosmological and Newton's constant
    Lee Smolin (Perimeter Inst. Theor. Phys.). Jul 5, 2015. 16 pp.
    Published in Class. Quant. Grav. 33 (2016) no. 2, 025011
    DOI: 10.1088/0264-9381/33/2/025011
    e-Print: arXiv:1507.01229 [hep-th]

31. Dynamics of gravity models and asymmetry of time
    Murli Manohar Verma, Bal Krishna Yadav. Jun 13, 2015. 7 pp.
    e-Print: arXiv:1506.08649 [gr-qc]

32. Hysteresis in the Sky
    Sayantan Choudhury (TIFR, Mumbai, Dept. Theor. Phys.), Shreya Banerjee (Tata Inst.). Jun 7,
    2015. 56 pp.
    Published in Astropart. Phys. 80 (2016) 34–89
    TIFR-TH-15-18
    DOI: 10.1016/j.astropartphys.2016.03.001
    e-Print: arXiv:1506.02260 [hep-th]

33. Arrow of time in dissipationless cosmology
    Varun Sahni (IUCAA, Pune), Yuri Shtanov (BITP, Kiev & Taras Shevchenko U.), Aleksey Toporensky
    (Kazan State U. & Sternberg Astron. Inst.). Jun 3, 2015. 14 pp.
    Published in Class. Quant. Grav. 32 (2015) no. 18, 182001
    DOI: 10.1088/0264-9381/32/18/182001
    e-Print: arXiv:1506.01247 [gr-qc]

34. Time arrow is influenced by the dark energy
A.E. Allahverdyan, V.G. Gurzadyan. May 25, 2015. 5 pp.
Published in Phys. Rev. E 93 (2016) no. 5, 052125
DOI: 10.1103/PhysRevE.93.052125
e-Print: arXiv:1506.00621 [astro-ph.CO]

35. Symmetry-protected local minima in infinite DMRG
Robert N.C. Pfeifer. May 22, 2015. 13 pp.
Published in Phys. Rev. B 92 (2015) no. 20, 205127
DOI: 10.1103/PhysRevB.92.205127
e-Print: arXiv:1505.06266 [cond-mat.str-el]

36. Yet another time about time
Plamen L. Simeonov. May 20, 2015.
e-Print: arXiv:1505.05724 [physics.hist-ph]

37. On the nature of cosmological time
Pierre Magain, Clémentine Hauret. May 8, 2015. 5 pp.
e-Print: arXiv:1505.02052 [astro-ph.CO]

38. Is Time's Arrow Perspectival?
Carlo Rovelli (Aix-Marseille U. & Toulon U.). May 4, 2015. 7 pp.
e-Print: arXiv:1505.01125 [physics.hist-ph]

39. Essays on causation, explanation, and the past hypothesis
Christopher Gregory Weaver (Rutgers U., Piscataway). May 2015.
DOI: 10.7282/T36D5VVJ

40. Boundary conditions, semigroups, quantum jumps, and the quantum arrow of time
Arno Bohm. 2015. 15 pp.
Published in J. Phys. Conf. Ser. 597 (2015) no. 1, 012018
DOI: 10.1088/1742-6596/597/1/012018
Conference: C14-07-14.7 Proceedings

41. The violation and the Unidirectionality of Time: further details of the interference
Joan A. Vaccaro (Griffith U.). Mar 23, 2015. 16 pp.
Published in Found. Phys. 45 (2015) no. 6, 691–706
DOI: 10.1007/s10701-015-9896-3
e-Print: arXiv:1503.06523 [quant-ph]

42. A Note on Boltzmann Brains
Yasunori Nomura (UC, Berkeley & LBL, Berkeley & Tokyo U., IPMU). Feb 18, 2015. 5 pp.
Published in Phys. Lett. B 749 (2015) 514–518
UCB-PTH-15-02
DOI: 10.1016/j.physletb.2015.08.029
e-Print: arXiv:1502.05401 [hep-th]

43. Quantum asymmetry between time and space
Joan A. Vaccaro (Griffith U.). Feb 13, 2015. 13 pp.
Published in Proc. Roy. Soc. Lond. A 472 (2016) no. 2185, 20150670
DOI: 10.1098/rspa.2015.0670
e-Print: arXiv:1502.04012 [quant-ph]

44. Is the (3 + 1)-d nature of the universe a thermodynamic necessity?
Julian Gonzalez-Ayala (Mexico, ESFM & Madrid U.), Rubén Cordero, F. Angulo-Brown (Mexico, ESFM). Feb 6, 2015. 6 pp.
Published in EPL 113 (2016) no. 4, 40006
DOI: 10.1209/0295-5075/113/40006
e-Print: arXiv:1502.01843 [gr-qc]

45. Intrinsic Time Quantum Geometrodynamics
    Eyo Eyo Ita, III (Naval Academy, Annapolis), Chopin Soo (Taiwan, Natl. Cheng Kung U.), Hoi-Lai
    Yu (Taiwan, Inst. Phys.). Jan 26, 2015. 8 pp.
    Published in PTEP 2015 (2015) no. 8, 083E01
    DOI: 10.1093/ptep/ptv109
    e-Print: arXiv:1501.06282 [gr-qc]

46. Ricci time in the Lemaître–Tolman model and the block universe
    Yasser Elmahalawy (Cape Town U., Dept. Math. & Benha U.), Charles Hellaby, George F.R. Ellis
    (Cape Town U., Dept. Math.). Jan 8, 2015. 25 pp.
    Published in Gen. Rel. Grav. 47 (2015) no. 10, 113
    UCT-COSMOLOGY-2014-01-08-15-59
    DOI: 10.1007/s10714-015-1950-0
    e-Print: arXiv:1501.01850 [gr-qc]

47. An informationally-complete unification of quantum spacetime and matter
    Zeng-Bing Chen (Hefei, CUST). Dec 5, 2014. 6 pp.
    e-Print: arXiv:1412.3662 [gr-qc]

48. A screw model for quantum electro-dynamics: from gravitation to quanta
    A. Rockenbauer (Eotvos U. & Budapest, Tech. U.). 2015. 8 pp.
    Published in Indian J. Phys. 89 (2015) no. 4, 389–396
    DOI: 10.1007/s12648-014-0598-z

49. On the cognoscibility of the world
    B.L. Ioffe. 2014. 3 pp.
    Published in Phys. Atom. Nucl. 77 (2014) no. 9, 1178–1180
    DOI: 10.1134/S1063778814080079

50. Identification of a gravitational arrow of time
    Julian Barbour (Leibniz Inst., Oxfordshire), Tim Koslowski (New Brunswick U.), Flavio Mercati (Pe-
    rimeter Inst. Theor. Phys.). Sep 2, 2014. 5 pp.
    Published in Phys. Rev. Lett. 113 (2014) no. 18, 181101
    DOI: 10.1103/PhysRevLett.113.181101
    e-Print: arXiv:1409.0917 [gr-qc]

51. On the Second Law of Thermo-dynamics: The Significance of Coarse-Graining and the Role of
    Decoherence
    Mahdiyar Noorbala (Tehran U. & IPM, Tehran). Jul 17, 2014. 5 pp.
    Published in Annals Phys. 351 (2014) 914–918
    DOI: 10.1016/j.aop.2014.10.012
    e-Print: arXiv:1407.4792 [hep-th]

52. Why do we remember the past and not the future? The 'time oriented coarse graining' hypothesis
    Carlo Rovelli (Toulon U. & Marseille, CPT). Jul 12, 2014. 5 pp.
    e-Print: arXiv:1407.3384 [hep-th]

53. Gravitational Entropy and the Second Law of Thermodynamics
    J.W. Moffat (Perimeter Inst. Theor. Phys. & Waterloo U.). Jul 3, 2014. 4 pp.
    Published in Entropy 17 (2015) 8341
    DOI: 10.3390/e17127883
    e-Print: arXiv:1407.1026 [gr-qc]

54. In What Sense Is the Early Universe Fine-Tuned?
    Sean M. Carroll (Caltech). Jun 11, 2014. 28 pp. CALT-TH-2014–2141
    e-Print: arXiv:1406.3057 [astro-ph.CO]

55. A subquantum arrow of time
    Theo M. Nieuwenhuizen. Sep 10, 2014. 10 pp.
    Published in J. Phys. Conf. Ser. 504 (2014) 012008
    DOI: 10.1088/1742-6596/504/1/012008
    Conference: C13-10-03 Proceedings
    e-Print: arXiv:1409.3131 [quant-ph]

56. Entropy, biological evolution and the psychological arrow of time
    Torsten Heinrich, Benjamin Knopp, Heinrich Päs. Jan 13, 2014. 12 pp.
    e-Print: arXiv:1401.3734 [physics.gen-ph]

57. Double gauge invariance and covariantly-constant vector fields in Weyl geometry
    Vladimir V. Kassandrov, Joseph A. Rizcallah. Nov 20, 2013. 12 pp.
    Published in Gen. Rel. Grav. 46 (2014) 1772
    DOI: 10.1007/s10714-014-1772-5
    e-Print: arXiv:1311.5423 [gr-qc]

58. Action-at-a-distance electrodynamics in Quasi-steady-state cosmology
    Kaustubh Sudhir Deshpande. Nov 16, 2013. 8 pp.
    Published in Pramana 83 (2014) no. 3, 449–456
    DOI: 10.1007/s12043-014-0777-7
    e-Print: arXiv:1311.4020 [gr-qc]

59. A Gravitational Origin of the Arrows of Time
    Julian Barbour (Oxford U.), Tim Koslowski (New Brunswick U.), Flavio Mercati (Perimeter Inst.
    Theor. Phys.). Oct 18, 2013. 58 pp.
    e-Print: arXiv:1310.5167 [gr-qc]

60. Relation between the psychological and thermodynamic arrows of time
    Leonard Mlodinow, Todd A. Brun. Sep 18, 2013. 8 pp.
    Published in Phys. Rev. E 89 (2014) no. 5, 052102
    DOI: 10.1103/PhysRevE.89.052102
    e-Print: arXiv:1310.1095 [cond-mat.stat-mech]

61. The arrow of time and the nature of spacetime
    George Francis Rayner Ellis. 2013. 21 pp.
    Published in Stud. Hist. Phil. Sci. B 44 (2013) 242–262
    DOI: 10.1016/j.shpsb.2013.06.002

62. Foundations of quantum gravity: The role of principles grounded in empirical reality
    Marc Holman (Utrecht U.). Aug 23, 2013. 12 pp.
    Published in Stud. Hist. Phil. Sci. B 46 (2014) 142–153
    DOI: 10.1016/j.shpsb.2013.10.005
    e-Print: arXiv:1308.5097 [physics.hist-ph]

63. Variable gravity Universe
    C. Wetterich (Heidelberg U.). Aug 5, 2013. 33 pp.
    Published in Phys. Rev. D 89 (2014) no. 2, 024005
    DOI: 10.1103/PhysRevD.89.024005
    e-Print: arXiv:1308.1019 [astro-ph.CO]

64. Complexity and the Arrow of Time
    Charles H. Lineweaver (ed.) (Australian Natl. U., Canberra (main)), Paul C.W. Davies (ed.) (Arizona
    State U.), Michael Ruse (ed.) (Florida State U.). Aug 2013.

65. Massless particles and arrow of time in relativistic quantum field theory
    Detlev Buchholz (Gottingen U.). Jun 16, 2013. 20 pp.
    e-Print: arXiv:1306.3645 [quant-ph]

66. The Ghost in the Quantum Turing Machine
    Scott Aaronson (MIT). Jun 1, 2013. 85 pp.
    e-Print: arXiv:1306.0159 [quant-ph]
67. Arrows of time and the beginning of the universe
    Alexander Vilenkin (Tufts U., Inst. of Cosmology). May 16, 2013. 10 pp.
    Published in Phys. Rev. D 88 (2013) 043516
    DOI: 10.1103/PhysRevD.88.043516
    e-Print: arXiv:1305.3836 [hep-th]
68. Cosmology and Time
    Amedeo Balbi. Apr 13, 2013. 8 pp.
    Published in EPJ Web Conf. 58 (2013) 02004
    DOI: 10.1051/epjconf/20135802004
    Conference: C12-10-14.3 Proceedings
    e-Print: arXiv:1304.3823 [physics.hist-ph]
69. A Gravitational Entropy Proposal
    Timothy Clifton (Queen Mary, U. of London), George F.R. Ellis (Cape Town U., Dept. Math. & Cambridge U., DAMTP & Trinity Coll., Cambridge), Reza Tavakol (Queen Mary, U. of London). Mar 22, 2013. 15 pp.
    Published in Class. Quant. Grav. 30 (2013) 125009
    DOI: 10.1088/0264-9381/30/12/125009
    e-Print: arXiv:1303.5612 [gr-qc]
70. The arrow of time and the nature of spacetime
    George F R Ellis (Cape Town U., Dept. Math.). Feb 28, 2013. 58 pp.
    e-Print: arXiv:1302.7291 [gr-qc]
71. Many-worlds interpretation of quantum theory, mesoscopic anthropic principle and biological evolution
    A. Yu. Kamenshchik, O.V. Teryaev. Feb 22, 2013. 34 pp.
    e-Print: arXiv:1302.5545 [quant-ph]
72. On the time arrows, and randomness in cosmological signals
    V.G. Gurzadyan, S. Sargsyan, G. Yegorian. Feb 20, 2013. 8 pp.
    Published in EPJ Web Conf. 58 (2013) 02005
    DOI: 10.1051/epjconf/20135802005
    Conference: C12-10-14.3 Proceedings
    e-Print: arXiv:1302.5165 [astro-ph.CO]
73. Neutral meson tests of time-reversal symmetry invariance
    Adrian Bevan, Gianluca Inguglia, Michele Zoccali (Queen Mary, U. of London). Feb 18, 2013. 4 pp.
    e-Print: arXiv:1302.4191 [hep-ph]
74. A Comprehensive Model of Dark Energy, Inflation and Black Holes
    Peter L. Biermann (KIT, Karlsruhe & KIT, Karlsruhe & Bonn, Max Planck Inst., Radioastron. & Bonn U. & Alabama U., Huntsville), Benjamin C. Harms (Alabama U.). Feb 2013. 3 pp.
    DOI: 10.1142/9789814623995_0251
    Conference: C12-07-01.1, p. 1652–1654 Proceedings
    e-Print: arXiv:1302.0040 [gr-qc]
75. The Quantum Mechanical Arrows of Time
    James B. Hartle (Santa Fe Inst. & UC, Santa Barbara). Jan 2013. 9 pp.
    Published in Fundamental Aspects Quantum Theory, ed by D. Struppa and J. Tollaksen, (Springer, Milan, 2013)
    DOI: 10.1007/978-88-470-5217-8_8
    e-Print: arXiv:1301.2844 [quant-ph]

76. Time's Arrow and Eddington's Challenge
Huw Price. 2013. 29 pp.
Published in Prog. Math. Phys. 63 (2013) 187–215
DOI: 10.1007/978-3-0348-0359-5_6
Conference: C10-12-04 Proceedings

77. (Ir)reversibility and Entropy
Cédric Villani. 2013. 61 pp.
Published in Prog. Math. Phys. 63 (2013) 19–79
DOI: 10.1007/978-3-0348-0359-5_2
Conference: C10-12-04 Proceedings

78. A New View of "Fundamentality" for Time Asymmetries in Modern Physics
Daniel Wohlfarth. 2013. 12 pp.
DOI: 10.1007/978-3-319-01306-0_23
Conference: C11-10-05.1, p. 281–292 Proceedings

79. Directionality principles from cancer to cosmology
Paul C.W. Davies (Arizona State U.). 2013. 23 pp.
DOI: 10.1017/CBO9781139225700.004

80. Investigacao de Mecanismos Alternativos a Oscilacao de Neutrinos no Experimentos MINOS (In Portuguese)
Investigation of alternative mechanisms to neutrino oscillations in the MINOS experiment. Joao de Abreu Barbosa Coelho (Campinas State U.). 2012. 167 pp.
FERMILAB-THESIS-2012-23

81. Multivacuum initial conditions and the arrow of time
Raphael Bousso, Claire Zukowski (UC, Berkeley & LBL, Berkeley). Nov 2012. 14 pp.
Published in Phys. Rev. D 87 (2013) no. 10, 103504
DOI: 10.1103/PhysRevD.87.103504
e-Print: arXiv:1211.7021 [hep-th]

82. Inter-universal entanglement
Salvador J. Robles-Perez (CSIC, Madrid & Estacion Ecologica Biocosmologia, Medellin). Nov 2012. 38 pp.
e-Print: arXiv:1211.6366 [gr-qc]

83. Viewpoint: Particle Decays Point to an Arrow of Time
Michael Zeller (Yale U.). 2012.
Published in APS Physics 5 (2012) 129
DOI: 10.1103/Physics.5.129

84. The Co-evolution of Cosmic Entropy and Structures in the Universe
Xinghai Zhao, Yuexing Li, Qirong Zhu, Derek Fox. Nov 2012. 5 pp.
e-Print: arXiv:1211.1677 [astro-ph.CO]

85. Environment Induced Time Arrow and the Closed Time Path method
Janos Polonyi. Oct 2012. 10 pp.
Published in J. Phys. Conf. Ser. 442 (2013) 012072
DOI: 10.1088/1742-6596/442/1/012072 Conference: C12-09-17.4 Proceedings
e-Print: arXiv:1210.2887 [quant-ph]

86. Quantum theory with arrow of time: Symmetry breaking and non-local spinor realization with non-commuting operators of energy and decay
Vadim V. Asadov, Oleg V. Kechkin. 2012. 10 pp.
Published in J. Phys. Conf. Ser. 380 (2012) 012011
DOI: 10.1088/1742-6596/380/1/012011
Conference: C11-07-31 Proceedings

87. Summoning Information in Spacetime, or Where and When Can a Qubit Be?
    Patrick Hayden, Alex May. Oct 2012. 10 pp.
    Published in J. Phys. A 49 (2016) no. 17, 175304
    DOI: 10.1088/1751-8113/49/17/175304
    e-Print: arXiv:1210.0913 [quant-ph]
88. On suppression of topological transitions in quantum gravity
    A.O. Barvinsky (Lebedev Inst.). Aug 2012. 16 pp.
    Published in JCAP 1209 (2012) 033
    DOI: 10.1088/1475-7516/2012/09/033
    e-Print: arXiv:1208.0838 [hep-th]
89. New Light on Infrared Problems: Sectors, Statistics, Spectrum and All That
    Detlev Buchholz (Gottingen U. & Gottingen U. & Gottingen U.). Aug 2012. 9 pp.
    Conference: C12-08-06.4
    e-Print: arXiv:1301.2516 [math-ph]
90. Environment Induced Time Arrow
    Janos Polonyi (Strasbourg, IPHC). Jun 2012. 26 pp.
    e-Print: arXiv:1206.5781 [hep-th]
91. A Graviton statistics approach to dark energy, inflation and black holes
    Peter L. Biermann (KIT, Karlsruhe & KIT, Karlsruhe & KIT, Karlsruhe & Alabama U., Huntsville &
    Bonn U.), Benjamin C. Harms (Alabama U.). May 2012. 62 pp.
    e-Print: arXiv:1205.4016 [gr-qc]
92. Fractal-Flows and Time's Arrow
    Leonard Susskind (Stanford U., ITP & Stanford U., Phys. Dept.). Mar 2012. 25 pp.
    e-Print: arXiv:1203.6440 [hep-th]
93. Entanglement arrow of time in the multiverse
    Salvador Robles-Perez (Madrid, IMAFF & Estacion Ecologica Biocosmologia, Medellin). Mar 2012.
    6 pp. IFF-RCA-4-12
    e-Print: arXiv:1203.5774 [gr-qc]
94. Modeling Time's Arrow
    Vishnu Jejjala (Witwatersrand U.), Michael Kavic (Long Island U., Brooklyn), Djordje Minic, Chia-
    Hsiung Tze (Virginia Tech.). Mar 2012. 18 pp.
    Published in Entropy 14 (2012) 614–629
    DOI: 10.3390/e14040614
    e-Print: arXiv:1203.4575 [hep-th]
95. Cosmological Hysteresis and the Cyclic Universe
    Varun Sahni (IUCAA, Pune), Aleksey Toporensky (Sternberg Astron. Inst.). Mar 2012. 31 pp.
    Published in Phys. Rev. D 85 (2012) 123542
    DOI: 10.1103/PhysRevD.85.123542
    e-Print: arXiv:1203.0395 [gr-qc]
96. Exchange of signals around the event horizon in Schwarzschild space-time
    M. Gawelczyk (Wroclaw Tech. U.), J. Polonyi (Strasbourg, IPHC), A. Radosz (Wroclaw Tech. U.),
    A. Siwek (Wroclaw Tech. U. & Strasbourg, IPHC). Jan 2012. 7 pp.
    e-Print: arXiv:1201.4250 [gr-qc]
97. A discrete, unitary, causal theory of quantum gravity
    Aron C. Wall (UC, Santa Barbara). Jan 2012. 38 pp.
    Published in Class. Quant. Grav. 30 (2013) 115002
    DOI: 10.1088/0264-9381/30/11/115002
    e-Print: arXiv:1201.2489 [gr-qc]

98. CP, T and fundamental interactions
Jean-Marie Frere (Brussels U.). Jan 2012. 7 pp.
Published in Comptes Rendus Physique 13 (2012) 104–110
DOI: 10.1016/j.crhy.2011.09.005
e-Print: arXiv:1201.1158 [hep-ph]

99. Holographic Cosmology and the Arrow of Time
Tom Banks (UC, Santa Cruz & UC, Santa Cruz, Inst. Part. Phys. & Rutgers U., Piscataway). 2012.
40 pp.
Published in Fundam. Theor. Phys. 172 (2012) 69–108
DOI: 10.1007/978-3-642-23259-6_5

100. Time After Time – Big Bang Cosmology and the Arrows of Time
Rüdiger Vaas (Spektrum Wissenschaft, Heidelberg). 2012. 38 pp.
Published in Fundam. Theor. Phys. 172 (2012) 5–42
DOI: 10.1007/978-3-642-23259-6_2

101. Open Questions Regarding the Arrow of Time
H. Dieter Zeh. 2012. 13 pp.
Published in Fundam. Theor. Phys. 172 (2012) 205–217
DOI: 10.1007/978-3-642-23259-6_11

102. Can the Arrow of Time be Understood from Quantum Cosmology?
Claus Kiefer (Cologne U.). 2012. 13 pp.
Published in Fundam. Theor. Phys. 172 (2012) 191–203
DOI: 10.1007/978-3-642-23259-6_10

103. A Momentous Arrow of Time
Martin Bojowald. 2012. 21 pp.
Published in Fundam. Theor. Phys. 172 (2012) 169–189
DOI: 10.1007/978-3-642-23259-6_9

104. Notes on Time's Enigma
Laura Mersini-Houghton. 2012. 12 pp.
Published in Fundam. Theor. Phys. 172 (2012) 157–168
DOI: 10.1007/978-3-642-23259-6_8

105. The Arrows of Time: A Debate in Cosmology
Laura Mersini-Houghton (ed.), Rudy Vaas (ed.). 2012. 221 pp.
Published in Fundam. Theor. Phys. 172 (2012)
DOI: 10.1007/978-3-642-23259-6

106. Primordial features and non-Gaussianities
Dhiraj Kumar Hazra (HBNI, Mumbai). 2012. 174 pp.

107. Vacuum Structure and the Arrow of Time
Raphael Bousso (UC, Berkeley & LBL, Berkeley). Dec 2011. 31 pp.
Published in Phys. Rev. D 86 (2012) 123509
DOI: 10.1103/PhysRevD.86.123509
e-Print: arXiv:1112.3341 [hep-th]

108. Statistical mechanics of the vacuum
Christian Beck (Queen Mary, U. of London). Dec 2011. 17 pp.
Published in Mod. Phys. Lett. B 26 (2012) 1250060
DOI: 10.1142/S0217984912500601
e-Print: arXiv:1112.1583 [cond-mat.stat-mech]

109. The Emergent Nature of Time and the Complex Numbers in Quantum Cosmology
G.W. Gibbons (Cambridge U., DAMTP). Nov 2011. 40 pp.
Published in Fundam. Theor. Phys. 172 (2012) 109–148
DOI: 10.1007/978-3-642-23259-6_6
e-Print: arXiv:1111.0457 [gr-qc]

110. Tree-like structure of eternal inflation: A solvable model
Daniel Harlow, Stephen H. Shenker, Douglas Stanford, Leonard Susskind (Stanford U., ITP & Stanford U., Phys. Dept.). Oct 2011. 24 pp.
Published in Phys. Rev. D 85 (2012) 063516
SU-ITP-11-47
DOI: 10.1103/PhysRevD.85.063516
e-Print: arXiv:1110.0496 [hep-th]

111. Quantum entanglement from the holographic principle
Jae-Weon Lee (Jungwon U.). Sep 2011. 3 pp.
e-Print: arXiv:1109.3542 [hep-th]

112. Faraday's Lines of Force as Strings: from Gauss' Law to the Arrow of Time
Paul Mansfield (Durham U.). Aug 2011. 19 pp.
Published in JHEP 1210 (2012) 149
DCPT-11-29
DOI: 10.1007/JHEP10(2012)149
e-Print: arXiv:1108.5094 [hep-th]

113. Time-asymmetry of probabilities versus relativistic causal structure: an arrow of time
Bob Coecke, Raymond Lal (Oxford U.). Aug 2011. 4 pp.
Published in Phys. Rev. Lett. 108 (2012) 200403
DOI: 10.1103/PhysRevLett.108.200403
e-Print: arXiv:1108.1988 [gr-qc]

114. Out of equilibrium: understanding cosmological evolution to lower-entropy states
Anthony Aguirre (UC, Santa Cruz), Sean M. Carroll (Caltech), Matthew C. Johnson (Perimeter Inst. Theor. Phys.). Aug 2011. 27 pp.
Published in JCAP 1202 (2012) 024
CALT-68-2845
DOI: 10.1088/1475-7516/2012/02/024
e-Print: arXiv:1108.0417 [hep-th]

115. Unidirectionality of time induced by T violation
John A. Vaccaro. 2011. 7 pp.
Published in J. Phys. Conf. Ser. 306 (2011) 012057
DOI: 10.1088/1742-6596/306/1/012057
Prepared for Conference: C10-09-13.1 Proceedings

116. The Universal Arrow of Time III–IV:(Part III) Nonquantum gravitation theory (Part IV) Quantum gravitation theory
Oleg Kupervasser (Unlisted). Jul 2011. 11 pp.
Published in Electron. J. Theor. Phys. 10 (2013) no. 29, 66
e-Print: arXiv:1107.0144 [physics.gen-ph]

117. The Universal Arrow of Time II: Quantum mechanics case
Oleg Kupervasser (Unlisted). Jun 2011. 43 pp.
e-Print: arXiv:1106.6160 [physics.gen-ph]

118. Arrows of Time in the Bouncing Universes of the No-boundary Quantum State
James Hartle (UC, Santa Barbara), Thomas Hertog (Leuven U. & Intl. Solvay Inst., Brussels). Apr 2011. 13 pp.
Published in Phys. Rev. D 85 (2012) 103524
DOI: 10.1103/PhysRevD.85.103524
e-Print: arXiv:1104.1733 [hep-th]

119. Modeling of Time with Metamaterials
Igor I. Smolyaninov, Yu-Ju Hung (Maryland U.). Apr 2011. 14 pp.
Published in J. Opt. Soc. Am. B 28 (2011) 1591–1595
DOI: 10.1364/JOSAB.28.001591
e-Print: arXiv:1104.0561 [physics.optics]

120. Information and the arrow of time
Marcin Ostrowski (Unlisted). Jan 2011. 8 pp.
e-Print: arXiv:1101.3070 [physics.pop-ph]

121. A simple world model appropriate to the geometric theory of fields
Ulrich E. Bruchholz. 2011. 3 pp.
DOI: 10.5539/jmr.v3n1p76

122. Gravitons writ large I.E. stability, contributions to early arrow of time, and also their possible role in Re acceleration of the universe 1 billion years ago?
A. Beckwith (Chongqing U.). 2011. 18 pp.
Published in Electron. J. Theor. Phys. 8 (2011) no. 25, 361–378

123. Equilibration and thermalization in finite quantum systems
V.I. Yukalov (Dubna, JINR & Sao Paulo U., Sao Carlos). Jan 2012. 46 pp.
Published in Laser Phys. Lett. 8 (2011) 485–507
e-Print: arXiv:1201.2781 [cond-mat.stat-mech]

124. The Nature and Origin of Time-asymmetric Spacetime Structures
H.D. Zeh (Heidelberg U.). Dec 2010. 20 pp.
Published in Springer Handbook of Spacetime Physics, A. Ashtekar and V. Petrov, edts., (Springer, Berlin 2014), pp. 185–196
DOI: 10.1007/978-3-642-41992-8_10
e-Print: arXiv:1012.4708 [gr-qc]

125. The Universal Arrow of Time I: Classical mechanics
Oleg Kupervasser (Moscow State U.), Hrvoje Nikolic, Vinko Zlatic (Boskovic Inst., Zagreb). Nov 2010. 18 pp.
Published in Found. Phys. 42 (2012) 1165–1185
DOI: 10.1007/s10701-012-9662-8
e-Print: arXiv:1011.4173 [physics.gen-ph]

126. The emergence of temporal structures in dynamical systems
Klaus Mainzer. 2010. 13 pp.
Published in Found. Phys. 40 (2010) 1638–1650
DOI: 10.1007/s10701-010-9451-1

127. The Generalized Second Law implies a Quantum Singularity Theorem
Aron C. Wall (Maryland U.). Oct 2010. 35 pp.
Published in Class. Quant. Grav. 30 (2013) 165003, Erratum: Class. Quant. Grav. 30 (2013) 199501
DOI: 10.1088/0264-9381/30/19/199501, 10.1088/0264-9381/30/16/165003
e-Print: arXiv:1010.5513 [gr-qc]

128. Electrodynamics with a Future Conformal Horizon
Michael Ibison (Inst. Advanced Studies, Austin). Oct 2010. 15 pp.
Published in AIP Conf. Proc. 1316 (2010) 28–42
DOI: 10.1063/1.3536441
Presented at Conference: C10-07-12
e-Print: arXiv:1010.3074 [physics.gen-ph]
129. Two Mathematically Equivalent Versions of Maxwell's Equations
Tepper L. Gill, Woodford W. Zachary. Sep 15, 2010.
Published in Found. Phys. 41 (2011) 99
DOI: 10.1007/s10701-009-9331-8
e-Print: arXiv:1009.3068 [math-ph]
130. Entropic Dynamics, Time and Quantum Theory
Ariel Caticha (SUNY, Albany). May 2010. 24 pp.
Published in J. Phys. A 44 (2011) 225303
DOI: 10.1088/1751-8113/44/22/225303
e-Print: arXiv:1005.2357 [quant-ph]
131. Time and spacetime: The crystallizing block universe
George F.R. Ellis, Tony Rothman. Feb 25, 2010. 16 pp.
Published in Int. J. Theor. Phys. 49 (2010) 988–1003
DOI: 10.1007/s10773-010-0278-5
e-Print: arXiv:0912.0808 [quant-ph]
132. Gravity as a quantum entanglement force
Jae-Weon Lee (Jungwon U. & APCTP, Pohang), Hyeong-Chan Kim (Chungju Natl. U.), Jungjai Lee
(Daejin U.). Feb 2010. 6 pp.
Published in J. Korean Phys. Soc. 66 (2015) no. 6, 1025–1030
DOI: 10.3938/jkps.66.1025
e-Print: arXiv:1002.4568 [hep-th]
133. Entanglement and the Thermodynamic Arrow of Time
David Jennings, Terry Rudolph (Imperial Coll., London). Feb 2010. 10 pp.
Published in Phys. Rev. E 81 (2010) 061130
DOI: 10.1103/PhysRevE.81.061130
e-Print: arXiv:1002.0314 [quant-ph]
134. Clifford gravity: Effective quantum gravity for fermionic matter with arrow of time
V.V. Asadov (NeurOK, Moscow), O.V. Kechkin (NeurOK, Moscow & SINP, Moscow). Feb 2010. 8 pp.
DOI: 10.1142/9789814335614_0060
Conference: C10-02-24, p. 575–582 Proceedings
135. Why Does the Universe Expand ?
T. Padmanabhan. 2010. 5 pp.
Published in Gen. Rel. Grav. 42 (2010) 2743–2750
DOI: 10.1007/s10714-010-1025-1
e-Print: arXiv:1001.3380 [gr-qc]
136. Multiverse Scenarios in Cosmology: Classification, Cause, Challenge, Controversy, and Criticism
Rudiger Vaas (Giessen U.). Jan 2010. 14 pp.
Published in J. Cosmol. 4 (2010) 664–673
e-Print: arXiv:1001.0726 [physics.gen-ph]
137. Measurements of the Jet Cross Section and Spin Asymmetry using Polarized Proton Beams at
RHIC
David Douglas Staszak (UCLA). 2010.

138. Muonium-antimuonium Oscillations in an Extended Minimal Supersymmetric Standard Model
Boyang Liu (Beijing, Inst. Phys.). 2011.
DOI: 10.1007/978-1-4419-8330-5

139. Comment on 'Quantum Solution to the Arrow-of-Time Dilemma'
Hrvoje Nikolic (Boskovic Inst., Zagreb). Dec 2009.
e-Print: arXiv:0912.1947 [quant-ph]

140. T violation and the unidirectionality of time
J.A. Vaccaro (Griffith U.). Nov 2009. 14 pp.
Published in Found. Phys. 41 (2011) 1569–1596
DOI: 10.1007/s10701-011-9568-x
e-Print: arXiv:0911.4528 [quant-ph]

141. Growing classical and quantum entropies in the early universe
J.S. Ardenghi, M.A. Castagnino. Nov 17, 2009. 16 pp.
Published in Int. J. Theor.Phys. 49 (2010) 171–186
DOI: 10.1007/s10773-009-0190-z

142. Matter and antimatter: The Two arrows of time
Massimo Villata (Turin U. & Turin Observ.). Nov 2009. 11 pp.
e-Print: arXiv:0911.2106 [physics.gen-ph]

143. Mass Varying Neutrinos, Quintessence, and the Accelerating Expansion of the Universe
Gennady Y. Chitov, Tyler August (Laurentian U.), Aravind Natarajan (Carnegie Mellon U.), Tina
Kahniashvili (Carnegie Mellon U. & Laurentian U. & Abastumani Astrophys. Observ.). Nov 2009.
25 pp.
Published in Phys. Rev. D 83 (2011) 045033
DOI: 10.1103/PhysRevD.83.045033
e-Print: arXiv:0911.1728 [astro-ph.CO]

144. Smooth Initial Conditions from Weak Gravity
Brian Greene (ISCAP, New York & Columbia U.), Kurt Hinterbichler, Simon Judes (ISCAP, New
York), Maulik K. Parikh (IUCAA, Pune). Nov 2009. 14 pp.
Published in Phys. Lett. B 697 (2011) 178–183
DOI: 10.1016/j.physletb.2011.02.004
e-Print: arXiv:0911.0693 [hep-th]

145. Basic paradoxes of statistical classical physics and the quantum mechanics
Oleg Kupervasser (Moscow State U.). Nov 2009. 180 pp.
Published in ILASOL Conference 2006, at the Weizmann Institute of Science, What is life?,4 Ja-
nuary (2007)
e-Print: arXiv:0911.2076 [physics.gen-ph]

146. Comment on 'Quantum Solution to the Arrow-of-Time Dilemma' of L. Maccone arXiv:0802.0438
Oleg Kupervasser, Dimitri Laikov (Moscow State U.). Nov 2009.
e-Print: arXiv:0911.2610 [quant-ph]

147. A Momentous Arrow of Time
Martin Bojowald (Penn State U.). Oct 2009. 23 pp.
Published in The Arrows of Time (Springer, Heidelberg 2012) 169–189
e-Print: arXiv:0910.3200 [gr-qc]

148. Singularity and entropy of the viscosity dark energy model
X.H. Meng, X. Dou. Oct 2009.
e-Print: arXiv:0910.2397 [astro-ph.CO]

149. Can the Arrow of Time be understood from Quantum Cosmology?
Claus Kiefer (Cologne U.). Oct 2009. 14 pp.
Published in The Arrows of Time (Springer, Heidelberg 2012) 191–203

e-Print: arXiv:0910.5836 [gr-qc]

150. Notes on Time's Enigma
Laura Mersini-Houghton (North Carolina U. & Cambridge U., DAMTP). Sep 2009. 7 pp.
Talk given at Conference: C09-07-07
e-Print: arXiv:0909.2330 [gr-qc]

151. Modelling Quantum Theoretical Trajectories within Geometric Relativistic Theories
Mike Stannett (Sheffield U.). Sep 2009. 14 pp.
Presented at Conference: C09-07-06.5
e-Print: arXiv:0909.1061 [gr-qc]

152. Open Questions regarding the Arrow of Time
H.D. Zeh (Heidelberg U.). Aug 2009. 14 pp.
Published in The Arrow of Time (Springer, Heidelberg,2012) 205–217
e-Print: arXiv:0908.3780 [gr-qc]

153. Supersymmetry representation of Bose-Einstein condensation of fermion pairs
Alexander Olemskoi, Irina Shuda (Sumy State U.). Aug 2009. 5 pp.
e-Print: arXiv:0908.0300 [cond-mat.stat-mech]

154. A Quantum solution to the arrow-of-time dilemma
Lorenzo Maccone (Pavia U. & ISI, Turin). Aug 2009. 6 pp.
Published in Phys. Rev. Lett. 103 (2009) 080401
DOI: 10.1103/PhysRevLett.103.080401
e-Print: arXiv:0802.0438 [quant-ph]

155. Global star formation revisited
Joseph Silk, Colin Norman. May 2009. 14 pp.
Published in Astrophys. J. 700 (2009) 262–275
DOI: 10.1088/0004-637X/700/1/262
e-Print: arXiv:0905.2180 [astro-ph.CO]

156. Probabilistic Evolutionary Process: A Possible solution to the problem of time in quantum cosmology and creation from nothing
N. Khosravi (Shahid Beheshti U. & IPM, Tehran), H.R. Sepangi (Shahid Beheshti U.). Mar 2009. 10 pp.
Published in Phys. Lett. B 673 (2009) 297–302
DOI: 10.1016/j.physletb.2009.02.045
e-Print: arXiv:0903.1914 [gr-qc]

157. Fundamental destruction of information and conservation laws
Jonathan Oppenheim (Cambridge U., DAMTP), Benni Reznik (Tel Aviv U.). Feb 2009. 59 pp.
e-Print: arXiv:0902.2361 [hep-th]

158. Time and symmetry in models of economic markets
Lee Smolin (Perimeter Inst. Theor. Phys.). Feb 2009. 41 pp.
e-Print: arXiv:0902.4274 [q-fin.GN]

159. Foundational Investigations & Astronomical Implications of Quantum Gravity
Michael James Kavic (Virginia Tech.). 2009.

160. Dimensional reduction and the TCP theorem in the superstring theory
M.D. Pollock (Landau Inst. & Steklov Math. Inst., Moscow). 2008. 16 pp.
Published in Mod. Phys. Lett. A 23 (2008) 2665–2680
DOI: 10.1142/S0217732308027321

161. What if Time Really Exists?
Sean M. Carroll (Caltech). Nov 2008. 9 pp.
e-Print: arXiv:0811.3772 [gr-qc]

162. Geometric aspects of dibaryon operators
Charlie Beil (UC, Santa Barbara), David Berenstein (UC, Santa Barbara & Beijing, KITPC). Nov 2008. 30 pp.
e-Print: arXiv:0811.1819 [hep-th]

163. Source of the observed thermo-dynamic arrow
L.S. Schulman. Nov 2008.
Published in J. Phys. Conf. Ser. 174 (2009) 012022
DOI: 10.1088/1742-6596/174/1/012022
e-Print: arXiv:0811.2787 [cond-mat.stat-mech]

164. The cosmic origin of the arrow of time (In German)
Sean M. Carroll (Caltech). 2008. 9 pp.
Published in Spektrum Wiss. 2008N8 (2008) 26–34

165. Space versus Time: Unimodular versus Non-Unimodular Projective Ring Geometries?
Metod Saniga (Tatranska Lomnica, Astron. Inst.), Petr Pracna (Praque, Inst. Phys. Chem). Aug 2008. 8 pp.
Presented at Conference: C08-09-27.1
e-Print: arXiv:0808.0402 [math-ph]

166. The Length of time's arrow
Edward H. Feng (UC, Berkeley), Gavin E. Crooks (LBL, Berkeley). Aug 2008. 4 pp.
Published in Phys. Rev. Lett. 101 (2008) 090602
DOI: 10.1103/PhysRevLett.101.090602
e-Print: arXiv:0809.0025 [cond-mat.stat-mech]

167. Mapping the three-body system – decay time and reversibility
H.J. Lehto, S. Kotiranta, M.J. Valtonen, P. Heinamaki, S. Mikkola, A.D. Chernin. May 2008. 8 pp.
Published in Mon. Not. Roy. Astron. Soc. 388 (2008) 965
DOI: 10.1111/j.1365-2966.2008.13450.x
e-Print: arXiv:0805.2844 [astro-ph]

168. Five Dimensional bigravity. New topological description of the Universe
Jean Pierre Petit, Gilles d'Agostini. May 2008. 22 pp.
e-Print: arXiv:0805.1423 [math-ph]

169. On the Origin of Time and the Universe
Vishnu Jejjala (IHES, Bures-sur-Yvette), Michael Kavic, Djordje Minic, Chia-Hsiung Tze (Virginia Tech.). Apr 2008. 4 pp.
Published in Int. J. Mod. Phys. A 25 (2010) 2515–2523
IHES-P-08-25, VPI-IPNAS-08-08
DOI: 10.1142/S0217751X10049013
e-Print: arXiv:0804.3598 [hep-th]

170. Arrow of Time, Parity Violation, and Gravity in Generalized Quantum and Classical Dynamics
V.V. Asadov, O.V. Kechkin (Moscow State U.). Apr 2008. 4 pp.
Published in Moscow Univ. Phys. Bull. 63 (2008) 105–108
DOI: 10.3103/S0027134908020069

171. 'What is a Thing?': Topos Theory in the Foundations of Physics
Andreas Doring, Chris Isham (Imperial Coll., London). Mar 2008. 212 pp.
Published in Lect. Notes Phys. 813 (2010) 753–937
DOI: 10.1007/978-3-642-12821-9_13
e-Print: arXiv:0803.0417 [quant-ph]

172. Cosmological Feynman Paths
Geoffrey F. Chew (LBL, Berkeley). Feb 2008.
e-Print: arXiv:0802.3171 [physics.gen-ph]

173. Influence of the future
     Lawrence S. Schulman (Clarkson U.). 2008. 11 pp.
     Published in Stud. Hist. Phil. Sci. B 39 (2008) 819–829
     DOI: 10.1016/j.shpsb.2008.02.004
174. Measurement of the branching fraction and CP asymmetries in B meson decays into light
     pseudo-scalar mesons
     Mark T. Allen (Stanford U., Phys. Dept.). Dec 2007. 177 pp.
     AAT-3295556, PROQUEST-1453218651
175. The Arrow Of Time In The Landscape
     Brett McInnes (Singapore Natl. U.). Nov 2007. 40 pp.
     e-Print: arXiv:0711.1656 [hep-th]
176. Comparative quantum cosmology: Causality, singularity, and boundary conditions
     Philip V. Fellman (New Hampshire U.), Jonathan Vos Post (MathSense, Altadena), Christine M.
     Carmichael (Woodbury U), Andrew Carmichael Post (Southern California U.). Oct 2007. 17 pp.
     Contributed to Conference: C07-10-28.1, Contributed to Conference: C07-09-05.1
     e-Print: arXiv:0710.5046 [gr-qc]
177. Reverse arrow of time (In German)
     Petra Vitolini Naldini. 2007. 4 pp.
     Published in Telepolis 2007N2 (2007) 26–29
178. The Arrow of time and the Weyl group: All Supergravity billiards are integrable
     Pietro Fre' (Turin U. & INFN, Turin), Alexander Savelievich Sorin (Dubna, JINR). Oct 2007. 73 pp.
     DFTT07-23, JINR-E2-2007-145
     e-Print: arXiv:0710.1059 [hep-th]
179. Nature of time and causality in physics
     Francisco S.N. Lobo (Lisbon U., CAAUL & Portsmouth U., ICG). Oct 2007. 14 pp.
     Published in Psychology of Time, 395–422 (2008)
     e-Print: arXiv:0710.0428 [gr-qc]
180. Double universe and the arrow of time
     Eleonora Alfinito (Salento U.), Giuseppe Vitiello (Salerno U. & INFN, Salerno). 2007. 12 pp.
     Published in J. Phys. Conf. Ser. 67 (2007) 012010
     DOI: 10.1088/1742-6596/67/1/012010
     Prepared for 3rd International Workshop DICE2006: Quantum Me Conference: C06-09-11.5 Pro-
     ceedings
181. Timelike boundary sine-Gordon theory and two-component plasma
     Niko Jokela (Helsinki Inst. of Phys.), Esko Keski-Vakkuri (Helsinki Inst. of Phys. & Helsinki U.),
     Jaydeep Majumder (Helsinki Inst. of Phys.). Sep 2007. 11 pp.
     Published in Phys. Rev. D 77 (2008) 023523
     HIP-2007-47-TH
     DOI: 10.1103/PhysRevD.77.023523
     e-Print: arXiv:0709.1318 [hep-th]
182. On The Arrow of Time
     Lucian M. Ionescu (Illinois State U.). Aug 2007. 12 pp.
     e-Print: arXiv:0708.4180 [physics.gen-ph]
183. A graceful multiversal link of particle physics to cosmology
     P.F. Gonzalez-Diaz, P. Martin Moruno (Madrid, IMAFF), A.V. Yurov (I. Kant Russian State U., Kali-
     ningrad). May 2007. 10 pp.
     Published in Grav. Cosmol. 16 (2010) 205–215
     IMAFF-RCA-07-08
     DOI: 10.1134/S0202289310030035
     e-Print: arXiv:0705.4347 [astro-ph]

184. Initial Conditions for Bubble Universes
Brett McInnes (Singapore Natl. U.). May 2007. 27 pp.
Published in Phys. Rev. D 77 (2008) 123530
DOI: 10.1103/PhysRevD.77.123530
e-Print: arXiv:0705.4141 [hep-th]

185. Many-worlds interpretation of quantum theory and mesoscopic anthropic principle
Alexander Yu. Kamenshchik (Bologna U. & INFN, Bologna & Landau Inst.), Oleg V. Teryaev (Dubna, JINR). May 2007. 11 pp.
Published in Concepts Phys. 5 (2008) 575–592
DOI: 10.2478/v10005-007-0045-4
e-Print: arXiv:0705.2494 [quant-ph]

186. Starbursts and their contribution to metal enrichment
Kunth Daniel. Apr 2007. 10 pp.
e-Print: arXiv:0704.3805 [astro-ph]

187. Are the most metal-poor galaxies young?
Daniel Kunth, Goran Ostlin. Apr 2007. 4 pp.
Published in IAU Symp. 235 (2007) 61–64
DOI: 10.1017/S1743921306005060
Conference: C06-08-14.2 Proceedings
e-Print: arXiv:0704.3803 [astro-ph]

188. CP violation and arrows of time: Evolution of a neutral K or B meson from an incoherent to a coherent state
Ch. Berger, L. Sehgal (RWTH Aachen U.). Apr 2007. 13 pp.
Published in Phys. Rev. D 76 (2007) 036003
DOI: 10.1103/PhysRevD.76.036003
e-Print: arXiv:0704.1232 [hep-ph]

189. Classical dynamics of quantum numbers with arrow of time
Vadim V. Asadov (SINP, Moscow), Oleg V. Kechkin (Moscow State U.). Feb 2007. 8 pp.
e-Print: hep-th/0702022

190. Baryon Asymmetry of the Universe and Neutrino Physics
Abdel G. Bachri (Oklahoma State U.). 2007. 111 pp.

191. Quantum measurements, the phenomenon of life, and time arrow: Three great problems of physics (in Ginzburg's terminology) and their interrelation
Mikhail B. Mensky (Lebedev Inst.). 2007. 11 pp.
Published in Phys. Usp. 50 (2007) 397–407, Usp. Fiz. Nauk 177 (2007) 415–425
DOI: 10.1070/PU2007v050n04ABEH006241

192. Parity violation and arrow of time in generalized quantum dynamics
Vadim V. Asadov (Moscow State U.), Oleg V. Kechkin (SINP, Moscow & Moscow State U.). Dec 2006. 5 pp.
e-Print: hep-th/0612123

193. Generalized quantum dynamics with arrow of time
Vadim V. Asadov (Moscow State U.), Oleg V. Kechkin (SINP, Moscow & Moscow State U.). Dec 2006. 11 pp.
e-Print: hep-th/0612122

194. A Thermodynamic interpretation of time for rolling tachyons
     Vijay Balasubramanian (Pennsylvania U.), Niko Jokela (Helsinki Inst. of Phys.), Esko Keski-
     Vakkuri (Helsinki Inst. of Phys. & Helsinki U.), Jaydeep Majumder (Helsinki Inst. of Phys.). Dec
     2006. 24 pp.
     Published in Phys. Rev. D 75 (2007) 063515
     HIP-2006-53-TH, UPR-1169-T
     DOI: 10.1103/PhysRevD.75.063515
     e-Print: hep-th/0612090
195. Two-dimensional conformal models of space-time and their compactification
     Vladimir V. Kisil (Leeds U., Math.). Nov 2006. 8 pp.
     Published in J. Math. Phys. 48 (2007) 073506
     LEEDS-MATH-PURE-2006-17
     DOI: 10.1063/1.2747722
     e-Print: math-ph/0611053
196. The Arrow of time, black holes, and quantum mixing of large N Yang-Mills theories
     Guido Festuccia, Hong Liu (MIT, LNS). Nov 2006. 50 pp.
     Published in JHEP 0712 (2007) 027
     MIT-CTP-3783
     DOI: 10.1088/1126-6708/2007/12/027
     e-Print: hep-th/0611098
197. Arrow of time in string theory
     Brett McInnes (Singapore Natl. U.). Nov 2006. 33 pp.
     Published in Nucl. Phys. B 782 (2007) 1–25
     DOI: 10.1016/j.nuclphysb.2007.05.005
     e-Print: hep-th/0611088
198. Measurement of Time-Dependent CP Violation Asymmetries in B0ØK0k Decay
     Aleksey Chuvikov (Princeton U.). Nov 2006. 141 pp.
     UMI-32-36170
199. The Arrow of time forbids a positive cosmological constant Lambda
     Laura Mersini-Houghton (North Carolina U.). Sep 2006. 7 pp.
     e-Print: gr-qc/0609006
200. Arrow of time in generalized quantum theory and its classical limit dynamics
     Vadim V. Asadov (NeurOK, Moscow), Oleg V. Kechkin (SINP, Moscow & NeurOK, Moscow). Aug
     2006. 42 pp.
     e-Print: hep-th/0608148
201. Matter-Antimatter Asymmetry in the Universe and an Arrow for Time
     R.D. Peccei (UCLA). Aug 2006. 20 pp.
     Invited talk at Conference: C06-06-22
     e-Print: hep-ph/0608226
202. The Arrow of time: From universe time-asymmetry to local irreversible processes
     Matias Aiello (Buenos Aires, IAFE & Buenos Aires U.), Mario Castagnino (IFIR, Rosario & Buenos
     Aires, IAFE), Olimpia Lombardi (Quilmes U.). Aug 2006. 49 pp.
     Published in Found. Phys. 38 (2008) 257–292
     DOI: 10.1007/s10701-007-9202-0
     e-Print: gr-qc/0608099

203. Turnaround in cyclic cosmology
Lauris Baum, Paul H. Frampton (North Carolina U.). Oct 2006. 9 pp.
Published in Phys. Rev. Lett. 98 (2007) 071301
DOI: 10.1103/PhysRevLett.98.071301
e-Print: astro-ph/0608138

204. Time's arrow from the multiverse point of view
Martin Tamm (Stockholm U., Math. Dept.). Aug 2006. 20 pp.
e-Print: physics/0608312

205. On causality and superluminal behavior in classical field theories: Applications to k-essence
theories and MOND-like theories of gravity
Jean-Philippe Bruneton (Paris, Inst. Astrophys.). Jul 2006. 14 pp.
Published in Phys. Rev. D 75 (2007) 085013
DOI: 10.1103/PhysRevD.75.085013
e-Print: gr-qc/0607055

206. On the inconsistency of the Bohm-Gadella theory with quantum mechanics
R. de la Madrid (UC, San Diego). Jun 2006. 16 pp.
Published in J. Phys. G 39 (2006) 9255–9268
DOI: 10.1088/0305-4470/39/29/017
e-Print: quant-ph/0606186

207. Spontaneous creation of the brane world and direction of the time arrow
A. Gorsky (Moscow, ITEP). Jun 2006. 12 pp.
Published in Phys. Lett. B 646 (2007) 183–188
DOI: 10.1016/j.physletb.2007.01.034
e-Print: hep-th/0606072

208. Quantum phantom cosmology
Mariusz P. Dabrowski (Szczecin U.), Claus Kiefer, Barbara Sandhofer (Cologne U.). May 2006.
21 pp.
Published in Phys. Rev. D 74 (2006) 044022
DOI: 10.1103/PhysRevD.74.044022
e-Print: hep-th/0605229

209. Quantum-classical crossover in electrodynamics
Janos Polonyi (Louis Pasteur U., Strasbourg I). May 2006. 39 pp.
Published in Phys. Rev. D 74 (2006) 065014
DOI: 10.1103/PhysRevD.74.065014
e-Print: hep-th/0605218

210. Studies of electroweak interactions and searches for new physics using photonic events with
missing energy at the Large Electron-Positron Collider
Marat I. Gataullin (Caltech). 2006. 328 pp.
UMI-32-31265, CERN-THESIS-2006-165

211. Time travel and the reality of spontaneity
C.K. Raju. 2006. 15 pp.
Published in Found. Phys. 36 (2006) 1099–1113
DOI: 10.1007/s10701-006-9056-x
e-Print: arXiv:0804.0830 [gr-qc]

212. Why did the universe start from a low entropy state?
R. Holman (Carnegie Mellon U.), L. Mersini-Houghton (North Carolina U.). Dec 2005. 4 pp.
Published in Submitted to: Phys. Rev. Lett.
e-Print: hep-th/0512070

213. Recurrence metrics and time varying light cones
     Moninder Singh Modgil (Indian Inst. Tech., Kanpur). Dec 2005. 10 pp.
     e-Print: gr-qc/0512012
214. Bulk viscous cosmology: statefinder and entropy
     Ming-Guang Hu (Nankai U.), Xin-He Meng (CCAST World Lab, Beijing & Nankai U.). Nov 2005.
     9 pp.
     Published in Phys. Lett. B 635 (2006) 186–194
     DOI: 10.1016/j.physletb.2006.02.059
     e-Print: astro-ph/0511615
215. Why the universe started from a low entropy state
     R. Holman (Carnegie Mellon U.), L. Mersini-Houghton (North Carolina U.). Nov 2005. 12 pp.
     Published in Phys. Rev. D 74 (2006) 123510
     DOI: 10.1103/PhysRevD.74.123510
     e-Print: hep-th/0511102
216. Entropy bound for the crystalline vacuum cosmic space model
     J.A. Montemayor-Aldrete (Mexico U.), J.R. Morones-Ibarra (Autonoma de Nuevo Leon U.), A. Mo-
     ralesMori, A. Mendoza-Allende (Mexico U.), E. Cabrera-Bravo, A. Montemayor-Varela (Iberdrola,
     Castellon de la Plana). Sep 2005. 14 pp.
     e-Print: physics/0509046
217. The Arrow of time and the initial conditions of the universe
     Robert M. Wald (Chicago U., EFI & Chicago U.). Jul 2005. 5 pp.
     Write up of talk given at Conference: C04-12-17
     e-Print: gr-qc/0507094
218. A Relational formulation of quantum theory
     David Poulin (Queensland U.). May 2005. 14 pp.
     Published in Int. J. Theor. Phys. 45 (2006) 1189
     DOI: 10.1007/s10773-006-9052-0
     e-Print: quant-ph/0505081
219. Does inflation provide natural initial conditions for the universe?
     Sean M. Carroll, Jennifer Chen (Chicago U., EFI & Chicago U. & Chicago U., KICP). May 2005. 6 pp.
     Published in Gen. Rel. Grav. 37 (2005) 1671–1674, Int. J. Mod. Phys. D 14 (2005) 2335–2340
     DOI: 10.1142/S0218271805008054
     e-Print: gr-qc/0505037
220. Quantum mechanics, relativity and time
     G. Basini (Frascati), S. Capozziello (Salerno U. & INFN, Salerno). 2005. 51 pp.
     Published in Gen. Rel. Grav. 37 (2005) 115–165
     DOI: 10.1007/s10714-005-0006-2
221. Quantum cosmology and the arrow of time
     Claus Kiefer (Cologne U.). Feb 2005. 10 pp.
     Published in Braz. J. Phys. 35 (2005) 296–299
     DOI: 10.1590/S0103-97332005000200014
     To appear in the proceedings of Conference: C04-09-01.1 Proceedings
     e-Print: gr-qc/0502016
222. Conformal relativity: Theory and observations
     V. Pervushin, V. Zinchuk, A. Zorin (Dubna, JINR). Nov 2004. 10 pp.
     Invited talk at Conference: C04-08-30.2
     e-Print: gr-qc/0411105
223. Comment on 'Spontaneous inflation and the origin of the arrow of time'
     Hrvoje Nikolic (Boskovic Inst., Zagreb). Nov 2004. 3 pp.
     e-Print: hep-th/0411115

224. Spontaneous inflation and the origin of the arrow of time
Sean M. Carroll, Jennifer Chen (Chicago U., EFI & Chicago U., KICP). Oct 2004. 36 pp.
EFI-2004-33
e-Print: hep-th/0410270

225. Science and ultimate reality: Quantum theory, cosmology, and complexity
John D. Barrow (ed.) (Cambridge U.), P.C.W. Davies (ed.) (Macquarie U.), C.L. Harper (ed.). 2004.
721 pp.

226. Reinstating Schwarzschild's original manifold and its singularity
Salvatore Antoci (Pavia U. & CNR, Italy), Dierck-Ekkehard Liebscher (Potsdam, Astrophys. Inst.).
Jun 2004. 38 pp.
e-Print: gr-qc/0406090

227. Causal paradoxes: A Conflict between relativity and the arrow of time
Hrvoje Nikolic (Boskovic Inst., Zagreb). Mar 2004. 6 pp.
Published in Found. Phys. Lett. 19 (2006) 259–267
DOI: 10.1007/s10702-006-0516-5
e-Print: gr-qc/0403121

228. Spherically symmetric dissipative anisotropic fluids: A General study
L. Herrera, A. Di Prisco (Caracas, U. Central), J. Martin, J. Ospino (Salamanca U.), N.O. Santos
(Meudon Observ. & Petropolis, LNCC & Rio de Janeiro, CBPF), O. Troconis (Caracas, U. Central).
Feb 2004. 29 pp.
Published in Phys. Rev. D 69 (2004) 084026
DOI: 10.1103/PhysRevD.69.084026
e-Print: gr-qc/0403006

229. A dynamical unification scheme from general conservation laws
G. Basini (Frascati), S. Capozziello (Salerno U. & INFN, Naples). 2003. 32 pp.
Published in Gen. Rel. Grav. 35 (2003) 2217–2248
DOI: 10.1023/A:1027305824441

230. Kolmogorov complexity, cosmic background radiation and irreversibility
V.G. Gurzadyan (Yerevan Phys. Inst. & Garni Space Astron. Inst. & ICRA, Rome). Dec 2003. 15 pp.
Published in Submitted to: World Sci. Lect. Notes Phys.
Talk at Conference: C01-11-24 (Proceedings 22nd Solvay Conf. on Phys., World Sci., pp. 204–218,
2003), p. 204–218
e-Print: astro-ph/0312523

231. Contrasting quantum cosmologies
D.H. Coule (Portsmouth U., ICG). Dec 2003. 20 pp.
e-Print: gr-qc/0312045

232. David Hilbert and the origin of the Schwarzschild solution
Salvatore Antoci (INFM, Pavia). Oct 2003. 12 pp.
e-Print: physics/0310104

233. Questioning the quark model. Strong interaction, gravitation and time arrows. An approach to
asymptotic freedom
G. Basini (Frascati), S. Capozziello (Naples U. & INFN, Naples & Salerno U.). 2003. 7 pp.
Published in Europhys. Lett. 63 (2003) 635–641
DOI: 10.1209/epl/i2003-00575-8

234. The Topology of Schwarzschild's solution and the Kruskal metric
Salvatore Antoci (Pavia U. & INFM, Pavia), Dierck-Ekkehard Liebscher (Potsdam, Astrophys.
Inst.). Aug 2003. 12 pp.
e-Print: gr-qc/0308005

235. A New approach to quantizing space-time. 3. State vectors as functions on arrows
C.J. Isham (Imperial Coll., London). Jun 2003. 15 pp.
Published in Adv. Theor. Math. Phys. 8 (2004) no. 5, 797–811
IMPERIAL-TP-2-03-15
DOI: 10.4310/ATMP.2004.v8.n5.a2
e-Print: gr-qc/0306064

236. The generic nature of the global and non-entropic arrow of time and the dual role of the energy-momentum tensor
Mario Castagnino (Buenos Aires, IAFE), Olimpia Lombardi (Madrid, Autonoma U.). May 2003. 14 pp.
Published in J. Phys. A 37 (2004) 4445–4463
DOI: 10.1088/0305-4470/37/15/012
e-Print: gr-qc/0305056

237. Variation of physical constants, redshift and the arrow of time
Menas Kafatos (George Mason U.), Sisir Roy (George Mason U. & Indian Statistical Inst., Calcutta), Malabika Roy (George Mason U.). May 2003. 29 pp.
Published in Acta Phys. Polon. B 36 (2005) 3139–3162
e-Print: astro-ph/0305117

238. A New approach to quantizing space-time. 1. Quantizing on a general category
C.J. Isham (Imperial Coll., London). Mar 2003. 37 pp.
Published in Adv. Theor. Math. Phys. 7 (2003) no. 2, 331–367
IMPERIAL-TP-2-03-10
DOI: 10.4310/ATMP.2003.v7.n2.a5
e-Print: gr-qc/0303060

239. Cosmological quantum jump dynamics. 2. The Retrodictive universe
Vladimir S. Mashkevich (Queens Coll.). Mar 2003. 8 pp.
e-Print: gr-qc/0303046

240. Probability of intrinsic time arrow from information loss
Lajos Diosi (Budapest, RMKI). Feb 2003. 13 pp.
Published in Lect. Notes Phys. 633 (2004) 125–135
DOI: 10.1007/978-3-540-40968-7_10
To appear in the proceedings of Conference: C02-09-02.1, p. 125–135 Proceedings
e-Print: quant-ph/0302183

241. The Importance of boundary conditions in quantum mechanics
R. de La Madrid (ISI, Turin). Feb 2003. 13 pp.
Published in Lect. Notes Phys. 622 (2003) 327–339
Contributed to Conference: C02-07-29.3
e-Print: quant-ph/0302184

242. Discrete model of space-time in terms of inverse spectra of the T(0) Alexandroff topological spaces
Vladimir N. Efremov, Nikolai V. Mitskievich (Guadalajara U.). Jan 2003. 39 pp.
e-Print: gr-qc/0301063

243. On Hot bangs and the arrow of time in relativistic quantum field theory
Detlev Buchholz (Gottingen U.). Jan 2003. 21 pp.
Published in Commun. Math. Phys. 237 (2003) 271–288
DOI: 10.1007/s00220-003-0839-z
e-Print: hep-th/0301115

244. Inflation without a beginning: A Null boundary proposal
Anthony Aguirre (Princeton, Inst. Advanced Study), Steven Gratton (Princeton U.). Jan 2003.
18 pp.
Published in Phys. Rev. D 67 (2003) 083515
DOI: 10.1103/PhysRevD.67.083515
e-Print: gr-qc/0301042

245. The Direction of time: From the global arrow to the local arrow
Mario Castagnino (Buenos Aires, IAFE), Luis Lara (Rosario U.), Olimpia Lombardi (Buenos Aires,
CONICET). Jan 2003. 11 pp.
Published in Int. J. Theor. Phys. 42 (2003) 2487–2504
DOI: 10.1023/B:IJTP.0000005970.73704.91
e-Print: quant-ph/0301002

246. Measurement of relative branching fractions for meson Cabibbo suppressed hadronic decays,
from the CDF secondary vertex trigger sample at the Tevatron collider
Sandro De Cecco (Rome U.). Jan 2003. 181 pp.
FERMILAB-THESIS-2003-55

247. The thermodynamical arrow of time: Reinterpreting the Boltzmann–Schuetz argument
Milan M. Cirkovic (Astron. Observ., Belgrade). Dec 2002. 26 pp.
Published in Found. Phys. 33 (2003) 467–490
DOI: 10.1023/A:1023715732166
e-Print: astro-ph/0212511

248. The Cosmological origin of time asymmetry
Mario Castagnino (Buenos Aires, IAFE), Luis Lara (Rosario U.), Olimpia Lombardi (Buenos Aires,
CONICET). Nov 2002. 17 pp.
Published in Class. Quant. Grav. 20 (2003) 369–392
DOI: 10.1088/0264-9381/20/2/310
e-Print: quant-ph/0211162

249. Cosmic inflation and the arrow of time
Andreas Albrecht (UC, Davis). Oct 2002. 32 pp.
Published in In *Barrow, J.D. (ed.) et al.: Science and ultimate reality* 363–401
e-Print: astro-ph/0210527

250. Arrows of time and chaotic properties of the cosmic background radiation
A.E. Allahverdyan (Saclay & Yerevan Phys. Inst.), Vahe G. Gurzadyan (Yerevan Phys. Inst. & ICRA,
Rome). Oct 2002. 12 pp.
Published in J. Phys. A 35 (2002) 7243–7254
DOI: 10.1088/0305-4470/35/34/301
e-Print: astro-ph/0210022

251. Time asymmetry as a consequence of the global properties of the universe
Mario Castagnino, Luis Lara (Rosario U.), Olimpia Lombardi (Buenos Aires, CONICET). Aug 2002.
5 pp.
e-Print: gr-qc/0208077

252. Variable speed of light cosmology:
An Alternative to inflation
J.W. Moffat (Toronto U. & Perimeter Inst. Theor. Phys.). Aug 2002. 15 pp.
e-Print: hep-th/0208122

253. Arrow of time from timeless quantum gravity
C. Kiefer (Cologne U.). Aug 2002. 10 pp.
Prepared for Time and Matter: An Inter-national Colloquium on Conference: C02-08-11.1,
p. 225–234 Proceedings

254. The Global thermodynamic arrow of time
M. Castagnino, C. Laciana (Buenos Aires, IAFE). May 2002. 13 pp.
Published in Class. Quant. Grav. 19 (2002) 2657–2670
DOI: 10.1088/0264-9381/19/10/309

255. Discrete quantum mechanics. 1. Quantum covariance
Charles Francis (Cambridge U.). Apr 2002. 32 pp.
e-Print: gr-qc/0205001

256. Gravitation, C, P and T symmetries and the Second Law
Gabriel Chardin (DSM, DAPNIA, Saclay). 2002. 9 pp.
Published in AIP Conf. Proc. 643 (2002) 385
DOI: 10.1063/1.1523834
1st International Conference on Quantum Limits to Conference: C02-07-29.6
e-Print: arXiv:0804.4199 [astro-ph]

257. The Majorization arrow in quantum algorithm design
J.I. Latorre (Barcelona U., ECM), M.A. Martin-Delgado (Madrid U.). Nov 2001. 5 pp.
Published in Phys. Rev. A 66 (2002) 022305
DOI: 10.1103/PhysRevA.66.022305
e-Print: quant-ph/0111146

258. A Measure of gravitational entropy and structure formation
Manfred P. Leubner (Innsbruck U.). Nov 2001. 13 pp.
Presented at Conference: C01-08-30
e-Print: astro-ph/0111502

259. Fundamental time asymmetry from nontrivial space topology
Frans R. Klinkhamer (Karlsruhe U.). Nov 2001. 9 pp.
Published in Phys. Rev. D 66 (2002) 047701
KA-TP-32-2001
DOI: 10.1103/PhysRevD.66.047701
e-Print: gr-qc/0111090

260. How to deal with the arrow of time in quantum field theory
Giuseppe Vitiello (Salerno U. & INFM, Salerno & INFN, Salerno). Oct 2001. 16 pp.
Talk given at Conference: C01-06-27
e-Print: hep-th/0110182

261. Conformal general relativity
Victor Pervushin, Denis Proskurin (Dubna, JINR). Jun 2001. 8 pp.
Published in Grav. Cosmol. Suppl. 8N1 (2002) 161–167
Invited talk at Conference: C01-05-21.2 Proceedings
e-Print: gr-qc/0106006

262. Fluctuations in the quantum vacuum
B.G. Sidharth (Birla Sci. Ctr., Hyderabad). Jun 2001. 10 pp.
Published in Chaos Solitons Fractals 14 (2002) 167–169
DOI: 10.1016/S0960-0779(01)00196-5
e-Print: physics/0106100

263. Cosmology and local physics
George F.R. Ellis (Cape Town U., Dept. Math.). Feb 2001. 20 pp.
Published in Int. J. Mod. Phys. A 17 (2002) 2667–2672
UCT-COSMOLOGY-01-03
DOI: 10.1142/S0217751X02011588
Prepared for Conference: C01-09-06 Proceedings
e-Print: gr-qc/0102017

264. Recycling the universe using scalar fields
Nissim Kanekar (NCRA, Ganeshkhind), Varun Sahni (IUCAA, Pune), Yuri Shtanov (BITP, Kiev). Jan 2001. 9 pp.
Published in Phys. Rev. D 63 (2001) 083520
DOI: 10.1103/PhysRevD.63.083520
e-Print: astro-ph/0101448

265. From nuclei to atoms and molecules: The Chemical history of the early Universe
Denis Puy (Zurich U. & PSI, Villigen), Monique Signore (Paris Observ.). Jan 2001. 25 pp.
Published in New Astron. Rev. 46 (2002) 709–723
ZU-TH-28-00
DOI: 10.1016/S1387-6473(02)00240-3
e-Print: astro-ph/0101157

266. Why we can not walk to and fro in time as do it in space? (Why the arrow of time is exists?)
L.Ya. Kobelev (Urals State U.). Nov 2000. 6 pp.
e-Print: physics/0011036

267. Cosmological consequences of conformal general relativity
Danilo Behnke, David Blaschke (Rostock U.), Victor Pervushin, Denis Proskurin (Dubna, JINR), Alexandr Zakharov (Moscow, ITEP). Aug 2000. 12 pp. MPG-VT-UR-210-00
Conference: C00-08-22, p. 129–140 Proceedings
e-Print: gr-qc/0011091

268. Calibration of local chiralities and time arrows based on quantum nonlocality
Lajos Diosi (Budapest, RMKI). Jul 2000. 3 pp.
e-Print: quant-ph/0007046

269. Feynman clocks, casual networks, and the origin of hierarchical 'arrows of time' in complex systems from the big bang to the brain
Scott M. Hitchcock (Michigan State U., NSCL). Jun 2000. 21 pp.
MSUCL-1172
Invited talk at Conference: C00-06-21
e-Print: quant-ph/0010014

270. A Compromised arrow of time
L.S. Schulman (Clarkson U.). Jun 2000. 15 pp. For the proceedings of Conference: C00-06-26.13
e-Print: cond-mat/0009139

271. Feynman clocks, causal networks, and the origin of hierarchical 'arrows of time' in complex systems. Part 1: 'Conjectures'
Scott Hitchcock (Michigan State U., NSCL). May 2000. 53 pp.
MSUCL-1135
Presented at Conference: C00-06-21
e-Print: gr-qc/0005074

272. Why we live in (3+1)-dimensions
Carlos Castro (Clark Atlanta U.), Alex Granik (U. Pacific, Stockton), Mohammed S. El Naschie (Unlisted). Apr 2000. 30 pp.
e-Print: hep-th/0004152

273. Plattner's Arrow: Science and Multi-Dimensional Time
Alasdair M. Richmond (Aberdeen U.). 2000. 19 pp.
Published in Ratio 13 (2000) no. 3, 256–274
DOI: 10.1111/1467-9329.00126

274. Entropy production and thermo-dynamic arrow of time in a recollapsing universe
Jung Kon Kim, Sang Pyo Kim (Gunsan Natl. U.). Dec 1999. 10 pp.
Published in Nuovo Cim. B 115 (2000) 1039–1048
To be published in the proceedings of Conference: C99-07-12.4
e-Print: gr-qc/9912114

275. Opposite thermodynamic arrows of time
L.S. Schulman (Clarkson U.). Nov 1999. 4 pp.
Published in Phys. Rev. Lett. 83 (1999) 5419–5422
DOI: 10.1103/PhysRevLett.83.5419
e-Print: cond-mat/9911101

276. Discrete space-time: Classical causality, prediction, retrodiction and the mathematical arrow of time
George A. Jaroszkiewicz (Nottingham U.). Nov 1999. 20 pp.
Talk given at Conference: C99-11-23
e-Print: gr-qc/0004026

277. Arrows of time and the anisotropic properties of cmb
A.E. Allahverdyan, V.G. Gurzadyan. Oct 1999.
e-Print: astro-ph/9910339

278. Quantum cosmology
V.A. Rubakov (Moscow, INR & Cambridge U.). Jul 1999. 14 pp.
Lectures given at Conference: C99-07-26.1
e-Print: gr-qc/9910025

279. Father time. 2. A Physical basis behind Feynman's idea of anti-particles moving backward in time, and an extension of the CPT theorem to include nonlocal gauge fields
T.K. Rai Dastidar, Krishna Rai Dastidar. Jun 1999. 5 pp.
Published in Mod. Phys. Lett. A 14 (1999) 2557–2560
DOI: 10.1142/S0217732399002674
e-Print: hep-th/9906133

280. Kaons are feeling the arrow of time
Georg. Wolschin (Heidelberg U.). 1999. 3 pp.
Published in Spektrum Wiss. 1999N4 (1999) 14–16

281. Quantum mechanics and elements of reality
Ulrich Mohrhoff. Apr 1999. 24 pp. SAAPS-99041
e-Print: quant-ph/9904081

282. Black hole uncertainty entails an intrinsic time arrow: A note on the HawkingPenrose controversy
Avshalom C. Elitzur (Weizmann Inst.), Shahar Dolev (Tel Aviv U.). 1999. 11 pp.
Published in Phys. Lett. A 251 (1999) 89–94
DOI: 10.1016/S0375-9601(98)00856-1
e-Print: gr-qc/0012060

283. Vacuum structure for expanding geometry
E. Alfinito (Salerno U. & INFM, Salerno), R. Manka (Silesia U.), Giuseppe Vitiello (Salerno U. & INFN, Salerno). Apr 1999. 21 pp.
Published in Class. Quant. Grav. 17 (2000) 93–111
DOI: 10.1088/0264-9381/17/1/307
e-Print: gr-qc/9904027

284. Relativistic Gamow vectors
A. Bohm, H. Kaldass, S. Wickramasekara (Texas U.), P. Kielanowski (CINVESTAV, IPN). Apr 1999.
7 pp.
Published in Int. J. Theor. Phys. 42 (2003) 2339–2355
DOI: 10.1023/B:IJTP.0000005961.79955.4a
e-Print: hep-th/9904072

285. Father time. 1: Does the cosmic microwave background radiation provide a universal arrow of
time?
T.K. Rai Dastidar (IACS, Kolkata). Mar 1999. 5 pp.
Published in Mod. Phys. Lett. A 14 (1999) 2499–2505
DOI: 10.1142/S0217732399002601
e-Print: quant-ph/9903053

286. Pre-bangian origin of our entropy and time arrow
G. Veneziano (CERN). Feb 1999. 8 pp.
Published in Phys. Lett. B 454 (1999) 22–26
CERN-TH-99-32
DOI: 10.1016/S0370-2693(99)00267-1
e-Print: hep-th/9902126

287. Quantum clocks and the origin of time in complex systems
Scott Hitchcock (Michigan State U.). Feb 1999. 19 pp.
MSUCL-1123
e-Print: gr-qc/9902046

288. The arrow of time
I. Prigogine (Intl. Solvay Inst., Brussels). Feb 1999. 15 pp.
Prepared for Conference: C99-02-01, p. 1–15 Proceedings

289. The origin of the difference between space and time
Hrvoje Nikolic (Boskovic Inst., Zagreb). Jan 1999. 22 pp.
e-Print: gr-qc/9901045

290. Black Hole Evaporation Entails an Objective Passage of Time
Avshalom C. Elitzur, Shahar Dolev. 1999. 15 pp.
Published in Found. Phys. Lett. 12 (1999) no. 4, 309–323
DOI: 10.1023/A:1021644319368

291. The arrow of time in an expanding 3-sphere
E.J. Bacinich, T.A. Kriz. 1999. 12 pp.
Published in Phys. Essays 12 (1999) 80–91
DOI: 10.4006/1.3025375

292. Causal, psychological, and electro-dynamic time arrows as consequences of the thermodynamic
time arrow
Hrvoje Nikolic (Boskovic Inst., Zagreb). Dec 1998. 3 pp.
e-Print: physics/9812006

293. Quantized space-time and time's arrow
B.G. Sidharth (Birla Sci. Ctr., Hyderabad). Nov 1998. 3 pp.
Published in Chaos Solitons Fractals 11 (2000) 1045
DOI: 10.1016/S0960-0779(98)00331-2
e-Print: quant-ph/9811077

294. Dualities versus singularities
     Tom Banks (Rutgers U., Piscataway), Willy Fischler (Texas U.), Lubos Motl (Rutgers U., Piscata-
     way). Nov 1998. 21 pp.
     Published in JHEP 9901 (1999) 019
     RU-98-58, UTTG-13-98, HEP-UK-0007
     DOI: 10.1088/1126-6708/1999/01/019
     e-Print: hep-th/9811194
295. Evolution of the density contrast in inhomogeneous dust models
     Filipe C. Mena (Queen Mary, U. of London & Minho U.), Reza K. Tavakol (Queen Mary, U. of Lon-
     don). Nov 1998. 22 pp.
     Published in Class. Quant. Grav. 16 (1999) 435–452
     DOI: 10.1088/0264-9381/16/2/009
     e-Print: gr-qc/9811035
296. Are there laws?
     J. Anandan (South Carolina U. & Oxford U.). Aug 1998. 17 pp.
     Published in Found. Phys. 29 (1999) 1647–1672
     DOI: 10.1023/A:1018869712436
     e-Print: quant-ph/9808045
297. Born's principle, action reaction problem and arrow of time
     M. Abolhasani, M. Golshani (IPM, Tehran & Sharif U. of Tech.). Aug 1998. 8 pp.
     Published in Found. Phys.Lett. 12 (1999) no. 3, 299–306
     IPM-97-202A
     DOI: 10.1023/A:1021600821127
     e-Print: quant-ph/9808015
298. Discrete Riemannian geometry
     A. Dimakis (Aegean U. & Gottingen, Max Planck Inst.), Folkert Mueller-Hoissen (Gottingen, Max
     Planck Inst.). Aug 1998. 34 pp.
     Published in J. Math. Phys. 40 (1999) 1518–1548
     DOI: 10.1063/1.532819
     e-Print: gr-qc/9808023
299. Ginsparg-Wilson relation and spin chains
     Ivan Horvath, Harry B. Thacker (Virginia U.). Jul 1998. 3 pp.
     Published in Nucl. Phys. Proc. Suppl. 73 (1999) 682–684
     DOI: 10.1016/S0920-5632(99)85172-X
     Talk given at Conference: C98-07-13.1 Proceedings
     e-Print: hep-lat/9809108
300. Quantum theory in the rigged Hilbert space irreversibility from causality
     A. Bohm, N.L. Harshman (Texas U.). May 1998. 60 pp.
     Published in Lect. Notes Phys. 504 (1998) 179
     DOI: 10.1007/BFb0106783
     e-Print: quant-ph/9805063
301. A Microscopic Liouville arrow of time
     John R. Ellis (CERN), N.E. Mavromatos (Oxford U.), Dimitri V. Nanopoulos (Texas A-M & HARC,
     Woodlands & Athens Academy). May 1998. 25 pp.
     Published in Chaos Solitons Fractals 10 (1999) 345–363
     ACT-6-98, CTP-TAMU-21-98, OUTP-98-38-P
     DOI: 10.1016/S0960-0779(98)00152-0
     e-Print: hep-th/9805120

302. Causality, time arrow and half cycling universe
Wu-Zhong Chao (Beijing Normal U.). Apr 1998. 10 pp.
BEIJING-PREPRINT-98-102
e-Print: gr-qc/9804031

303. Decoherence, chaos, quantum classical correspondence, and the algorithmic arrow of time
Wojciech H. Zurek (Los Alamos). Feb 1998. 26 pp.
Published in Phys. Scripta T 76 (1998) 186–198, Acta Phys. Polon. B 29 (1998) 3689–3709
DOI: 10.1238/Physica.Topical.076a00186
Prepared for 38th Cracow School of Conference: C98-06-01.2 Proceedings
e-Print: quant-ph/9802054

304. Can the universe create itself?
J. Richard Gott, III, Li-Xin Li (Princeton U.). Dec 1997. 48 pp.
Published in Phys. Rev. D 58 (1998) 023501
DOI: 10.1103/PhysRevD.58.023501
e-Print: astro-ph/9712344

305. A Model of nonlocal quantum electrodynamics: Time's arrow and EPR – like quantum correlation
T.K. Rai Dastidar, Krishna Rai Dastidar (IACS, Kolkata). Feb 1999. 17 pp.
Published in Mod. Phys. Lett. A 13 (1998) 1265–1280
DOI: 10.1142/S0217732398001339
e-Print: hep-th/9902020

306. Experiment sees the arrow of time – at last!
N. Mavromatos (Oxford U.). 1998. 2 pp.
Published in Phys. World 11N12 (1998) 21–22
References | BibTeX | LaTeX(US) | LaTeX(EU) | Harvmac | EndNote Physics World Server Details des
Eintrags

307. Quantum measurements, nonlocality and the arrow of time
J.W. Moffat (Toronto U.). Oct 1997. 21 pp.
UTPT-97-05
e-Print: gr-qc/9710019

308. The Q**2 evolution of Soffer inequality
C. Bourrely, Jacques Soffer (Marseille, CPT), O.V. Teryaev (Dubna, JINR). Sep 1997. 11 pp.
Published in Phys. Lett. B 420 (1998) 375–381
CPT-97-P-3538, CPT-97-P.3538
DOI: 10.1016/S0370-2693(97)01538-4
e-Print: hep-ph/9710224

309. Fisher's arrow of time in quantum cosmology
B. Roy Frieden (Arizona U.), H.C. Rosu (Guanajuato U., FIMEE & Bucharest, Inst. Space Science).
Mar 1997. 7 pp.
Published in Mod. Phys. Lett. A 13 (1998) 39–46
DOI: 10.1142/S0217732398000073
e-Print: gr-qc/9703051

310. Arrow of time and reality: In search of a conciliation
A. Magnon (Clermont-Ferrand U.). 1997. 290 pp.
Published in Singapore, Singapore: World Scientific (1997) 290 p.

311. Parametric amplification of perturbations in closed universe and an arrow of time
L. Hubicki (Silesia U.), M. Biesiada (Warsaw, Copernicus Astron. Ctr.). 1997. 5 pp.
Published in Phys. Scripta 56 (1997) 9–13
DOI: 10.1088/0031-8949/56/1/001

312. A Phase space approach to the gravitational arrow of time
     Tony Rothman (Princeton U., Plasma Physics Lab.), Peter Anninos (NCSA, Urbana). Dec 1996.
     20 pp.
     Published in Phys. Rev. D 55 (1997) 1948–1963
     DOI: 10.1103/PhysRevD.55.1948
     e-Print: gr-qc/9612063
313. Time's arrows today: Recent physical and philosophical work on the direction of time
     S.F. Savitt (ed.) (British Columbia U.). 1996.
     Published in Cambridge, UK: Univ. Pr. (1995) 330 p.
314. Indeterministic quantum gravity. 5. Dynamics and arrow of time
     Vladimir S. Mashkevich (Kiev, Phys. Inst.). Sep 1996. 13 pp.
     e-Print: gr-qc/9609046
315. The Metron model: Elements of a unified deterministic theory of fields and particles
     K. Hasselmann (Hamburg, Max Planck Inst.). Jun 1996. 141 pp.
     Published in Phys. Essays 9 (1996) 311–325
     MPI-172
     DOI: 10.4006/1.3029238
     e-Print: quant-ph/9606033
316. The Mathematical structure of superspace as a consequence of time asymmetry
     Mario Castagnino (Buenos Aires, IAFE). Apr 1996. 45 pp.
     Published in Phys. Rev. D 57 (1998) 750–767
     DOI: 10.1103/PhysRevD.57.750
     e-Print: gr-qc/9604034
317. A Noncritical string (Liouville) approach to brain microtubules: State vector reduction, memory
     coding and capacity
     N.E. Mavromatos (Oxford U.), Dimitri V. Nanopoulos (Texas A-M & HARC, Woodlands). Dec 1995.
     70 pp.
     OUTP-95-52-P
     e-Print: quant-ph/9512021
318. Noncritical string theory formulation of microtubule dynamics and quantum aspects of brain
     function
     N.E. Mavromatos (Annecy, LAPP & CERN), Dimitri V. Nanopoulos (Texas A-M & HARC, Woodlands
     & CERN). May 1995. 40 pp.
     ACT-09-95, CERN-TH-127-95, CTP-TAMU-24-95
     e-Print: hep-ph/9505401
319. The Rigged Hilbert space formulation of quantum mechanics and its implications for irreversibi-
     lity
     Christoph Schulte, Reidun Twarock (Clausthal, Tech. U.). May 1995. 18 pp.
     ASI-TPA-6-95
     e-Print: quant-ph/9505004
320. Baryon and time asymmetries of the universe
     Andro Barnaveli, Merab Gogberashvili (Razmadze Math. Inst.). May 1995. 46 pp.
     IPGAS-HE-2-95
     e-Print: hep-ph/9505413
321. Quantum mechanics as a classical theory. 5: The Quantum Schwartzschild problem
     L.S.F. Olavo (Brasilia U.). Mar 1995. 17 pp.
     e-Print: quant-ph/9503025

322. Correlations, decoherence, dissipation, and noise in quantum field theory
     Esteban Calzetta (Buenos Aires, IAFE & Buenos Aires U.), B.L. Hu (Maryland U. & Princeton, Inst. Advanced Study). Jan 1995. 37 pp.
     IASSNS-HEP-95-2, UMDPP-95-079
     Talk given at Conference: C94-08-02.2
     e-Print: hep-th/9501040
323. Time asymmetry in semiclassical cosmology
     M. Castagnino, E. Gunzig, F. Lombardo (Brussels U. & Buenos Aires U. & Buenos Aires, IAFE). 1995. 10 pp.
     Published in Gen. Rel. Grav. 27 (1995) 257–266
     DOI: 10.1007/BF02109125
324. An Introduction to quantum cosmology
     David L. Wiltshire (Adelaide U.). Jan 1995. 59 pp.
     Published in In *Canberra 1995, Cosmology* 473–531
     ADP-95-11-M-28
     Talk given at Conference: C95-01-16.2, p. 473–531 Proceedings
     e-Print: gr-qc/0101003
325. A Quantum mechanical arrow of time and the semigroup time evolution of Gamow vectors
     A. Bohm, I. Antoniou, P. Kielanowski. 1995. 12 pp.
     Published in J. Math. Phys. 36 (1995) 2593–2604
     DOI: 10.1063/1.531053
326. Quantum cosmology of Kantowski-Sachs like models
     Heinz-Dieter Conradi (Aachen, Tech. Hochsch.). Dec 1994. 19 pp.
     Published in Class. Quant. Grav. 12 (1995) 2423–2440
     PITHA-94-64
     DOI: 10.1088/0264-9381/12/10/005
     e-Print: gr-qc/9412049
327. PT violation and orientability in the early universe
     A. Magnon (Clermont-Ferrand U.). 1994. 6 pp.
     Published in Int. J. Mod. Phys. D 3 (1994) 225–230
     DOI: 10.1142/S0218271894000344
328. Quantum state of wormholes and topological arrow of time
     Pedro F. Gonzalez-Diaz (Madrid, IMAFF). May 1994. 24 pp.
     Published in Int. J. Mod. Phys. D 3 (1994) 549–568
     IMAFF-RC-09-94
     DOI: 10.1142/S0218271894000708
     e-Print: gr-qc/9408021
     References | BibTeX | LaTeX(US) | LaTeX(EU) | Harvmac | EndNote ADS Abstract Service
329. Some physical aspects of Liouville string dynamics
     John R. Ellis (CERN), N.E. Mavromatos (Annecy, LAPP), Dimitri V. Nanopoulos (CERN & Texas A-M & HARC, Woodlands). May 1994. 37 pp.
     CERN-TH-7269-94, ENSLAPP-A-474-94, CTP-TAMU-26-94, ACT-08-94
     Contributed to Int. Conf. on Phenomenology of Conference: C94-03-23.1, p. 187–223 Proceedings
     e-Print: hep-th/9405196
330. Discrete differential calculus graphs, topologies and gauge theory
     Aristophanes Dimakis (Crete U.), Folkert Mueller-Hoissen (Gottingen U.). Apr 1994. 35 pp.
     Published in J. Math. Phys. 35 (1994) 6703–6735
     GOET-TP-1-94-REV, GOET-TP-1-94
     DOI: 10.1063/1.530638
     e-Print: hep-th/9404112

331. A Noncritical string approach to black holes, time and quantum dynamics
John R. Ellis (CERN), N.E. Mavromatos (Lyon, Ecole Normale Superieure & Annecy, LAPP), Dimitri
V. Nanopoulos (CERN & Texas A-M & HARC, Woodlands). Mar 1994. 59 pp.
CERN-TH-7195-94, ENSLAPP-A-463-94, ACT-5-94, CTP-TAMU-13-94
Lectures given at Conference: C93-07-04 (Erice Subnuclear 1993:0001-66), p. 0001-66 Procee-
dings
e-Print: hep-th/9403133

332. Decoherence, chaos, and the second law
Wojciech Hubert Zurek, Juan Pablo Paz (Los Alamos). Feb 23, 1994. 13 pp.
Published in Phys. Rev. Lett. 72 (1994) 2508
DOI: 10.1103/PhysRevLett.72.2508
e-Print: gr-qc/9402006

333. Arrow of time in a recollapsing quantum universe
C. Kiefer (Freiburg U.), H.D. Zeh (Heidelberg U.). Feb 14, 1994. 17 pp.
Published in Phys. Rev. D 51 (1995) 4145–4153
FREIBURG-THEP-93-30, HD-TVP-94-2
DOI: 10.1103/PhysRevD.51.4145
e-Print: gr-qc/9402036

334. New measurements of charge changing cross-section in carbon and hydrogen targets above
2-GeV per nucleon: Evidence for an energy dependence that may strongly affect estimates of
the energy dependence of cosmic ray diffusion in the galaxy
W.R. Webber (New Mexico State U.), W.R. Binnes, D. Crary, M. Westphall (Washington U., St.
Louis). 1994. 3 pp.
Published in Astrophys. J. 429 (1994) 764–766
DOI: 10.1086/174360

335. PT invariance and gravitational radiation: A Remark
A. Magnon (Clermont-Ferrand U.). 1994. 2 pp.
Published in Nuovo Cim. B 109 (1994) 1021–1022
DOI: 10.1007/BF02726149

336. The Timelessness of quantum gravity. 2: The Appearance of dynamics in static configurations
J.B. Barbour. 1994. 23 pp.
Published in Class. Quant. Grav. 11 (1994) 2875–2897
DOI: 10.1088/0264-9381/11/12/006

337. The Preparation registration arrow of time in quantum mechanics
A. Bohm, I. Antoniou, P. Kielanowski. 1994. 7 pp.
Published in Phys. Lett. A 189 (1994) 442–448
DOI: 10.1016/0375-9601(94)91207-6

338. Time, gravity, and quantum mechanics
W.G. Unruh (British Columbia U.). Dec 23, 1993. 60 pp.
Published in In *Savitt, S.F. (ed.): Time's arrows today* 23–94, and Preprint – Unruh, W.G.
(rec.Jan.94) 60 p.
e-Print: gr-qc/9312027

339. Cosmology, time's arrow, and that old double standard
Huw Price (Sydney U.). Oct 25, 1993. 29 pp.
e-Print: gr-qc/9310022

340. A Proposal for solving the 'problem of time' in canonical quantum gravity
     Robert M. Wald (Chicago U., EFI & Chicago U.). May 31, 1993. 18 pp.
     Published in Phys. Rev. D 48 (1993) R2377–R2381
     PRINT-93-0424 (EFI-CHICAGO)
     DOI: 10.1103/PhysRevD.48.R2377
     e-Print: gr-qc/9305024
341. A String derivation of the S-slash matrix
     John R. Ellis (CERN), N.E. Mavromatos (CERN & Lyon, Ecole Normale Superieure & Annecy, LAPP),
     Dimitri V. Nanopoulos (CERN & Texas A-M & HARC, Woodlands). May 1993. 61 pp.
     CERN-TH-6897-93, CTP-TAMU-30-93, ACT-10-93, ENSLAPP-A-427-93
     e-Print: hep-th/9305117
342. The Origin of time asymmetry
     S.W. Hawking (Cambridge U.), R. Laflamme (Cambridge U. & Los Alamos), G.W. Lyons (Cambridge
     U.). Feb 12, 1993. 41 pp.
     Published in Phys. Rev. D 47 (1993) 5342–5356
     PRINT-93-0178 (DAMTP, CAMBRIDGE)
     DOI: 10.1103/PhysRevD.47.5342
     e-Print: gr-qc/9301017
343. The Arrow of Time in Quantum Gravity
     Chuang Liu (Florida U.). 1993. 19 pp.
     Published in Phil. Sci. 60 (1993) no. 4, 619–637
     DOI: 10.1086/289763
344. The arrow of time in quantum mechanics
     P. Kielanowski (CINVESTAV, IPN). 1993. 7 pp.
     Published in In *Merida 1993, Particles and fields* 368–374
345. Quantum relativity
     D. Finkelstein, J.M. Gibbs (Georgia Tech). 1993. 13 pp.
     Published in Int. J. Theor. Phys. 32 (1993) 1801–1813
     DOI: 10.1007/BF00979502
346. Cosmological 'arrow of time' and baryon asymmetry of the universe
     A. Barnaveli, M. Gogberashvili (Tbilisi, Inst. Phys.). 1993. 4 pp.
     Published in Phys. Lett. B 316 (1993) 57–60
     DOI: 10.1016/0370-2693(93)90657-4
347. Time symmetric cosmology and the opacity of the future light cone
     P.C.W. Davies, J. Twamley (Adelaide U.). 1993. 15 pp.
     Published in Class. Quant. Grav. 10 (1993) 931–945
     DOI: 10.1088/0264-9381/10/5/011
348. CP violation and antigravity (revisited)
     G. Chardin (DAPNIA, Saclay). Dec 1992. 19 pp.
     Published in Nucl. Phys. A 558 (1993) 477C–496C
     DAPNIA-SPP-92-31
     DOI: 10.1016/0375-9474(93)90415-T
     Talk given at Conference: C92-09-14 Proceedings
349. The String universe: High T(c) superconductor or quantum Hall conductor?
     John R. Ellis, N.E. Mavromatos, Dimitri V. Nanopoulos (CERN). Aug 1992. 11 pp.
     Published in Phys. Lett. B 296 (1992) 40–50
     CERN-TH-6536-92, ACT-13-92, CTP-TAMU-48-92, CERN-TH.6536-92
     DOI: 10.1016/0370-2693(92)90801-A
     e-Print: hep-th/9209013

350. Quantum gravity, the origin of time and time's arrow
     J.W. Moffat (Toronto U.). Aug 1992. 37 pp.
     Published in Found. Phys. 23 (1993) 411–437
     UTPT-92-09, UTPT-92-09
     DOI: 10.1007/BF01883721
     e-Print: gr-qc/9209001
351. A Topological explanation for three properties of time
     K.B.M. Nor (Malaysia U., Kuala Lumpur). 1992. 6 pp.
     Published in Nuovo Cim. B 107 (1992) 65–70
     DOI: 10.1007/BF02726885
352. Time (a)symmetry in a recollapsing quantum universe
     H.D. Zeh (Heidelberg U.). Oct 1991. 13 pp.
     HD-TVP-91-16
     Conference: C91-09-30.4 (Mazagon NATO Workshop 1991:0390-404), p. 0390–404
     e-Print: gr-qc/9403020
353. The Origin of time and time's arrow
     J.W. Moffat (Toronto U.). Sep 1991. 15 pp.
     UTPT-91-22
354. The emergence of time and its arrow from timelessness
     J.B. Barbour (Leibniz Inst., Oxfordshire). Sep 1991. 10 pp.
     Prepared for NATO Workshop on the Physical Origin of Conference: C91-09-30.4, p. 405–414
355. The no boundary condition and the arrow of time
     S.W. Hawking (Cambridge U., DAMTP). Sep 1991. 12 pp.
     Prepared for NATO Workshop on the Physical Origin of Conference: C91-09-30.4, p. 346–357
356. Decoherence without complexity and without an arrow of time
     Bryce S. DeWitt (Texas U.). Sep 1991. 13 pp.
     Prepared for NATO Workshop on the Physical Origin of Conference: C91-09-30.4, p. 221–233
357. Fluctuation, dissipation and irreversibility in cosmology
     B.L. Hu (Maryland U.). Sep 1991. 24 pp.
     UMD-PP-93-55
     Invited talk at Conference: C91-09-30.4 (Mazagon NATO Workshop 1991:0475-503), p. 0475–503
     e-Print: gr-qc/9302021
358. The Arrow of time and the no boundary proposal
     R. Laflamme (Cambridge U.). Sep 1991. 11 pp.
     DAMTP-R-92-17
     Presented at Conference: C91-09-30.4 (Mazagon NATO Workshop 1991:0358-368), p. 0358–368
359. The Arrow of time
     Don N. Page (Alberta U.). May 1991. 7 pp. PRINT-92-0106 (ALBERTA)
     Submitted to Proc. of Conference: C91-05-27.1 (Sakharov Conf.1991:1031–1038), p. 1031–1038
360. Time symmetry and asymmetry in quantum mechanics and quantum cosmology
     Murray Gell-Mann (Caltech), James B. Hartle (UC, Santa Barbara). May 1991. 39 pp.
     UCSBTH-91-31
     To appear in Proc. of Conference: C91-09-30.3 (Sakharov Conf.1991:1151-1174), p. 1151–1174,
     To appear in Proc. of Conference: C91-05-27.1 (Mazagon NATO Workshop 1991:0311-345),
     p. 0311–345
     e-Print: gr-qc/9304023
361. Topological arrow of time and quantum-mechanical evolution
     P.F. Gonzalez-Diaz (Madrid, Inst. Estructura Materia). 1991. 4 pp.
     Published in In *Goslar 1991, Classical and quantum systems* 261–264
     Prepared for Conference: C91-07-16, p. 261–264 Proceedings

362. Entropy, inflation and the arrow of time
Dalia S. Goldwirth, Tsvi Piran (Harvard-Smithsonian Ctr. Astrophys.). Jan 1991. 10 pp.
Published in Class. Quant. Grav. 8 (1991) L155–L160
CFA-3180
DOI: 10.1088/0264-9381/8/8/001

363. The Arrow Of Time In Quantum Cosmology And Van Hove's Theory
Sumio Wada (Tokyo U., Komaba). Mar 15, 1990. 5 pp.

364. Violation of CPT invariance in the typical universe
V.G. Gurzadyan (Yerevan Phys. Inst. & Rome U.). 1990. 5 pp.
Published in Nuovo Cim. B 105 (1990) 971–975
DOI: 10.1007/BF02741567

365. Magnetic charges, inertia, and arrow of time
A.M.R. Magnon (Clermont-Ferrand U.). 1990. 5 pp.
Published in Int. J. Theor. Phys. 29 (1990) 125–129
DOI: 10.1007/BF00671322

366. Inhomogeneous quantum cosmology: An Infinite parameter model
S.P. Braham (Penn State U.). 1990. 16 pp.
Published in Phys. Rev. D 41 (1990) 3671–3686
DOI: 10.1103/PhysRevD.41.3671

367. Four space formulation of Dirac's equation
A.B. Evans (Otago U.). 1990. 27 pp.
Published in Found. Phys. 20 (1990) 309–335
DOI: 10.1007/BF00731695

368. Entropy Of Semiclassical States In Chaotic Cosmology
G. Francisco (Sao Paulo, IFT). Jun 6, 1989. 7 pp.
Published in Int. J. Theor. Phys. 28 (1989) 765
IFT/P-04/89-SAO PAULO
DOI: 10.1007/BF00669820

369. Excess baggage
James B. Hartle (UC, Santa Barbara). 1989. 9 pp.
Published in In *Pasadena 1989, Proceedings, Elementary particles and the universe* 1–16.
e-Print: gr-qc/0508001

370. Decoherence in Quantum Cosmology
Jonathan J. Halliwell (Santa Barbara, KITP). Jan 1989. 25 pp.
Published in Phys. Rev. D 39 (1989) 2912
NSF-ITP-89-07
DOI: 10.1103/PhysRevD.39.2912

371. Ratios Of Magnetic Charge To Charge And Of Magnetic Mass To Mass
A.M.R. Magnon (Clermont-Ferrand U.). 1988. 5 pp.
Published in Int. J. Theor. Phys. 27 (1988) 3–7
DOI: 10.1007/BF00672042

372. Entropy Generation in Curved Spaces as a Diagnostic for Particle Creation
H.E. Kandrup (Syracuse U.). 1988. 4 pp.
Published in Phys. Lett. B 202 (1988) 207–210
DOI: 10.1016/0370-2693(88)90009-3

373. Two-dimensional Quantum Cosmology: Directions of Dynamical and Thermodynamic Arrows of
Time
Takeshi Fukuyama (Ritsumeikan U.), Masahiro Morikawa (Kyoto U.). Aug 1988. 23 pp.
Published in Phys. Rev. D 39 (1989) 462
KUNS-936
DOI: 10.1103/PhysRevD.39.462
374. Conditional Probabilities and Entropy in (Minisuperspace) Quantum Cosmology
H.E. Kandrup (Syracuse U.). 1988. 19 pp.
Published in Class. Quant. Grav. 5 (1988) 903–921
DOI: 10.1088/0264-9381/5/6/011
375. Dynamical Time Variable In Cosmology
Takeshi Fukuyama (Osaka Inst. Tech.), Kiyoshi Kamimura (Toho U.). Oct 1987. 18 pp.
Published in Mod. Phys. Lett. 3A (1988) 333
Print-87-0778 (OSAKA)
DOI: 10.1142/S0217732388000416
376. The Arrow Of Time And The Expansion Of The Universe
A. Qadir (Texas U.). 1987. 3 pp.
Published in Phys. Lett. A 121 (1987) 113–115
DOI: 10.1016/0375-9601(87)90402-6
377. Time in Quantum Gravity
H.D. Zeh (Heidelberg U.). Jun 1987. 10 pp.
Published in Phys. Lett. A 126 (1988) 311–317
PRINT-87-0793 (HEIDELBERG)
DOI: 10.1016/0375-9601(88)90842-0
378. Quantum Cosmology and Recollapse
R. Laflamme, E.P.S. Shellard (Cambridge U.). Mar 11, 1987. 21 pp.
Published in Phys. Rev. D 35 (1987) 2315
Print-87-0218 (CAMBRIDGE)
DOI: 10.1103/PhysRevD.35.2315
379. A Time Symmetric Universe Model And Its Observational Implication
T. Futamase (Washington U., St. Louis), T. Matsuda (Kyoto U.). 1987. 11 pp.
Published in Nuovo Cim. B 100 (1987) 277–287
DOI: 10.1007/BF02722898
380. Mass, Dual Mass, And Gravitational Entropy
A. Magnon (Syracuse U. & Clermont-Ferrand U.). 1987. 6 pp.
Published in J. Math. Phys. 28 (1987) 2149–2154
DOI: 10.1063/1.527426
381. The Gravitational arrow of time and the Szekeres cosmological models
W.B. Bonnor (Cape Town U.). Dec 1985. 7 pp.
Published in Class. Quant. Grav. 3 (1986) 495–501
DOI: 10.1088/0264-9381/3/4/005
382. Will Entropy Decrease if the Universe Recollapses?
Don N. Page (Penn State U.). Jul 1985. 12 pp.
Published in Phys. Rev. D 32 (1985) 2496
Print-85-0964 (PENN STATE)
DOI: 10.1103/PhysRevD.32.2496

383. The Arrow of Time in Cosmology
     S.W. Hawking (Cambridge U.). Apr 1985. 23 pp.
     Published in Phys. Rev. D 32 (1985) 2489
     Print-85-0492 (CAMBRIDGE)
     DOI: 10.1103/PhysRevD.32.2489

384. T C P, Quantum Gravity, the Cosmological Constant and All That...
     Tom Banks (SLAC & Princeton, Inst. Advanced Study). Jul 1984. 29 pp.
     Published in Nucl. Phys. B 249 (1985) 332–360
     SLAC-PUB-3376
     DOI: 10.1016/0550-3213(85)90020-3

385. Can Inflation Explain The Second Law Of Thermodynamics?
     Don N. Page (Texas U. & Penn State U.). 1985. 9 pp.
     Published in Int. J. Theor. Phys. 23 (1984) 725–733
     DOI: 10.1007/BF02214100

386. The Arrow Of Time In The Dynamic Theory
     Pharis E. Williams (Los Alamos). Feb 1981. 8 pp.
     LA-8690-MS

387. Cosmological Models of the Universe With Rotation of Time's Arrow
     A.D. Sakharov. Jul 1980. 11 pp.
     Published in Sov. Phys. JETP 52 (1980) 349–351, Zh. Eksp. Teor. Fiz. 79 (1980) 689–693,
     Sov. Phys. Usp. 34 (1991) 401–403
     SLAC-TRANS-0192-REV, SLAC-TRANS-0192

388. Exact Integrability in Quantum Field Theory and Statistical Systems
     H.B. Thacker (Fermilab). Apr 1980. 141 pp.
     Published in Rev. Mod. Phys. 53 (1981) 253
     FERMILAB-PUB-80-038-THY, FERMILAB-PUB-80-038-T
     DOI: 10.1103/RevModPhys.53.253

389. Statistical Formulation Of Gravitational Radiation Reaction
     Bernard F. Schutz (Cardiff U.). 1980. 11 pp.
     Published in Phys. Rev. D 22 (1980) 249–259
     DOI: 10.1103/PhysRevD.22.249

390. Quantum Gravity And Time Reversibility
     Robert M. Wald (Chicago U., EFI). 1980. 14 pp.
     Published in Phys. Rev. D 21 (1980) 2742–2755
     DOI: 10.1103/PhysRevD.21.2742

391. Local Electromagnetic Field Propagation In The Imperfect Fluid Friedmann Cosmology
     T. Grabinska, M. Heller, M. Zabierowski (Jagiellonian U.). 1979. 3 pp.
     Published in Acta Phys. Polon. B 10 (1979) 663–665

392. Absorber Theory of Radiation
     D.T. Pegg (Queensland U.). 1975. 45 pp.
     Published in Rept. Prog. Phys. 38 (1975) 1339–1383
     DOI: 10.1088/0034-4885/38/12/001

393. Some reflections on the nature of entropy irreversibility and the second law of thermodynamics
     J. Mehra, G. Sudarshan. 1972.
     Published in Nuovo Cim. B 11 (1972) 215
     DOI: 10.1007/BF02738555

394. Microscopic irreversibility in the neutral kaon system and the thermo-dynamical arrow of time.
2. cpt violating case
A. Aharony (Tel Aviv U.). 1971. 9 pp.
Published in Annals Phys. 68 (1971) 163–171
DOI: 10.1016/0003-4916(71)90245-4
395. Microscopic irreversibility in the neutral kaon system and the thermo-dynamical arrow of time.
1. cpt symmetric case
A. Aharony (Tel Aviv U.). 1971. 18 pp.
Published in Annals Phys. 67 (1971) 1–18
DOI: 10.1016/0003-4916(71)90002-9
396. The master equation and the arrow of time
H. Krips (Adelaide U.). 1971. 18 pp.
Published in Nuovo Cim. B 3 (1971) 153–170
DOI: 10.1007/BF02815331
397. Time-reversal symmetry violation and the oscillating universe
A. Aharony, Yuval Ne'eman (Tel Aviv U.). 1970. 5 pp.
Published in Int. J. Theor. Phys. 3 (1970) 437–441
DOI: 10.1007/BF00672450
398. The arrow of time
M. Bunge (McGill U.). 1970. 3 pp.
Published in Int. J. Theor. Phys. 3 (1970) 77–79
DOI: 10.1007/BF00674013
399. Cp and cpt symmetry violations, entropy and the expanding universe
Yuval Ne'eman (Tel Aviv U.). 1970. 5 pp.
Published in Int. J. Theor. Phys. 3 (1970) 1–5
DOI: 10.1007/BF00674005
400. Time-reversal violation and the arrows of time
A. Aharony, Yuval Ne'eman (Tel Aviv U. & Texas U.). 1970. 5 pp.
Published in Lett. Nuovo Cim. 4S1 (1970) 862–866, Lett. Nuovo Cim. 4 (1970) 862–866
DOI: 10.1007/BF02755166
401. The arrows of time
Yuval Ne'eman. 1969. 13 pp.
Published in In *Ruffini, R. (ed.) et al.: Matter particled* 723–735
402. Gravitational radiation and the arrow of time in cosmology
J. Krishna Rao, P.C. Vaidya (Gujarat U.). 1966. 5 pp.
Published in Ann. Inst. H. Poincare Phys. Theor. 5 (1966) 77–81
403. The arrow of time
T. Gold. 1958. 15 pp.
Conference: C58-06-09, p. 81–95 Proceedings

Anhang

Ein entomisches Gedicht

Wer Schmetterlinge lachen hört,
der weiß, wie Wolken schmecken,
der wird im Mondschein ungestört
von Furcht die Nacht entdecken.

Der wird zur Pflanze, wenn er will,
zum Tier, zum Narr, zum Weisen,
und kann in einer Stunde
durchs ganze Weltall reisen.

Er weiß, dass er nichts weiß,
wie alle anderen auch nichts wissen,
nur weiß er, was die anderen
und er noch lernen müssen.

Wer in sich fremde Ufer spürt,
und Mut hat sich zu recken,
der wird allmählich ungestört
von Furcht sich selbst entdecken

Abwärts zu den Gipfeln
Seiner selbst blickt er hinauf,
den Kampf mit seiner Unterwelt
nimmt er gelassen auf.

Wer Schmetterlinge lachen hört,
der weiß, wie Wolken schmecken,
der wird im Mondschein ungestört
von Furcht die Nacht entdecken.

Der mit sich selbst in Frieden lebt,
der wird genauso sterben,
und ist selbst dann lebendiger
als alle seine Erben.

Carlo Karges

https://doi.org/10.1515/9783110789355-016

Und noch ein entomisches Gedicht

Augenblick

Mein sind die Jahre nicht,
die mir die Zeit genommen;
mein sind die Jahre nicht,
die etwa mögen kommen;
der Augenblick ist mein,
und nehm ich den in acht,
so ist der mein,
der Zeit und Ewigkeit gemacht.

Andreas Gryphius (1616–1664)

Und noch eins

Noch kommt mit der Unsterblichkeit gepaart
die Zukunft ewig strömend zu dir her
und schafft auf ihrem unbewegten Meer
in dir den Wellenschaum der Gegenwart;

sie prallt in unergründlich schneller Fahrt
aufgischtend an deiner Seele Wehr
und bricht durch dich in einem Sturze, der
schon als Vergangenheit sich offenbart.

Bis eines Tages sich der Schaum zerstreut
und deiner Seele Balkenwerk zerfällt –
und Strom ist nicht mehr Strom, still steht die Zeit:

fort strömt die Zeit und trägt die tote Welt
auf ungeteilter Flut zur Ewigkeit,
wo sie mit ihrer Last als Wort zerschellt.

Gustav Sack
(1885–1916, gefallen), deutscher Dichter
Quelle: Sack, Paralyse. Romanfragment, Erstdruck: 1913/1914

Das Höhlengleichnis

([4] Platon, Politeia 514a1–517c6)

(514a) Μετὰ ταῦτα δή, εἶπον, ἀπείκασον τοιούτῳ πάθει τὴν ἡμετέραν φύσιν παιδείας τε πέρι καὶ ἀπαιδευσίας. ἰδὲ γὰρ ἀνθρώπους οἷον ἐν καταγείῳ οἰκήσει σπηλαιώδει, ἀναπεπταμένην πρὸς τὸ φῶς τὴν εἴσοδον ἐχούσῃ μακρὰν παρὰ πᾶν τὸ σπήλαιον, ἐν ταύτῃ ἐκ παίδων ὄντας ἐν δεσμοῖς καὶ τὰ σκέλη καὶ τοὺς αὐχένας, ὥστε μένειν τε αὐτοὺς εἴς τε (b) τὸ πρόσθεν μόνον ὁρᾶν, κύκλῳ δὲ τὰς κεφαλὰς ὑπὸ τοῦ δεσμοῦ ἀδυνάτους περιάγειν, φῶς δὲ αὐτοῖς πυρὸς ἄνωθεν καὶ πόρρωθεν καόμενον ὄπισθεν αὐτῶν, μεταξὺ δὲ τοῦ πυρὸς καὶ τῶν δεσμωτῶν ἐπάνω ὁδόν, παρ' ἣν ἰδὲ τειχίον παρῳκοδομημένον, ὥσπερ τοῖς θαυματοποιοῖς πρὸ τῶν ἀνθρώπων πρόκειται τὰ παραφράγματα, ὑπὲρ ὧν τὰ θαύματα δεικνύασιν.

(514a) Danach fuhr ich fort, betrachte nun unsere menschliche Natur in Bezug auf Bildung und Unbildung mit folgendem Zustand: Stelle dir nämlich Menschen vor in einer höhlenartigen Wohnung unter der Erde, mit einem nach dem Licht hin geöffneten und längs der ganzen Höhle hingehenden Eingang; darin Menschen, die von Kindheit auf an Schenkeln und Hals gefesselt sind, so dass sie dort bleiben und nur nach vorn schauen müssen, aber den Kopf wegen der Fesseln nicht umzudrehen vermögen; das Licht scheine ihnen von oben und von fern von einem Feuer hinter ihnen; zwischen dem Feuer und den Gefesselten sei oben ein Querweg; entlang diesem stelle dir eine kleine Mauer gebaut vor, wie sie die Gaukler vor dem Publikum haben, über die sie ihre Wunder zeigen.

Ὁρῶ, ἔφη.

Ich stelle mir das vor, sagte er.

Ὅρα τοίνυν παρὰ τοῦτο τὸ τειχίον φέροντας ἀνθρώπους (c) σκεύη τε παντοδαπὰ ὑπερέχοντα τοῦ τειχίου καὶ ἀνδριάντας (515a) καὶ ἄλλα ζῷα λίθινά τε καὶ ξύλινα καὶ παντοῖα εἰργασμένα, οἷον εἰκὸς τοὺς μὲν φθεγγομένους, τοὺς δὲ σιγῶντας τῶν παραφερόντων.

So stelle dir nun weiter vor, entlang dieser Mauer trügen Leute allerhand Gerätschaften, die über die Mauer hinausragten, (515a) auch Statuen und Bilder von anderen Lebewesen aus Stein, Holz und sonst allerlei Stoff, wobei, wie natürlich, einige der Vorübertragenden reden, andere schweigen.

Ἄτοπον, ἔφη, λέγεις εἰκόνα καὶ δεσμώτας ἀτόπους.

Ein seltsames Gleichnis, sagte er, und seltsame Gefangene!

https://doi.org/10.1515/9783110789355-017

Ὁμοίους ἡμῖν, ἦν δ' ἐγώ· τοὺς γὰρ τοιούτους πρῶτον μὲν ἑαυτῶν τε καὶ ἀλλήλων οἴει ἂν τι ἑωρακέναι ἄλλο πλὴν τὰς σκιὰς τὰς ὑπὸ τοῦ πυρὸς εἰς τὸ καταντικρὺ αὐτῶν τοῦ σπηλαίου προσπιπτούσας;

Leibhaftige Ebenbilder von uns! sagte ich. Haben solche Gefangene zunächst wohl von sich selbst und von einander etwas anderes gesehen als die Schatten, die von dem Feuer auf die ihnen gegenüberstehende Wand fallen?

Πῶς γάρ, ἔφη, εἰ ἀκινήτους γε τὰς κεφαλὰς ἔχειν ἠναγκασμένοι (b) εἶεν διὰ βίου;

Unmöglich, sagte er, wenn sie gezwungen sind, ihr ganzes Leben lang den Kopf unbeweglich zu halten.

Τί δὲ τῶν παραφερομένων; οὐ ταὐτὸν τοῦτο;

Wie aber die vorübergetragenen Gegenstände, ist es da nicht ebenso?

Τί μήν;

Allerdings.

Εἰ οὖν διαλέγεσθαι οἷοί τ' εἶεν πρὸς ἀλλήλους, οὐ ταῦτα ἡγῇ ἂν τὰ ὄντα αὐτοὺς νομίζειν ἅπερ ὁρῷεν;

Wenn sie nun miteinander reden könnten, würden sie wohl nicht das für wirklich halten, was sie sehen?

Ἀνάγκη.

Notwendig.

Τί δ' εἰ καὶ ἠχὼ τὸ δεσμωτήριον ἐκ τοῦ καταντικρὺ ἔχοι; ὁπότε τις τῶν παριόντων φθέγξαιτο, οἴει ἂν ἄλλο τι αὐτοὺς ἡγεῖσθαι τὸ φθεγγόμενον ἢ τὴν παριοῦσαν σκιάν;

Weiter: Wenn der Kerker auch ein Echo von der gegenüberstehenden Wand hätte, sooft jemand der Vorübergehenden redete, glaubst du wohl, sie würden glauben, etwas anderes rede, als der vorübergehende Schatten?

Μὰ Δί' οὐκ ἔγωγ', ἔφη.

Nein, bei Zeus, sagte er, ich nicht.

Παντάπασι δή, ἦν δ' ἐγώ, οἱ (c) τοιοῦτοι οὐκ ἂν ἄλλο τι νομίζοιεν τὸ ἀληθὲς ἢ τὰς τῶν σκευαστῶν σκιάς.

Überhaupt also, fuhr ich fort, würden solche Leute nichts für wahr halten als die Schatten jener Gerätschaften?

Πολλὴ ἀνάγκη, ἔφη.

Ja, ganz notwendig, sagte er.

Σκόπει δή, ἦν δ' ἐγώ, αὐτῶν λύσιν τε καὶ ἴασιν τῶν τε δεσμῶν καὶ τῆς ἀφροσύνης, οἵα τις ἂν εἴη, εἰ φύσει τοιάδε συμβαίνοι αὐτοῖς· ὁπότε τις λυθείη καὶ ἀναγκάζοιτο ἐξαίφνης ἀνίστασθαί τε καὶ περιάγειν τὸν αὐχένα καὶ βαδίζειν καὶ πρὸς τὸ φῶς ἀναβλέπειν, πάντα δὲ ταῦτα ποιῶν ἀλγοῖ τε καὶ διὰ τὰς μαρμαρυγὰς ἀδυνατοῖ καθορᾶν ἐκεῖνα, ὧν (d) τότε τὰς σκιὰς ἑώρα, τί ἂν οἴει αὐτὸν εἰπεῖν, εἴ τις αὐτῷ λέγοι, ὅτι τότε μὲν ἑώρα φλυαρίας, νῦν δὲ μᾶλλόν τι ἐγγυτέρω τοῦ ὄντος καὶ πρὸς μᾶλλον ὄντα τετραμμένος ὀρθότερον βλέποι, καὶ δὴ καὶ ἕκαστον τῶν παριόντων δεικνὺς αὐτῷ ἀναγκάζοι ἐρωτῶν ἀποκρίνεσθαι, ὅτι ἔστιν; οὐκ οἴει αὐτὸν ἀπορεῖν τε ἂν καὶ ἡγεῖσθαι τὰ τότε ὁρώμενα ἀληθέστερα ἢ τὰ νῦν δεικνύμενα;

Πολύ γ', ἔφη.

Οὐκοῦν κἂν εἰ πρὸς αὐτὸ τὸ φῶς ἀναγκάζοι (e) αὐτὸν βλέπειν, ἀλγεῖν τε ἂν τὰ ὄμματα καὶ φεύγειν ἀποστρεφόμενον πρὸς ἐκεῖνα, ἃ δύναται καθορᾶν, καὶ νομίζειν ταῦτα τῷ ὄντι σαφέστερα τῶν δεικνυμένων;

Οὕτως, ἔφη.

Prüfe nun, fuhr ich fort, wie ihre Lösung aus den Fesseln und die Heilung von ihrem Irrwahn verliefe, wenn ihnen wirklich folgendes widerführe. Wenn einer entfesselt und genötigt würde, plötzlich aufzustehen, den Hals umzudrehen, umherzugehen, in das Licht zu sehen, und wenn er bei all diesen Handlungen Schmerzen empfände und wegen des Flimmerns vor seinen Augen nicht jene Dinge anschauen könnte, deren Schatten er zuvor sah, was würde er wohl dazu sagen, wenn ihm einer erklärte, er habe vorhin nur Nichtigkeiten gesehen, jetzt aber sei er dem wahren Sein schon näher und habe sich zu schon wirklicheren Gegenständen gewandt und sehe daher nunmehr auch schon richtiger? Und wenn man ihm so denn auch jeden der vorüberwandernden wirklichen Gegenstände zeigte und ihn durch Fragen zur Antwort nötigte, was es sei, glaubst du nicht, dass er ganz in Verlegenheit käme und glaubte, das zuvor Geschaute hätte mehr Realität als das jetzt Gezeigte?

Ja, bei weitem, antwortete er.

Und nicht wahr, wenn man ihn zwänge, in das Licht selbst zu sehen, so würde er Augenschmerzen bekommen, davonlaufen und sich wieder dem zuwenden, was er ansehen kann, und glauben, dies sei wirklich deutlicher als das, was man ihm zeige?

Ja so, meinte er.

Εἰ δέ, ἦν δ᾽ ἐγώ, ἐντεῦθεν ἕλκοι τις αὐτὸν βίᾳ διὰ τραχείας τῆς ἀναβάσεως καὶ ἀνάντους, καὶ μὴ ἀνείη πρὶν ἐξελκύσειεν εἰς τὸ τοῦ ἡλίου φῶς, ἆρα οὐχὶ ὀδυνᾶσθαί τε ἂν καὶ ἀγανακτεῖν ἑλκόμενον, καὶ ἐπειδὴ πρὸς τὸ φῶς ἔλθοι, αὐγῆς ἂν ἔχοντα τὰ ὄμματα μεστὰ ὁρᾶν οὐδ᾽ ἂν ἓν δύνασθαι τῶν νῦν λεγομένων ἀληθῶν;

Wenn ihn aber, fuhr ich fort, einer aus dieser Höhle mit Gewalt den rauhen und steilen Aufgang, ohne loszulassen, hinaufzöge, bis er ihn an das Licht der Sonne gezogen hätte, dürfte er da nicht Schmerzen empfinden und aufgebracht sein, dass er gezogen wird, und, nachdem er an das Licht gekommen, die Augen voll Blendung haben und so gar nichts von dem sehen können, was jetzt als wirklich angegeben wird?

Οὐ γὰρ ἄν, ἔφη, ἐξαίφνης γε.

Wohl nicht, sagte er, jedenfalls nicht sofort.

Συνηθείας δὴ οἶμαι δέοιτ᾽ ἄν, εἰ μέλλοι τὰ ἄνω ὄψεσθαι. καὶ πρῶτον μὲν τὰς σκιὰς ἂν ῥᾷστα καθορῷ, καὶ μετὰ τοῦτο ἐν τοῖς ὕδασι τά τε τῶν ἀνθρώπων καὶ τὰ τῶν ἄλλων εἴδωλα, ὕστερον δὲ αὐτά· ἐκ δὲ τούτων τὰ ἐν τῷ οὐρανῷ καὶ αὐτὸν τὸν οὐρανὸν νύκτωρ ἂν ῥᾷον θεάσαιτο, προσβλέπων τὸ τῶν ἄστρων τε καὶ σελήνης (b) φῶς, ἢ μεθ᾽ ἡμέραν τὸν ἥλιόν τε καὶ τὸ τοῦ ἡλίου.

Also dürfte er, glaube ich, der Gewöhnung bedürfen, wenn er die Dinge oben schauen soll. Und zunächst dürfte er wohl die Schatten am leichtesten anschauen können und die Spiegelbilder der Menschen und der übrigen Wesen im Wasser, später aber sie selbst. Danach würde er die Dinge am Himmel und den Himmel selbst erst nachts, indem er Sternen- und Mondlicht betrachtet, leichter schauen als die Sonne und das Sonnenlicht am Tag.

Πῶς δ᾽ οὔ;

Ohne Zweifel.

Τελευταῖον δὴ οἶμαι τὸν ἥλιον, οὐκ ἐν ὕδασιν οὐδ᾽ ἐν ἀλλοτρίᾳ ἕδρᾳ φαντάσματα αὐτοῦ, ἀλλ᾽ αὐτὸν καθ᾽ αὑτὸν ἐν τῇ αὑτοῦ χώρᾳ δύναιτ᾽ ἂν κατιδεῖν καὶ θεάσασθαι, οἷός ἐστι.

Und zuletzt, denke ich, könnte er wohl die Sonne, nicht ihre Spiegelungen im Wasser oder auf sonst einer Fläche außerhalb von ihr, sondern sie selbst für sich an ihrem eigenen Platz anblicken und ihrem Wesen nach schauen.

Ἀναγκαῖον, ἔφη.

Ja, notwendig, sagte er.

Καὶ μετὰ ταῦτ᾽ ἂν ἤδη συλλογίζοιτο περὶ αὐτοῦ, ὅτι οὗτος ὁ τάς τε ὥρας παρέχων καὶ ἐνιαυτοὺς καὶ πάντα ἐπιτροπεύων τὰ ἐν τῷ ὁρωμένῳ τόπῳ, καὶ ἐκείνων, ὧν (c) σφεῖς ἑώρων τρόπον τινὰ πάντων αἴτιος.

Und danach dürfte er über sie die Einsicht gewinnen, dass sie die Urheberin der Jahreszeiten und Jahreskreisläufe ist, dass sie über alle Dinge im sichtbaren Bereich waltet und von allem, was sie dort sahen, gewissermaßen die Ursache ist.

Δῆλον, ἔφη, ὅτι ἐπὶ ταῦτα ἂν μετ' ἐκεῖνα ἔλθοι.

Ja, entgegnete er, offenbar muss er danach dazu gelangen.

Τί οὖν; ἀναμιμνησκόμενον αὐτὸν τῆς πρώτης οἰκήσεως καὶ τῆς ἐκεῖ σοφίας καὶ τῶν τότε συνδεσμωτῶν οὐκ ἂν οἴει αὐτὸν μὲν εὐδαιμονίζειν τῆς μεταβολῆς, τοὺς δὲ ἐλεεῖν;

Wie nun? Wenn er an seinen ersten Aufenthaltsort zurückdenkt und an die dortige Weisheit seiner Mitgefangenen: wird er da wohl nicht sich wegen seiner Veränderung glücklich preisen, jene aber bedauern?

Καὶ μάλα.

Ja, sicher.

Τιμαὶ δὲ καὶ ἔπαινοι εἴ τινες αὐτοῖς ἦσαν τότε παρ' ἀλλήλων καὶ γέρα τῷ ὀξύτατα καθορῶντι τὰ παριόντα, καὶ μνημονεύοντι μάλιστα, ὅσα τε πρότερα αὐτῶν καὶ (d) ὕστερα εἰώθει καὶ ἅμα πορεύεσθαι, καὶ ἐκ τούτων δὴ δυνατώτατα ἀπομαντευομένῳ τὸ μέλλον ἥξειν, δοκεῖς ἂν αὐτὸν ἐπιθυμητικῶς αὐτῶν ἔχειν καὶ ζηλοῦν τοὺς παρ' ἐκείνοις τιμωμένους τε καὶ ἐνδυναστεύοντας, ἢ τὸ τοῦ Ὁμήρου ἂν πεπονθέναι καὶ σφόδρα βούλεσθαι "ἐπάρουρον ἐόντα θητευέμεν ἄλλῳ ἀνδρὶ παρ' ἀκλήρῳ" καὶ ὁτιοῦν ἂν πεπονθέναι μᾶλλον ἢ 'κεῖνά τε δοξάζειν καὶ ἐκείνως ζῆν;

Wenn es aber damals bei ihnen gegenseitig Ehrungen und Auszeichnungen gab sowie Belohnungen für den, der am schärfsten beobachtete, was vorüberzog, und sich am besten daran erinnerte, was vor, nach und mit ihnen zu kommen pflegte, und daraus am gekonntesten vorhersagte, was kommen werde, meinst du, dass er danach verlangen werde und diejenigen, die bei jenen geehrt werden und Einfluss haben, beneidet? Oder dass es ihm geht, wie Homer sagt, und er viel lieber "als Tagelöhner bei einem anderen dürftigen Manne das Feld bestellen" und eher alles in der Welt über sich ergehen lassen will, als jenes Scheinwissen zu haben und so zu leben?

Οὕτως, (e) ἔφη, ἔγωγε οἶμαι, πᾶν μᾶλλον πεπονθέναι ἂν δέξασθαι ἢ ζῆν ἐκείνως.

So, sagte er, glaube ich es: er würde eher alles auf sich nehmen als auf jene Weise zu leben.

Καὶ τόδε δὴ ἐννόησον, ἦν δ' ἐγώ. εἰ πάλιν ὁ τοιοῦτος καταβὰς εἰς τὸν αὐτὸν θᾶκον καθίζοιτο, ἆρ' οὐ σκότους <ἂν> ἀνάπλεως σχοίη τοὺς ὀφθαλμούς, ἐξαίφνης ἥκων ἐκ τοῦ ἡλίου;

Bedenke nun, fuhr ich fort, auch folgendes: Wenn ein solcher wieder hinunterginge und sich auf denselben Platz setzte, hätte er da die Augen nicht voll Finsternis, wenn er plötzlich aus dem Sonnenlicht käme?

Καὶ μάλα γ', ἔφη.

Ja, ganz sicherlich, sagte er.

Τὰς δὲ δὴ σκιὰς ἐκείνας πάλιν εἰ δέοι αὐτὸν γνωματεύοντα διαμιλλᾶσθαι τοῖς ἀεὶ δεσμώταις ἐκείνοις, ἐν ᾧ ἀμβλυώττει, πρὶν (517a) καταστῆναι τὰ ὄμματα, οὗτος δ' ὁ χρόνος μὴ πάνυ ὀλίγος εἴη τῆς συνηθείας, ἆρ' οὐ γέλωτ' ἂν παράσχοι, καὶ λέγοιτο ἂν περὶ αὐτοῦ, ὡς ἀναβὰς ἄνω διεφθαρμένος ἥκει τὰ ὄμματα, καὶ ὅτι οὐκ ἄξιον οὐδὲ πειρᾶσθαι ἄνω ἰέναι; καὶ τὸν ἐπιχειροῦντα λύειν τε καὶ ἀνάγειν, εἴ πως ἐν ταῖς χερσὶ δύναιντο λαβεῖν καὶ ἀποκτείνειν, ἀποκτεινύναι ἄν;

Σφόδρα γ', ἔφη.

Ταύτην τοίνυν, ἦν δ' ἐγώ, τὴν εἰκόνα, ὦ φίλε Γλαύκων, προσαπτέον ἅπασαν τοῖς ἔμπροσθεν (b) λεγομένοις, τὴν μὲν δι' ὄψεως φαινομένην ἕδραν τῇ τοῦ δεσμωτηρίου οἰκήσει ἀφομοιοῦντα, τὸ δὲ τοῦ πυρὸς ἐν αὐτῇ φῶς τῇ τοῦ ἡλίου δυνάμει· τὴν δὲ ἄνω ἀνάβασιν καὶ θέαν τῶν ἄνω τὴν εἰς τὸν νοητὸν τόπον τῆς ψυχῆς ἄνοδον τιθεὶς οὐχ ἁμαρτήσῃ τῆς γ' ἐμῆς ἐλπίδος, ἐπειδὴ ταύτης ἐπιθυμεῖς ἀκούειν. θεὸς δέ που οἶδεν, εἰ ἀληθὴς οὖσα τυγχάνει. τὰ δ' οὖν ἐμοὶ φαινόμενα οὕτω φαίνεται, ἐν τῷ γνωστῷ τελευταία ἡ τοῦ ἀγαθοῦ ἰδέα καὶ μόγις ὁρᾶσθαι, ὀφθεῖσα δὲ (c) συλλογιστέα εἶναι, ὡς ἄρα πᾶσι πάντων αὕτη ὀρθῶν τε καὶ καλῶν αἰτία, ἔν τε ὁρατῷ φῶς καὶ τὸν τούτου κύριον τεκοῦσα, ἔν τε νοητῷ αὐτὴ κυρία ἀλήθειαν καὶ νοῦν παρασχομένη, καὶ ὅτι δεῖ ταύτην ἰδεῖν τὸν μέλλοντα ἐμφρόνως πράξειν ἢ ἰδίᾳ ἢ δημοσίᾳ.

Wenn er nun aber, während sein Blick noch verdunkelt ist, in seinem Urteil wieder mit jenen ewig Gefangenen wetteifern sollte, (517a) und zwar ehe sich seine Augen wieder angepasst haben, und diese zur Gewöhnung erforderliche Zeit dürfte nicht ganz kurz sein, würde er da kein Gelächter hervorrufen, und würde es nicht von ihm heißen, weil er hinaufgegangen sei, käme er mit verdorbenen Augen zurück, und es lohne nicht einmal den Versuch hinaufzugehen? Und wenn er sie gar entfesseln und hinaufführen wollte, würden sie ihn nicht ermorden, wenn sie ihn ergreifen und ermorden könnten?

Ja, gewiss, antwortete er.

Dieses Gleichnis, mein lieber Glaukon, fuhr ich fort, ist nun in jeder Beziehung auf unsere vorherigen Ausführungen anzuwenden. Die sich uns visuell offenbarende Welt vergleiche mit der Wohnung im unterirdischen Gefängnis, und das Licht des Feuers in ihr mit dem Vermögen der Sonne; den Aufstieg und die Schau der Dinge über der Erde stelle dir als den Aufschwung der Seele in die nur erkennbare Welt vor, und du wirst meine Hoffnung nicht verfehlen, da du sie doch zu hören verlangst; ein Gott mag aber wissen, ob sie richtig ist! Aber meine Ansichten hierüber sind nun einmal die: im Bereiche der Erkenntnis ist die Idee des Guten nur zu allerletzt und mühsam wahrzunehmen; hat man sie aber gesehen, muss man einsehen, dass sie für alles die Ursache jeder Regelmäßigkeit und Schönheit ist, indem sie sowohl in der sichtbaren Welt das Licht und die Sonne erzeugt, als auch in der erkennbaren Welt selbst als Herrscherin Wahrheit und Einsicht gewährt, und dass derjenige sie (die Idee des Guten) erblickt haben muss, der in seinem eigenen oder im staatlichen Leben verständig handeln will.

Συνοίομαι, ἔφη, καὶ ἐγώ, ὅν γε δὴ τρόπον δύναμαι.

Ja, ich teile deine Ansicht, so sehr ich es vermag.

Philosophie im Alltag?

Gespräch während einer Massage mit meiner Physiotherapeutin Fr. C.:

Fr. C.: „Ja, ein bisschen bin ich in mir immer ein Kind geblieben. Man sagt doch: Werdet wie die Kinder ... Ich liebe die Berge. Früher bin ich, wenn ich es einmal schwer hatte, in die Berge gegangen, habe mir meinen Rucksack genommen und bin auf den Gipfel gestiegen. Das ist ein wunderbares Gefühl, den Berg bezwungen zu haben. Es ist die körperliche Anstrengung und dann der Ausblick natürlich, die Weite ...

Aber ich brauche einmal im Jahr auch das Meer. Wenn ich am Meer sitze und die Wellen kommen und gehen, das ist wie mein Innerstes, das bin ich. Das muss ich einmal im Jahr erleben.

Die Berge, das ist etwas anderes. Das ist ein Gefühl von Achtung, von Erhabenheit, wenn man so am Felsen ist. Das ist auch sehr wichtig. Die Berge und das Meer, das sind zwei ganz verschiedene Gefühle ...

Aber immer da direkt am Berg wohnen, das könnte ich nicht, dann wird es auch eng.

Ich lese gerade ein Buch über das Allgäu im 16. Jahrhundert. Eine Familie hat immer weiter über Jahrhunderte ihre Erlebnisse aufgeschrieben. Die waren arm. Und dann die Leibeigenschaft. Als ob man nur in Amerika Sklaven gehabt hätte... Da wird einem auch schon einiges klar, ganz tief da innendrin, wo man herkommt. Ich bin ja dort geboren. Und man war grausam. Da kann ich manchmal gar nicht weiterlesen. Wenn es darum geht, dass es Hexen gab... und was man dann mit ihnen gemacht hat. Dann bin ich froh, dass ich heute lebe. Sicher, ich habe nicht viel Geld, manchmal drückt es.

Aber wenn ich daran denke, wie gut wir es heute haben, dann fühle ich Dankbarkeit. Es tut gut, dieses Buch zu lesen. Es ist schwer, aber hinterher fühle ich mich besser...

Die Tiroler haben sich einmal ganz losgelöst vom Papst. Sie waren dahintergekommen, dass man das Fegefeuer nur erfunden hat, um auf die Menschen Macht auszuüben. Ich habe einmal eine Zeitlang in einem Altenheim gearbeitet. Wenn man sieht, wie schwer es manchen Menschen fällt zu gehen. Dann gibt es die, die wollen einem alles beichten. Sie haben Angst, sie hätten irgendeine Sünde vergessen. Als ob ich Gott wäre! Und dann gibt es die, die glauben an gar nichts. Die haben auch Angst. Es ist etwas Besonderes, diese Schwerkraft. Das sieht man, wenn man abheben muss ... Es ist schon ganz gut, wenn man etwas glaubt, egal, ob es stimmt oder nicht, es hilft ...

Woran glauben Sie?"

Ich: „Ich glaube nicht an Gott, ich weiß, dass Gott besteht! Das ist für mich sicherer, als der Umstand, dass Sie vor mir stehen ..."

Wir lachen miteinander auf das Herzlichste ... und verabschieden uns.

https://doi.org/10.1515/9783110789355-018

Kurz auf entomisch gesagt...

> „Was ist ein Mensch?
> Zwei Freunde ...“

Jack Buck, 2011

Skulptur von Béla Szakáts

Die Skulptur von Szakáts zeigt eine Scheibe, wobei eine Seite mit einer einfachen Wölbung der Gegenseite mit einer Art „Geburtsöffnung" gegenübersteht. Dazwischen verläuft ein dunkler, nicht einsehbarer Zwischenraum, der kleinste Ereignisraum zwischen Raumbildung und Informationslokalisation. Der Autor sieht in dieser Skulptur eine Visualisierung oder Verkörperung der universalen Jetztscheibe. Die eine Seite mit der einfachen Wölbung stellt den Kontakt der universalen Jetztscheibe mit dem Raum der Zukunft dar, der im Sinne der Kohärenz ein reiner Möglichkeitsraum ist. Die andere Seite mit der „Geburtsöffnung" zeigt die Materialisierung an, in der konkrete Manifestationen entstehen im Sinne des lokalen Realismus. Die Zukunft selbst sowie auch die Vergangenheit bleiben „unsichtbar", nur ihre jeweiligen „Kontingenzen mit der Gegenwart" bilden je eigene Phänomenbereiche heraus. Diese entsprechen dem Phänomenraum der Klassischen Physik einerseits und der Quantenphysik andererseits.

Ansicht 1 der Skulptur: Verkörperung der Relation Zukunft–Gegenwart.

https://doi.org/10.1515/9783110789355-019

Der Mensch als Einheit von Geist, Seele und Körper hat eine Kontingenz mit der schon konkretisierten Seite der Gegenwart (Relation Gegenwart-Vergangenheit), aber auch mit der noch nicht konkretisierten Seite der Gegenwart (Relation Zukunft-Gegenwart). Er existiert im Jetzt mit einer sensiblen Relation zur Zukunft und Vergangenheit. Der menschliche Geist vermag durch zukunftsorientierte Informationswahrnehmung im Jetzt Begrifflichkeiten zu gebären.

Ansicht 2 der Skulptur: Verkörperung der Relation Gegenwart–Vergangenheit.

Biografien

Der Künstler Béla Szakáts

Bildhauer, geboren am 19. September 1938 in Odorheiu Secuiesc (Siebenbürgen, Rumänien), lebt in Temeswar/Timisoara (Banat, Rumänien).
Von 1956 bis 1962 Akademie für Bildende Kunst „Ion Andreescu" in Klausenburg/Cluj-Napoca (Rumänien). Seit 1968 ist Szakáts Mitglied des Verbandes der Bildenden Künstler Rumäniens. Er ist ebenfalls Mitglied der ungarischen Künstlergilde „M. Barabas". Zwischen 1962 und 1994 war er Dozent für Bildhauerei am Lyzeum der Schönen Künste in Timisoara. Ab 1994 war er außerordentlicher Professor an der Fakultät der Schönen Künste der Westlichen Universität von Timisoara bis zu seiner Pensionierung im Jahre 2003.
Ausstellungen im Ausland (eine Auswahl): Modena (1974), Jena (1982), Moskau (1985), Sofia (1985), NoviSad (1988), Szeged (1990, 1993, 1996, 2004), Essen (1990), Budapest (1990, 1996, 1999, 2001, 2004, 2007, 2009), Venedig (1999), Torino (2006), Csongrad (1999), Klagenfurt (2011).
Biennalen: Dante Biennale (1988, 1992), Internationale Biennale „Europa-Asien" Ankara (1990).
Preise: Ion Andreescu-Stipendium (1961–1962), Preis UAP (Preis des Verbandes der Bildenden Künstler Rumäniens 1978), Preis für Skulptur „Festivalul National" (1981), Goldmedaille Dante-Biennale (1988), Preis der Biennale für Kleinplastik Arad (1989), Diplom für Verdienste im akademischen Bereich (1996), 2004 wurde er in Rumänien zum „Officier del'Ordre des Arts et Lettres" ernannt.
Seit dem Jahr 1960 nahm er an unzähligen Einzel- und Gruppenausstellungen im In- und Ausland teil. Viele Monumentalwerke befinden sich in mehreren Städten Rumäniens: Temeswar/Timisoara, Orsova, Klausenburg/Cluj-Napoca, Detau.

Der Autor Jörg Schmitz-Gielsdorf

1958 geboren in Köln, Psychologischer Psychotherapeut, Psychoanalytiker und Neuropsychologe.
Er arbeitet zurzeit als Leiter der Ambulanten Neuropsychologischen Psychiatrischen Rehabilitation Aachen (ANPRA).
Eine Wurzel des in diesem Buch vorgestellten Erkenntnisinteresses des Autors geht zurück auf Anna Berliner, erste und einzige weibliche Studentin, die bei Wilhelm Wundt promovierte. Anna Berliner und ihr Ehemann, der Physiker Siegfried Berliner, trugen wesentlich dazu bei, das Interesse des Autors an der Psychophysik zu erwecken. Diese erhält in Zusammenhang mit dem entomischen Zeitverständnis einen neuen Erkenntnishorizont. Dass Geist und Materie eine unauflösliche Beziehung zueinander haben müssen, bestimmt das Denken des Autors.
Seine Mutter, eine renommierte Psychoanalytikerin und sein Vater, Architekt und Landesrat, vermittelten zwei Welten: eine unsichtbare und eine sichtbare Welt! Dem psychoanalytischen Denken der Mutter und dem materiegestaltenden, architektonischen Denken des Vaters entsprang der kreative Gedanke, Geist und Materie in einer unauflöslichen zeitlichen Verbindung zu sehen.
Der Autor studierte Psychologie an der Universität Zürich und der RWTH Aachen, promovierte mit summa cum laude an der philosophischen Fakultät der RWTH Aachen, jedoch fachlich im Bereich der medizinischen Fakultät. Seine neurologische Laufbahn begann unter Klaus Poeck, der als renommierter Lehrbuchautor der Neurologie die Neuropsychologie förderte und mitentwickelte.
Die Qualia, ein auch durch Klaus Poeck bedachtes Phänomen, leitete den Autor dann zurück in die Psychoanalyse, die von Klaus Poeck als die zweite Seite der Münze angesehen wurde. Rainer Schmidt, Lehranalytiker des Autors und einer der Urväter der Individualpsychologie, bildete das tiefenpsychologisch-analytische Verständnis unter dem Gedanken der Finalität von Alfred Adler

https://doi.org/10.1515/9783110789355-020

aus. Somit war die berufliche Laufbahn des Autors am Anfang durch die Physik und Psychophysik, späterhin die Psychologie und Philosophie, dann durch Neurologie und Neuropsychologie sowie darauffolgend die Psychoanalyse und Individualpsychologie gekennzeichnet.

Jörg Schmitz-Gielsdorf ist ehrenamtlicher Kulturbotschafter der Provinz Limburg, Niederlande, für die Ambassade du Pays de Rode in Belgien. Er ist Mitglied des Kuratoriums zur Verleihung der Martin-Buber-Plakette. Er ist Träger der Martin-Buber-Ehrennadel in Gold.

Sachverzeichnis

https://doi.org/10.1515/9783110789355-021

www.ingramcontent.com/pod-product-compliance
Lightning Source LLC
Chambersburg PA
CBHW080524220326
41599CB00032B/6191